空天前沿力学系列丛书

三维编织复合材料力学性能及多尺度损伤分析方法

史宏斌　魏坤龙　李　江　著

U0195371

西北工业大学出版社

西安

【内容简介】 本书较系统地阐述了三维编织复合材料力学性能及多尺度损伤的分析方法,主要内容包括三维编织复合材料的特点、应用、成型及多尺度分析,纤维、基体和预制体,纤维束力学性能分析方法,三维编织复合材料力学性能分析方法,单向纤维增强复合材料多尺度分析的细观模型,基于同心圆柱模型的多尺度分析方法,三维编织复合材料微-细观损伤分析方法,三维编织复合材料细观损伤分析方法,三维编织复合材料宏-细观跨尺度损伤分析方法。

本书可供高等院校纺织复合材料、复合材料力学等专业的师生和科研院所相关专业技术人员阅读、参考。

图书在版编目(CIP)数据

三维编织复合材料力学性能及多尺度损伤分析方法 / 史宏斌,魏坤龙,李江著. — 西安：西北工业大学出版社,2024.4

(空天前沿力学系列丛书；CS0192)

ISBN 978 - 7 - 5612 - 9231 - 0

Ⅰ. ①三… Ⅱ. ①史… ②魏… ③李… Ⅲ. ①复合材料力学-力学性能-研究②复合材料力学-损伤(力学)-研究 Ⅳ. ①TB301

中国国家版本馆 CIP 数据核字(2024)第 083054 号

SANWEI BIANZHI FUHE CAILIAO LIXUE XINGNENG JI DUOCHIDU SUNSHANG FENXI FANGFA

三维编织复合材料力学性能及多尺度损伤分析方法

史宏斌　魏坤龙　李江　著

责任编辑：曹　江		策划编辑：华一瑾	
责任校对：胡莉巾		装帧设计：李　飞	

出版发行：西北工业大学出版社

通信地址：西安市友谊西路 127 号　　邮编：710072

电　话：(029)88491757,88493844

网　址：www.nwpup.com

印　刷　者：陕西奇彩印务有限责任公司

开　本：787 mm×1 092 mm　　1/16

印　张：16.75

字　数：418 千字

版　次：2024 年 4 月第 1 版　　2024 年 4 月第 1 次印刷

书　号：ISBN 978 - 7 - 5612 - 9231 - 0

定　价：98.00 元

前　言

　　三维编织复合材料(3D textile composites)是采用先进纺织技术,将纤维束编织成所需要的结构形状,形成预成型体,然后以预成型体为增强骨架,通过浸渍固化等工艺引入基体后制备的一种新型高性能复合材料,除了具有常规层合复合材料的优点外,还具有优良的抗分层能力、更高的损伤容限和更好的抗冲击能力,同时拥有结构的整体性和性能的可设计性,通过改变预成型体编织结构,可以获得所需要的材料性能和制品。自 20 世纪 60 年代问世以来,三维编织复合材料首先在航空航天领域获得青睐,应用于固体火箭发动机喷管喉部、航天飞机鼻锥、战略导弹端头帽以及高速飞行器翼前缘等。近年来,随着纺织工艺和自动化技术的发展,纤维预制体的成型效率不断提高,研制成本大幅降低,预制体结构从三维两向发展为三维三向、三维四向以及三维多向编织,从军事领域扩展到交通运输、土木建筑、体育运动、医疗卫生、海洋工程等民用领域,从次承力结构发展为主承力结构,从单纯抗烧蚀材料发展为多功能一体化材料。

　　作为一类新型先进复合材料,三维编织复合材料及其结构的性能分析尚缺乏成熟的理论模型,基于传统层合板理论的分析方法难以满足三维编织复合材料的力学分析要求,目前在材料开发和工程应用中主要依靠实验测试方法来把握结构性能。尽管实验手段对于材料开发鉴定和工程结构设计必不可少,但是实验方法通常很难获得材料损伤和失效的内部细节,很难获得微细观组分对材料整体性能的影响规律,而且实验方法往往周期长、成本高,需要针对不同的材料结构开展不同的实验。数值模拟方法则具有灵活性和经济性,利用数值模型可以对三维编织复合材料的宏观性能进行预测,对编织参数和结构进行优化和模拟,还可以获得由实验方法难以获得的材料内部微细观损伤机制。三维编织复合材料具有多层级(hierarchical)、多尺度(multiscale)的特点。从多层级方面来讲,三维编织复合材料由底层的纤维丝复合成纤维束,再由纤维束编织成预制体,最后由预制体和基体共同形成三维编织复合材料结构。从多尺度方面来讲,可以将三维编织复合材料分为三个基本尺度,即微观尺度(micro-scale)、细观尺度(meso-scale)、宏观尺度(macro-scale)。微观尺度一般是指纤维丝尺度,纤维丝直径一般在微米级。细观尺度一般是指包含纤维束的代表性体积单胞(Representative Unit Cell,RUC)尺度,单胞尺寸一般为几毫米。宏观尺度一般是指复合材料结构,通常包含许多代表性体积单胞,尺寸一般在厘米级到米级之间。这种材料微细观结构特征尺度上的差异给材料的数值建模和分析带来了很多挑战,需要采用多尺度分析方法进行分析。

　　复合材料的多尺度分析是多年来学术界和工程界所关注的热点和难点。笔者从微观、细观、宏观等多个尺度出发进行了初步探索,根据自身多年来的研究成果,在参阅国内外文献的基础上撰写了本书。全书共 9 章。第 1 章介绍三维编织复合材料的特点、分类应用和成型等。第 2 章介绍常用纤维、基体和预制体。第 3 章介绍纤维束力学性能的常用分析方法。第 4 章介绍三维编织复合材料力学性能分析方法。第 5 章介绍单向纤维增强复合材料多尺度分析的细观力学模型。第 6 章介绍采用同心圆柱模型进行单向纤维增强复合材料多尺度损伤分析的方法。第 7 章介绍从纤维丝/基体微-细观尺度进行三维编织复合材料损伤分析的方法。第 8 章介绍从纤维束/基体细观尺度进行三维编织复合材料损伤分析的方法。第 9 章介绍三维编织复合材料宏-细观损伤协同分析的方法。

在编写本书的过程中,笔者参考了相关文献资料,在此对其作者一并表示感谢。

由于水平有限,书中难免有疏漏和不足之处,诚望读者批评指正。

著　者

2023 年 4 月

目　　录

第1章 三维编织复合材料的特点、应用、成型及多尺度分析

1.1 三维编织复合材料的特点和分类

1.1.1 三维编织复合材料的特点

三维编织复合材料(3D textile composites)是先利用立体纺织技术将纤维束(fiber yarn or tow)织造成所需结构的形状,形成预成型结构件(preform),然后以预成型结构件作为纤维增强骨架(fiber reinforcement architecture),通过树脂传递模塑(Resin Transfer Molding,RTM)或树脂膜渗透(Resin Film Infiltrate,RFI)等方法引入基体(matrix),形成具有独特空间交织结构的复合材料,具有纤维连续、结构整体、性能优越、可设计性强等特点,在航空、航天、汽车、土木建筑、海洋工程、医疗等多个领域得到了广泛应用。

作为纺织技术与现代复合材料技术结合的产物,三维编织复合材料与通常的层合复合材料(laminated composites)具有较大的区别。层合复合材料是通过把纤维束按一定的角度和一定的顺序进行铺层或缠绕而制成的,需要采用多层铺叠或缠绕的方法以满足最终复合材料结构厚度的要求。基体材料和纤维材料在铺层或缠绕时组合在一起,形成层状结构。这种铺层或缠绕结构由于层与层之间缺乏有效的纤维增强,制成的复合材料的层间性能较差。三维编织复合材料通过立体纺织技术将连续纤维束按照一定的规律在三维空间相互交织形成一个整体的纤维网络结构,贯穿空间各个方向的纤维提供了增强结构的整体性和稳定性,显著提升了材料的层间性能(interlaminar performance)和抗冲击(impact resistance)分层能力。各种形式的编织复合材料如图1.1所示。

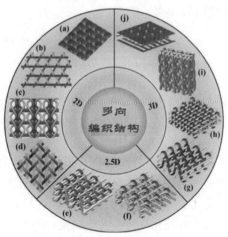

图 1.1 各种形式的编织复合材料

三维编织复合材料具有以下优点。

1. 优良的力学性能

三维编织物具有特殊的空间网状结构,纱线在三维空间中沿多个方向延伸交织,由三维编织预制体增强的复合材料不存在"层"的问题,这种独特的织物结构决定了其复合材料具有比传统复合材料更为优异的力学性能。在纤维体积分数相近的情况下,三维编织复合材料的弯曲、压缩强度和模量要比层合复合材料大得多,特别是在厚度方向上,三维编织复合材料的拉伸强度远远高于层合复合材料的拉伸强度。同时,三维编织复合材料特殊的空间网状结构使其在冲击载荷作用下不易分层,具有良好的抗冲击损伤容限特性和耐疲劳性能,可以制成主承力结构件。

2. 近净成型性

三维编织复合材料具有近净成型的特点,可以一次性编织成不同形状的异形整体预制件,应用于特殊结构。采用三维编织技术不仅可以编织矩形预制件,还可以编织矩形组合截面的异形预制件,如工字梁、T 形梁、I 形梁以及 U 形梁等截面的型材,还可以编织圆管、圆锥套、喷管等变截面形状的异形件。针对异形(变截面)构件,可以采用三维编织增减纱工艺技术实现构件的截面变化,通过设计合理的增减纱单元数量及位置,在基本编织纱线数量确定的情况下,实现异形构件的一次编织成型,获得最终制件。在编织过程中还可以在编织物上留眼、留洞,从而避免机械打孔、切削加工造成的纤维及纱线损伤,有效提升复合材料制件的性能。

3. 结构的可设计性

三维编织复合材料具有极强的结构可设计性。它的性能可以通过纤维材料的组合变化、三维预制体编织结构的合理设计来实现和提升,以满足不同应用场合的特定要求。根据材料的最终使用性能要求以及形状要求,通过合理设计编织工艺,采用针织、编织、机织等不同工艺,改变纤维纱线细度、纤维体积分数、编织角度等工艺参数,从而改变复合材料各个方向上的性能,还可以通过改变纱线的位置,在编织物某一方向上增加纱线,变换预制体的编织结构等工艺设计,实现对三维编织复合材料力学性能和其他性能的调节。

1.1.2 三维编织复合材料的分类

(1)按照使用的增强纤维分类,三维编织复合材料可以分为玻璃纤维(glass fiber)、芳纶纤维(aramid fiber)、碳纤维(carbon fiber)、硼纤维(boron fiber)、碳化硅纤维(SiC fiber)等复合材料;

(2)按照使用的基体材料分类,三维编织复合材料可以分为树脂基(resin matrix)、碳基(carbon matrix)、陶瓷基(ceramic matrix)和金属基(mental matrix)等复合材料;

(3)根据预制体成型方法分类,三维编织复合材料可以分为机织(weaving)、编织(braiding)、针织(knitting)、针刺(needling)、缝合(stitching)等种类,不同成型方法获得的纺织预制体具有特定的交织结构形态,对复合材料有不同的增强作用;

(4)根据纤维纱线分布的方向分类,三维编织复合材料可以分为三维两向(3D two-directional)、三维三向(3D three-directional)、三维四向(3D four-directional)以及三维多向(3D multi-directional)等编织结构。

1.2　三维编织复合材料的应用

三维编织复合材料是在 20 世纪 60 年代为了满足航天部件和结构抵抗多向应力以及热应力的需求而提出的,并在 20 世纪 90 年代迅速发展,最初应用于导弹端头帽、航天飞机鼻锥和翼前缘、固体火箭发动机喷管喉衬以及军用飞机等尖端军事领域。20 世纪 90 年代,随着纺织工艺的成熟和自动化技术的发展,三维编织复合材料的制备过程逐渐实现自动化,大型的复杂结构部件也能够实现整体成型,提高了成型效率,降低了生产成本,三维编织复合材料开始由次承力部件向主承力部件发展、由单一功能向多功能发展,也由尖端军事领域扩展到航天航空、船舶、汽车、土木建筑、体育用品等领域。

1.2.1　航天领域

20 世纪 60 年代,美国最先开始尝试利用具有三维编织结构的碳/碳复合材料,成功研制出碳纤维三向编织物和石英纤维三向编织复合材料,用于战略导弹头锥。同期,法国研制了三向和四向编织复合材料,用于战略导弹固体火箭发动机喷管。随后,一大批由三维编织复合材料制作的航天结构部件被大量生产并应用,例如,美国“X‐37B”太空飞机、再入导弹鼻锥、MX 导弹,“嫦娥一号”卫星(见图 1.2),日本的 Hope,苏联(俄罗斯)的暴风雪,欧洲的 Hermes,美国的 Shuttle,英国的 HOTOL 等航天飞机的头锥和翼缘,美国民兵Ⅲ导弹第三级发动机的喷管喉衬材料,美国 MX 导弹发动机的喷管延伸锥和俄罗斯潜地导弹的发动机可延伸出口锥等均使用了碳/碳(C/C)、碳/碳化硅(C/SiC)或碳化硅/碳化硅(SiC/SiC)编织复合材料。此外,旅行者航天器天线反射器、支撑架和可展开桁架,美国三叉戟Ⅰ和Ⅱ天线窗,北约卫星喇叭天线、天线支撑结构等也都采用了编织复合材料结构。我国首颗探月卫星“嫦娥一号”卫星空间桁架结构连接件采用了三维编织复合材料。

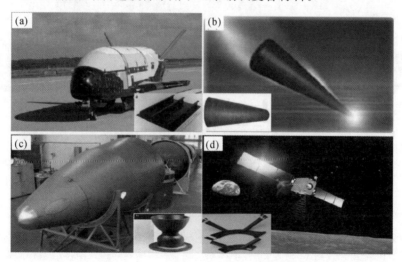

图 1.2　三维编织复合材料在航天领域应用

(a)美国“X‐37B”太空飞机;(b)再入导弹鼻锥;(c)MX 导弹;(d)“嫦娥一号”卫星

1.2.2 航空领域

在航空领域,三维编织复合材料主要应用于舱门、翼梁、减速板、尾翼结构、油箱、舱内壁板、地板、直升机旋翼桨叶、天线罩和起落架门等。美国航空航天局(National Aeronautics and Space Adminstration,NASA)在 20 世纪 90 年代耗巨资实施的先进复合材料技术(Advanced Composites Technology,ACT)计划,大量分析和评估了三维编织复合材料的性能,在轻质复合材料技术上取得了实质性进展,并将轻质纺织结构复合材料成功应用于机身壁板的纺织组合件、纺织机身结构、机翼大梁、机身侧壁板、半跨机翼和全尺寸机翼等结构。美国波音和洛克希勒公司用三维编织复合材料制造了飞机加筋蒙皮、螺旋桨叶片、整流罩、机身框、舱窗间壁板、机身龙骨框等结构件。美国 F-22 的外部表面采用大量的双马基纺织复合材料。美国比奇公司的星舟(Starship)1 号公务机,其机身关键部位也同样采用了编织复合材料结构件。美国的 Brunswick 公司还用编织复合材料制作了大量的导弹弹翼等军事用品。空客 A380 机体的 40% 由编织的玻璃纤维布和铝箔交替层压而成,后压力隔框采用了缝合复合材料。北约的卫星天线和天线支撑结构也都采用了编织复合材料结构。使用三维编织复合材料制作的发动机风扇叶片应用于中国商飞 C919 飞机上[见图 1.3(a)(b)],由三维编织复合材料制作的直升机起落架扭力臂和直升机纵向推力杆也已经开始应用[见图 1.3(c)(d)]。美国 JASSM 巡航导弹弹体[见图 1.3(e)(f)]采用了自动化编织工艺,大幅降低了结构质量和成本。

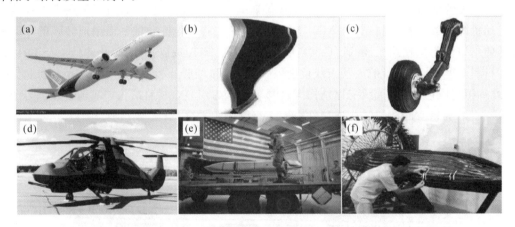

图 1.3 三维编织复合材料在航空领域的应用
(a)C919 飞机;(b)航空发动机风扇叶片;(c)直升机构件;(d)直升机;(e)JASSM 巡航导弹;
(f)编织中的 JASSM 巡航导弹筒身

1.2.3 交通运输领域

三维编织复合材料在自行车、轻量化汽车、游艇、救生艇、舰艇、轨道车辆、传输管道等均有应用。采用三向编织结构生产的自行车前叉,可成功解决复合材料自行车各管接头处的连接问题;采用编织复合材料制造的汽车车体、底盘梁、驱动轴,比钢材构件减重 50%;采用三维编织复合材料制作的赛车刚度较高,高速行驶时不易变形,能继续保持流线型外形;采用编织复合材料制造的船体,具有吸振性好、抗冲击能力强、耐海水及海洋浸蚀等优点,比钢材更适合海洋环境；采用玻璃纤维、碳纤维以及芳纶交织成的编织复合材料，可以制造成本较低、性能好的划船、帆船、快艇、游艇、救生船、水警艇、巡逻艇及深海渔船等。

1.2.4　土木建筑领域

编织结构复合材料在土木建筑领域的应用大体分为两类：一类是作为柔性膜材料，如大型场馆天棚、各式帐篷等主要采用二维编织复合材料；另一类是作为刚性承力件，如工字梁、T 形梁、梁柱、骨架、框架、异形接头等采用三维编织复合材料，如图 1.4 所示。三维编织复合材料还可以应用于堤坝、混凝土、公路桥梁等结构。使用三维编织复合材料制造结构部件，可以提高结构的韧性，减少裂纹，延长建筑物的使用寿命。

图 1.4　由三维编织复合材料制作的梁、框、筋等部件

1.2.5　体育运动领域

编织结构复合材料在体育运动领域的应用可分为两个方面：一是作为体育用品和器材，例如，高尔夫球棒、球拍、箭弓等体育用品，冲浪板、滑雪板、钓鱼竿、登山器材等休闲运动器材，以及比赛用自行车、赛车、跑车、赛艇、高速游艇等高级运动器材。采用编织结构复合材料制造的体育器材，具有质量轻、性能好的优点。例如，竞赛用的独木舟，使用碳纤维后，质量从 15.9 kg 降至 10 kg，大大提高了整体性能。二是应用于各式运动护具，包含护踝、护膝、护肘、护腕等基本运动护具，击剑、散打、跆拳道等运动中的技击性运动护具，以及摩托车、高山滑雪等运动中的头盔、护腿板等抗冲击护具。

1.2.6　医疗卫生领域

编织结构复合材料在医疗卫生领域的应用可分为两个方面：一是被直接用作医疗卫生产品，如义肢、人造血管、人造骨骼、人造关节、人造器官以及组织工程支架等；二是被用于医疗器械，如医用影像检测设备的床面板、X 射线发生器的悬臂支架、X 射线底片暗盒等。

1.2.7　其他领域

除上述领域外，三维编织复合材料还被应用于风电叶片、海洋工程、纺织机械以及石油工业等其他诸多行业。随着编织技术和编织设备的进一步发展，三维编织复合材料在民用领域的应用将更加广泛和多样。

1.3　三维编织复合材料的成型

三维编织复合材料的成型主要包括预制体(又称预成型件)的成型及其与基体的固化成型。预制体成型主要是采用纺织技术实现纤维纱线在空间合理分布并形成各种织物,然后采用树脂传递模塑(RTM)或树脂膜渗透(RFI)等成型工艺进行浸胶固化,最终形成复合材料结构。根据所采用的纺织工艺,可以将预制体分为机织(weaving)、编织(braiding)、针织(knitting)、针刺(needling)、缝合(stitching)等,如图 1.5 所示。关于纤维预制体的介绍见第 2 章。

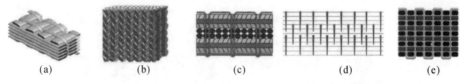

图 1.5　各种编织复合材料
(a)机织;(b)编织;(c)针织;(d)针刺;(e)缝合

对于三维编织复合材料,一些传统的复合材料固化方法太简单,不适合用于三维编制预制体;手工注树脂要用刷子或者滚筒,这会使得预制体(又称预成型件)的结构扭曲,加工过程中被带入固化复合材料中的空气无法排出,原因是加工过程一般在大气压下进行。这些都会导致构件质量下降,使三维编织复合材料的性能达不到要求。

拉挤成型工艺是把预成型件以连续的方式拉过树脂从而完全浸透,然后通过一个加热模子使树脂迅速固化,最终完全固化的产品被切成需要的长度从模具中取出。理论上来说,可以用拉挤成型工艺固化三维预制体,其显著优点在于,对于单件产品而言,其制作和控制的成本效益好于当前所采用的预制体工艺。但是,在当前的浸树脂工艺中,织物或者纱线必须沿导向杆经过复杂的路径,以使树脂充分浸入纤维束。这样加工三维预制体会严重扭曲纤维结构,从而影响最终复合材料部件的力学性能。

采用混合纱线制造预制体是另外一种可行的方法。这些纱线由增强纤维和热塑性树脂纤维或部分固化的热固性树脂颗粒混合而成,这种混合纱线可以加工成预成型件。但是热固性纱线成型比较困难,因为它们在固化过程中弹性会减弱。加热加压可以使树脂溶化进而浸透整个预成型件。这一工艺的困难在于,相对于整个未固化预成型件的体积,树脂占的体积很小。这样,为了保证足够的树脂完全填充所有增强纤维并使纤维所占的体积分数合适,预成型件体积必须在固化过程中显著减小。这对二维织物来说不是问题,因为其厚度可以减小而不会引起纤维结构扭曲,但是对于三维结构,这样固化必然会严重扭曲纤维,所以,这种固化工艺不适合固化三维预成型件。

目前,唯一成功应用于三维编织预制体的通用固化工艺是液体模塑成型技术,液体模塑(Liquid Molding,LM)成型技术主要有 3 种,即树脂传递模塑(RTM)成型、树脂膜渗透(RFI)成型和基于真空辅助树脂传递模塑工艺(Seemann Composite Resin Infusion Molding Process,SCRIMP)的技术。

1.3.1　树脂传递模塑(RTM)成型

RTM工艺是3种技术中最常用的一种,特别是在制造航空航天高性能构件上应用很广。这种技术区别于其他两种技术的主要方面是树脂流渗透预成型件的方向。

RTM的主要特点是树脂由压力泵注入预成型件,并在预成型件面内流动。对于很厚或者形状很复杂的预成型件,可能会有少许树脂在厚度方向流动,但是树脂的基本运动是在预成型件面内的。图1.6是RTM示意图。预成型件内部树脂的面内流动是靠设计树脂的进出口来实现的。最大可注树脂距离是由预成型件的面内渗透性、树脂黏度、驱动树脂的压力和树脂聚合速度决定的。这些因素在不同的树脂传递模塑成型工艺产品中取值不同,选用不同树脂体系的工艺其取值也不同,但典型的可注树脂距离可以达到2 m。高渗透性、低树脂黏度、高压力和低树脂聚合速度有助于增加可注树脂距离,从而增大可加工部件的尺寸。超过最大可注树脂尺寸的构件可以通过增加多个树脂出入口来加工。因此,限制RTM工艺可加工构件尺寸的主要因素在于工艺所用的设备。

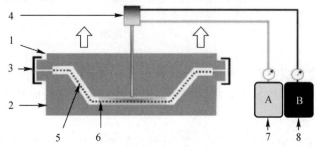

图1.6　RTM示意图

1—模具上板;2—模具下板;3—夹具;4—混合腔;5—纤维预成型体;6—加热器;7—树脂;8—固化剂

RTM所用工装通常是一个封闭的模具,是两个装有预成型件的主模具。这样,如果使用高质量的模具材料,会得到极好的表面质量和尺寸公差。加热和冷却系统也可以加入模具中,这样可以很快达到需要的温度。在RTM中,使用高质量模具材料及加大压力可以得到高性能复合材料构件需要的55%~60%的高纤维体积分数。这通常需要较昂贵的模具并且要有足够的压力泵压力,这些要求使RTM成型工艺无法经济地制造出构件。可以使用一些相对低价的模具,但这样限制了压力,有可能降低表面质量。有很多液体模塑成型工艺与RTM工艺相似。真空辅助树脂传递模塑成型工艺与RTM一样,只是前者在预成型件上抽了真空。这有助于除去空气泡从而提高固化质量,并且因为相对压力差提高从而加快了树脂渗透速度。

1.3.2　树脂膜渗透(RFI)成型

RFI工艺在两方面与RTM工艺不同。首先,顾名思义,该工艺中树脂以膜而不是以液体的形式存在。其次,加热加压后融化的树脂在预成型件厚度方向流动,而不像RTM工艺中的树脂那样在面内流动。这种工艺的示意图如图1.7所示。在RFI工艺中,树脂膜紧靠着模具表面,覆盖必要的表面区域,预成型件置于树脂膜上面。在预成型件上再铺上隔离膜

(用于帮助部件脱模)和透气材料(用于在密封袋中产生真空)。像预浸带件工艺一样,这个叠层件最后被放入真空袋中,是在烘箱还是在热压罐中加热,取决于外部压力。融化的树脂通过毛细管效应或经由精心设计的真空出口被吸入纤维预成型件。外部压力可以用来压紧预成型件以达到要求的纤维体积分数,而且压力还有助于树脂流动。

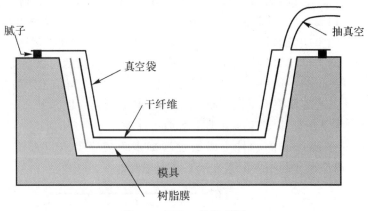

图 1.7　RFI 工艺示意图

RFI 工艺的一个优点是它与制作预浸带的工艺相似,工艺过程中只需要单个主模具。对于复杂的部件通常需要均衡压力覆盖板和小模具辅助压紧特殊区域。总体来说,RFI 工艺的模具成本比 RTM 工艺低得多。

由于 RFI 工艺中树脂在预成型件厚度方向流动,所以它不像 RTM 工艺那样因为最大树脂注入距离的限制而有部件尺寸的限制。使用 RFI 工艺的标准是树脂能够在整个预成型件厚度方向流动。这可能是采用 RFI 加工部件的一个显著问题,因为许多构件都是需要整体加强的结构,并且加强件的高度必须不超过树脂所能渗透的高度。所以,RFI 工艺更适合加工较平的、大面积的构件,而 RTM 工艺更常用于加工较小的、较厚的和更复杂的部件。

RFI 工艺的缺点来自树脂膜本身。制造适合 RFI 工艺的树脂膜成本很高,树脂膜的价格可能达到纯树脂的两倍。另外一个更大的缺点是树脂膜没有其他薄膜那样的支撑材料,因此难以加工。RFI 树脂膜单位面积质量通常较轻,因此为了加工构件,需要大量的树脂膜,这会增加成本。

没有其他的工艺与 RFI 相似,不同 RFI 工艺的区别只在于工艺是在烘箱中进行的还是在热压罐中进行的。

1.3.3　基于真空辅助树脂传递模塑工艺(SCRIMP)

SCRIMP 和其他相似的技术,都是 RTM 和 RFI 工艺的混合技术。像 RTM 工艺一样,SCRIMP 通过一个注入口把液态树脂从外部注入部件中,但树脂的流动方式与 RFI 工艺相似,是沿预成型件厚度方向流动的。这种树脂流动方式是通过一个树脂分布介质实现的,它可以让树脂很快流过部件表面和预成型件厚度方向。

图 1.8 是标准的 SCRIMP 装置示意图。与 RFI 工艺相似,纤维预成型件(中间可能有芯材或填充物)放置在模具上,紧靠树脂分布介质,按照传统方式用真空袋将其密封起来。然后把部件置于真空中,将树脂从注入口注入。树脂通过流动介质分散,如果需要也可以通过一系列通道分散。压力差驱动树脂流动并注入预成型构件中,而且从外部容器吸入树脂,这样,此工艺中就不需要注入设备。

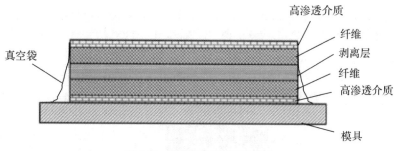

图 1.8　SCRIMP 装置示意图

同 RFI 工艺和传统预浸带制造工艺一样,SCRIMP 只需要单个模具,因此其模具成本大大低于 RTM 工艺的模具成本,但因为它使用了相对低价的液体树脂而不是昂贵的树脂膜,所以其原材料成本低于 RFI 工艺的原材料成本。

SCRIMP 通常用于加工非航空航天部件,如游艇外壳、大客车外壳、冷冻车体、风力涡轮叶片等。因为仅靠真空压力来固化预成型体,所以通常其成品的纤维体积分数低于 RTM 或 RFI 工艺加工的产品的纤维体积分数。通过选择合适的树脂体系,可以延缓树脂固化时间,从而经济地制造大型的结构,比如可以制造长达几十米的游艇外壳。

SCRIMP 还有其他一些名称,如真空注塑工艺(Vacuum Infusion Process,VIP)和真空袋树脂注模(Vacuum Bag Resin Infusion,VBRI)技术等,它们的主要区别在于用于分配树脂使其快速通过预成型件表面的技术或介质材料不同。

随着先进树脂基复合材料用量的不断增加和应用要求的不断提高,液体模塑成型工艺将继续向整体化、自动化、数字化和智能化发展。

1.4　三维编织复合材料的多尺度分析

1.4.1　三维编织复合材料的多尺度结构

从三维编织复合材料的结构特点和成型过程可以看出,三维编织复合材料具有高度的非均匀性(heterogeneity)、多层级(hierarchical)和多尺度(multiscale)的特点,与传统金属材料不同,三维编织复合材料是一种由纤维增强相(fiber reinforcement phase)、基体相(matrix phase)、界面相(interphase)以及在制造过程中产生的孔隙(void)、微裂纹(crack)缺陷等组成的多相复合材料,属于典型的各向异性材料,表征材料各向异性力学性能的参数

(弹性常数、强度)较多。从多层级方面来讲,三维编织复合材料是由最基本的纤维丝(fiber filament)复合成纤维束(fiber yarn),然后由纤维束编织成预制体(preform),最后由预制体和基体(matrix)共同形成的。

根据三维编织复合材料组分材料的特征尺寸,通常将其分为三个基本尺度——微观尺度(micro-scale)、细观尺度(meso-scale)、宏观尺度(macro-scale),如图1.9所示。微观尺度一般是指纤维丝尺度,纤维丝的直径一般为 $5 \sim 10~\mu m$。细观尺度一般是指包含纤维束的代表性体积单胞(Representative Unit Cell,RUC)尺度,纤维束直径尺寸一般在毫米级,单胞尺寸一般为几个毫米。宏观尺度一般是指三维编织复合材料结构件,通常包含若干个代表性体积单胞,尺寸一般在 cm~m 的范围。因此,三维编织复合材料是一种多相多组分材料,它既是一种材料,也是一种结构,其力学性能和损伤失效机制必然和各个尺度下组分材料的性能、纤维增强相的形状分布、增强相与基体相之间的界面以及制造缺陷等密切相关。

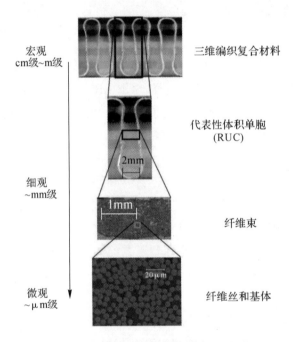

图 1.9　三维编织复合材料的多尺度结构

三维编织复合材料的失效涉及多个尺度上的损伤累积和演化过程:①损伤萌生于微观尺度(纤维束内),包括纤维丝/基体界面脱黏、纤维束内基体微裂纹和纤维丝断裂;②细观尺度上,损伤发展表现为纤维束横向开裂、纤维束之间基体分层、纤维束/基体界面脱黏以及纤维束纵向破断;③宏观尺度上,细观损伤的发展和累积最终导致结构的整体失效,包括层间开裂、裂纹扩展以及纤维整体断裂。三维编织复合材料的损伤累积具有明显的局部效应和尺度依赖性,然而,如果完全从微观细观尺度出发建立结构损伤分析模型,受目前计算能力的限制其实施难度很大。因此,需要采用多尺度分析方法将微观-细观-宏观各个尺度的几何特征、应力/应变场和损伤信息联系起来。

多尺度分析是目前材料和力学领域的研究热点,目前在复合材料力学分析中主要采用的多尺度分析方法可以分为两大类——顺序多尺度分析方法(hierarchical multi-scale method)和协同多尺度分析方法(synergistic multi-scale method)。

1.4.2 顺序多尺度分析方法

顺序多尺度分析方法,也称层级多尺度分析方法,是指不同尺度之间仅存在单向的信息传递,首先进行微观尺度下分析,利用纤维、基体以及界面性能参数,计算得到纤维束的力学性能,然后将其传递到细观单胞尺度进行力学性能分析,获得三维编织复合材料的力学性能,作为宏观结构尺度分析的有效性能参数。在纤维束以及三维编织复合材料有效性能计算中采用的方法不同,包括解析法和数值法两大类,比较有代表性的解析法有 Voigt-Ruess 法、广义自洽法、Mori-Tanaka 法、同心圆柱模型(CCM)、通用单胞法(GMC)等,主要应用于纤维束弹性性能的计算,为三维编织复合材料力学性能计算提供组分材料性能参数输入。在三维编织复合材料力学性能计算中主要采用数值法,数值法主要是有限元法,根据有限元分析中采用的不同理论基础,分为均匀化法、能量法、渐进展开均匀化方法、多相单元法等,主要思路是通过建立不同尺度下的单胞模型,基于不同的理论,结合有限元法进行三维编织复合材料的有效力学性能预测。汪海滨等、Dong 等、Huang 等建立了纤维丝尺度单胞模型计算纤维束等效弹性性能,然后将纤维束等效弹性性能代入纤维束尺度单胞模型,预测得到三维编织复合材料宏观等效弹性常数。Lu 等、曾翔龙等、惠新育等、He 等分别建立了纤维丝尺度单胞模型,引入纤维丝/基体损伤模型计算纤维束强度,然后将预测得到的纤维束强度代入纤维束尺度单胞模型,分别预报了 2.5D 编织、平纹编织 C/SiC 复合材料以及三维编织复合材料拉伸强度。张洁皓等建立了微观-介观-宏观的多尺度分析方法,利用纤维丝尺度单胞模型预测得到纤维束强度性能,利用预测的纤维束性能和介观尺度单胞模型,预测得到平纹编织复合材料宏观等效力学性能,研究了平纹编织复合材料板在低速冲击载荷条件下的力学响应和宏观损伤特征,如图 1.10 所示。利用顺序多尺度分析方法,Dong K 等,Zhao Y 等,Wei K 等建立了三维编织复合材料热物理性能预测的多尺度模型,分别对三维编织复合材料的热膨胀系数、热传导系数等热物理性能进行了多尺度预报。

顺序多尺度分析方法的优点是实施方便、计算效率高,在三维编织复合材料及其结构的分析中得到了广泛应用,借助计算机图像处理技术、$\mu-CT$ 技术等先进测试技术建立高保真的单胞模型,使三维编织复合材料有效性能的分析得到较为满意的结果。由于顺序多尺度分析方法中不同尺度之间只存在单向的信息传递,因此不同尺度之间的应力应变和损伤信息无法进行交互传递,通常无法同时获取不同尺度下的力学响应。

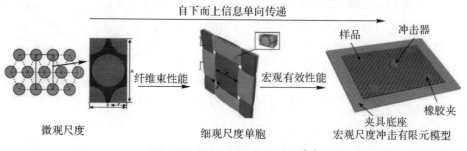

图 1.10 顺序多尺度分析模型[28]

1.4.3 协同多尺度分析方法

如图 1.11 所示,协同多尺度分析方法中存在不同尺度之间的双向信息传递,该方法在小尺度下分析获得材料的物理量之后,将其传递到上一级尺度,并在该尺度下进行物理量分析,获得该尺度下的结构物理响应,并将特定响应参量(位移、应力、应变等)传递回小尺度下进行局部分析,从而获得小尺度下的物理响应信息。

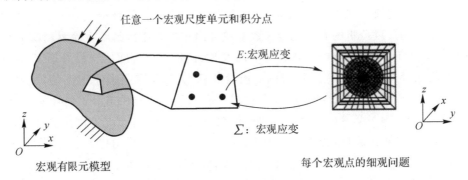

图 1.11 协同多尺度方法示意图

针对单向纤维复合材料中微观应力应变场,Paley 和 Aboudi 等人提出了求解复合材料微观应力应变场的半解析法,即通用单胞法（General Method of Cell, GMC),将胞元离散为任意数量的子胞,拟合纤维形状和排布方式,假设子胞的位移是局部坐标的函数,根据相邻子胞与单胞边界之间位移和力的连续性条件,得到关于单胞局部应变和全局应变之间的一系列方程组,通过求解方程组,就可以在已知全局应变场的情况下得到局部应变场。Arnold 等利用通用单胞模型求解有限单元每个高斯积分点,进而实现了复合材料层合板多尺度有限元计算。Deng 等通过GMC 构建多尺度应力关联矩阵,根据应力关联矩阵,可以通过纤维束的应力应变,获得微观尺度下纤维丝和基体的应力应变,实现二维机织复合材料多尺度同步分析,如图 1.12 所示。

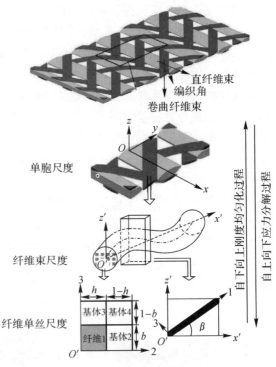

图 1.12 基于 GMC 的编织复合材料
多尺度关联模型

Bednarcyk 等、Borkowski 等建立了平纹编织复合材料细观-微观多尺度损伤分析模型,如图 1.13 所示,将细观尺度下纤维束看作均质材料,采用通用单胞法在纤维束单元积分点处求解微观尺度下纤维丝/基体局部应力应变,通过引入纤维/基体组分材料强度准则,对平纹编织复合材料进行渐进损伤多尺度模拟。

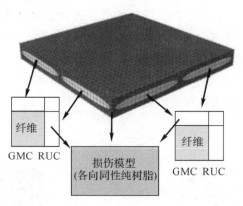

图 1.13　基于 GMC 的编织复合材料多尺度分析模型

采用通用单胞法,可以获得纤维/基体组分材料应力应变的空间分布,但是在涉及复合材料渐进损伤非线性数值模拟中,需要同时进行多个未知量的求解,所以计算时间就显得较长。Zhang 和 Waas 采用纤维丝和基体组成的多层同心圆柱体(NCYL)作为单向复合材料的代表性胞元,通过引入一个应变转换矩阵,建立代表性胞元应变和纤维丝/基体微观应变之间的关联,应变转换矩阵可以通过对同心圆柱体分别施加 6 组单位应变载荷,利用微观力学模型经过理论推导得到,而且应变转换矩阵具有封闭的解析表达式。Patel 等建立了三维编织复合材料拉伸试样的宏-细-微观多尺度分析模型,如图 1.14 所示,采用 NCYL 模型计算纤维束内基体应力应变场,以考虑基体塑性变形的影响,模拟三维编织复合材料单轴拉伸试样的细观渐进损伤过程。

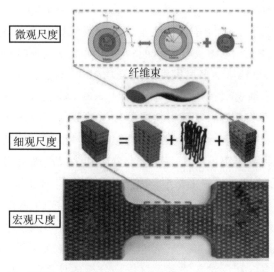

图 1.14　基于 NCYL 模型的三维编织复合材料多尺度分析方法

针对复合材料多尺度计算中涉及的宏观应力应变场与微观应力应变场之间的关联,也有一些学者采用有限元法构建不同尺度之间的关联模型,李星等、Wang 等通过对单向复合材料代表性体积单胞模型施加 6 组单位应力载荷并进行有限元数值计算,然后提取纤维丝和基体在特征点处的平均应力应变响应,构建了宏观应力到细观应力的机械应力放大因子和热应力放大系数,在此基础上构建了细观纤维束和微观纤维丝/基体应力之间的跨尺度关联因子,对编织复合材料进行了多尺度损伤模拟。图 1.15 是为了计算应力放大因子而施加的 6 个宏观应力载荷以及相应特征点的选取。

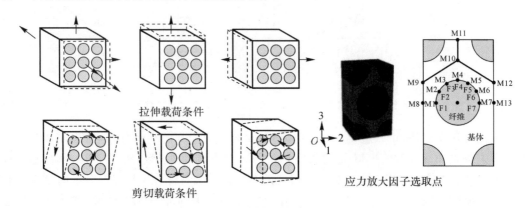

图 1.15 六个宏观单位应力施加和应力放大因子特征点选取

20 世纪 70 年代出现的多尺度渐进展开均匀化(Asymptotic Homogenization,AH)理论,通过摄动技术将宏观物理量展开成关于宏观坐标和细观坐标的函数,如图 1.16 所示,根据几何方程、物理方程以及平衡方程建立展开量之间的关系,再利用细观结构的周期性以及边值条件求解各展开量以及宏观物理量,不但可以给出复合材料的宏观有效性能,还可以获得非均匀性扰动引起的局部细观应力应变。Matsui 等基于渐进展开均匀化理论,提出了均匀化理论的数值方法,实现了材料等效弹性常数和细观尺度物理量的求解。Ghosh 等基于多尺度渐近展开均匀化理论,考虑复合材料的塑性和损伤效应,利用有限元方法得到了材料的均匀化本构关系。Fish 等基于多尺度渐进展开均匀化理论,提出了复合材料细观损伤的双尺度有限元模型,在宏细观双尺度模型的基础上,Fish 等又提出了复合材料宏-细-微观三尺度分析模型,模拟了平面编织复合材料在单轴拉伸载荷下的损伤失效行为。董纪伟等、Visrolia 等、解维华等、Zhai 等基于双尺度渐近展开方法,模拟了三维编织复合材料试件在单轴拉伸、压缩和弯曲载荷作用下的宏细观应力分布和多尺度渐进损伤行为。

多尺度渐进展开方法具有严格的数学理论,对于具有周期性微结构的三维编织复合材料,可以有效建立不同尺度之间的关联,实现应力应变的双向传递和多尺度损伤协同分析。然而,该方法中宏观尺度模型中每个材料积分点都需要求解单胞模型,要在多个尺度下组装刚度矩阵,因此,计算量很大。

近年来,针对三维编织复合材料的多尺度损伤分析的计算效率问题,一些学者采用快速傅里叶变换(Fast Founrier Transformation,FFT)、全局-局部方法(Global-Local Method,GLM)(见图 1.18)、子结构法等进行了三维编织复合材料多尺度损伤分析。目前,针对三维编织复合材料工程结构损伤和失效的协同多尺度分析仍然面临着许多挑战,发展兼顾分析精度和计算效率的多尺度分析方法是关键之一。

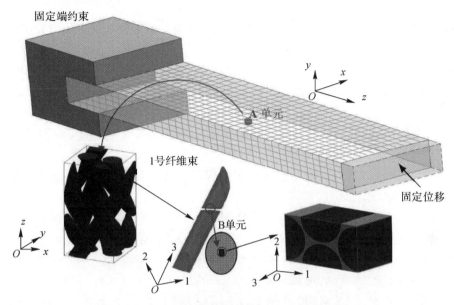

图 1.16　基于多尺度渐进展开均匀化理论的分析方法

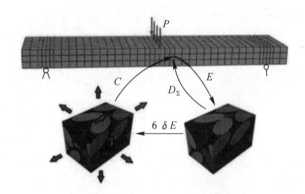

图 1.17　基于 FFT 的多尺度分析方法

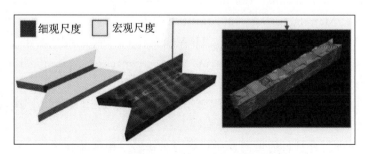

图 1.18　基于 Global-Local 的多尺度分析方法

参 考 文 献

[1] 陈利,赵世博,王心淼.三维纺织增强材料及其在航空航天领域的应用[J].纺织导报,2018(增刊):80-87.

[2] 李嘉禄.三维编织技术和三维编织复合材料[J].新材料产业,2010(1):46-49.

[3] 陈利,孙颖,马明.高性能纤维预成形体的研究进展[J].中国材料进展,2012,31(10):21-29.

[4] 孙乐,王成,李晓飞,等.C/C复合材料预制体的研究进展[J].航空材料学报,2018,38(2):86-95.

[5] 詹世革,孟庆国,方岱宁.航空航天纺织结构复合材料力学性能研究进展与展望[J].中国基础科学(综述评述),2008(2):1-6.

[6] BOGDANOVICH A E, MOHAMED M H. Three-dimensional reinforcements for composites[J]. SAMPE Journal, 2009, 45 (6): 8-28.

[7] BILISK K, MOHAMED M H. Multi-axis three-dimensional fat woven preform-tube carrier weaving[J]. Textile Research Journal, 2010, 80(8): 696-711.

[8] MOURITZ A P, BANNISTER M K, FALZON P J, et al. Review of applications for advanced three-dimensional fiber textile composites[J]. Composites Part A: Applied Science and Manufacturing, 1999, 30(12):1445-1461.

[9] UMAIR M, NAWAB Y, MALIK M H, et al. Development and characterization of three-dimensional woven-shaped preforms and their associated composites[J]. Journal of Reinforced Plastics and Composites, 2015, 34(24):2018-2028.

[10] LIMMER L, WEISSENBACH G, BROWN D, et al. The potential of 3-D woven composites exemplified in a composite component for a lower-leg prosthesis [J]. Composites Part A: Applied Science and Manufacturing, 1996, 27(4): 271-277.

[11] MULLER J, ZULLIGER A, DORN M. Economic production of composite beams with 3D fabric tapes [J]. Textile Month, 1994(9): 9-13.

[12] MOURITZ A, BANNISTER M, FALZON P, et al. Review of applications for advanced three-dimensionalfibre textile composites [J]. Composites Part A: Applied Science and Manufacturing, 1999, 30(12): 1445-1461.

[13] MUNGALOV D, BOGDANOVICH A. complex shape 3d braided composite preforms: structural shapes for marine and aerospace[J]. Sampe Journal, 2004, 40(3):7-21.

[14] 王海雷,高艳秋,范雨娇.三维编织复合材料研究及应用现状[J].新材料产业,2017(3):51-54.

[15] 陈绍杰.先进复合材料的近期发展趋势[J].材料工程,2004(9):9-13.

[16] POTLURI P, MANAN A, YOUNG R, et al. Experimental validation of micro-strains predicted by meso-scale models for textile composites[J]. AIAA Journal,

2007,6(5):5481 - 5488.

[17]　陶肖明,冼杏娟,高冠勋.纺织结构复合材料[M].北京:科学出版社,2001.

[18]　王一博,刘振国,胡龙,等.三维编织复合材料研究现状及在航空航天中应用[J].航空制造技术,2017(19):78 - 85.

[19]　黄涛,矫桂琼.3D 纤维增强聚合物基复合材料[M]. 北京:科学出版社,2007.

[20]　郭兴峰.三维机织物[M].北京:中国纺织出版社,2018.

[21]　汪海滨,张卫红,杨军刚,等. 考虑孔隙和微裂纹缺陷的 C/C - SiC 编织复合材料等效模量计算. 复合材料学报,2008,25(3):182 - 189.

[22]　DONG J,HUO N. A two-scale method for predicting the mechanical properties of 3D braided composites with internal defects [J]. Composite Structures,2016,152 (9):1 - 10.

[23]　HUANG T,GONG Y. Amultiscale analysis for predicting the elastic properties of 3D woven composites containing void defects [J]. Composite Structures,2018,185 (2):401 - 410.

[24]　LU Z,ZHOU Y,YANG Z, et al. Multi-scale finite element analysis of 2.5D woven fabric composites under on-axis and off-axis tension[J]. Computational Materials Science,2013,79:485 - 494.

[25]　曾翔龙,王奇志,苏飞. 含缺陷 C/SiC 平纹机织复合材料拉伸力学行为数值模拟 [J].航空材料学报,2017,37(4):61 - 68.

[26]　惠新育,许英杰,张卫红,等. 平纹编织 SiC/SiC 复合材料多尺度建模及强度预测 [J].复合材料学报,2018,36(10): 2380 - 2388.

[27]　HE C W,GE J R,QI D X, et al. A multiscale elasto-plastic damage model for the nonlinear behavior of 3D braided composites[J]. Composites Science and Technology,2019,171: 21 - 33.

[28]　张洁皓,段晨,侯玉亮,等. 基于渐进均匀化的平纹编织复合材料低速冲击多尺度方法[J]. 力学学报,2019(5):23 - 29.

[29]　DONG K,ZHANG J,JIN L, et al. Multi-scale finite element analysis on the thermal conductive behaviors of 3D braided composites[J]. Composite Structure,2016 (143):9 - 22.

[30]　ZHAO Y,SONG L,LI J, et al. Multi-scale finite element analysis of thermal conductivities of three dimensional woven composites [J]. Applied Composite Material,2017(24):1525 - 1542.

[31]　WEI K L, LI J, SHI H B, et al. Two-scale prediction of effective thermal conductivity of 3D braided C/C composites considering void defects by asymptotic homogenization method[J]. Applied Composite Material,2019,26(5):1367 - 1387.

[32]　ABOUDI J. Mechanics of composite materials:a unified micromechanical approach [M]. Amsterdam:Elsevier,1991.

[33]　PALEY M,ABOUDI J. Micromechanical analysis of composites by the generalized

cells model [J]. Mechanics of Materials, 1992, 14(2):127 – 139.

[34] NAGHIPOUR P, ARNOLD S M, PINEDA E J, et al. Multiscale static analysis of notched and unnotched laminates using the generalized method of cells [J]. Journal of Composite Materials, 2017:51(10):1433 – 1454.

[35] DENG Y, CHEN X H, WANG H. A multi-scale correlating model for predicting the mechanical properties of tri-axial braided composites [J]. Journal of Reinforced Plastics and Composites, 2013, 32(24): 1934 – 1955.

[36] BEDNARCYK B A, STIER B, SIMON J W. et al. Meso-and micro-scale modeling of damage in plain weave composites[J]. Composite Structures, 2015,121:258 – 270.

[37] BORKOWSKI L, CHATTOPADHYAY A. Multiscale model of woven ceramic matrix composites considering manufacturing induced damage [J]. Composite Structures, 2015, 126(8):62 – 71.

[38] ZHANG D, WAAS A. A micromechanics based multiscale model for nonlinear composites[J]. Acta Mechanica, 2014, 225(4/5): 1391 – 1417.

[39] PATEL D K, HASANYAN A, WAAS A M. N-Layer concentric cylinder model (NCYL): an extended micromechanics-based multiscale model for nonlinear composites [J]. Acta Mech , 2017, 228: 275 – 306.

[40] PATEL D K,WAAS A M, YEN C F. Direct numerical simulation of 3D woven textile composites subjected tensile loading: an experimental validated multiscale approach[J]. Composite Part B,2018,152:102 – 115.

[41] 李星,关志东,刘璐,等. 复合材料跨尺度失效准则及其损伤演化[J]. 复合材料学报, 2013(2): 158 – 164.

[42] WANG L, WU J, CHEN C, et al. Progressive failure analysis of 2D woven composites at themeso-micro scale[J]. Composite Structures, 2017,178: 395 – 405.

[43] HASSANI B, HINTON E. A review of homogenization and topology optimization II i-analytical and numerical solution of homogenization equations [J]. Comput Struct, 1998, 69:719 – 738.

[44] MATSUI K, TERADA K,YUGE K. Two-scale finite element analysis of heterogeneous solids with periodic microstructures[J]. Computers & Structures, 2004, 82(7/8): 593 – 606.

[45] PAQUET D, GHOSH S. Microstructural effects on ductile fracture in heterogeneous materials. Part I: Sensitivity analysis with LE-VCFEM[J]. Engineering Fracture Mechanics, 2011, 78(2):205 – 225.

[46] FISH J, YU Q,SHEK K. Computational damage mechanics for composite materials based on mathematical homogenization[J]. Int. J. Num. Methods in Engrg, 1999, 45:1657 – 1679.

[47] FISH J , YU Q . Two-scale damage modeling of brittle composites[J]. Composites Science & Technology, 2001, 61(15):2215 – 2222.

［48］　FISH J , YU Q. Multiscale damage modelling for composite materials：theory and computational framework［J］. International Journal for Numerical Methods in Engineering，2001，52(1/2)：161 - 191.

［49］　董纪伟，孙良新，洪平. 基于均匀化理论的三维编织复合材料细观应力数值模拟［J］. 复合材料学报，2005，6：143 - 147.

［50］　VISROLIA A , MEO M. Multiscale damage modelling of 3D weave composite by asymptotic homogenisation［J］. Composite Structures，2013，95(1)：105 - 113.

［51］　杨强，解维华，孟松鹤，等. 复合材料多尺度分析方法与典型元件拉伸损伤模拟［J］. 复合材料学报，2015(3)：7 - 14.

［52］　ZHAI J , ZENG T , XU G D , et al. A multi-scale finite element method for failure analysis of three-dimensional braided composite structures［J］. Composites，2017，110 (2)：476 - 486.

［53］　SPAHN J, ANDRA H, KABEL M. A multiscale approach for modeling progressive damage of composite materials using fast fourier transforms［J］. Computer Methods in Applied Mechanics Enginerring，2014，268：871 - 883.

［54］　FANG G D, WANG B, LIANG J. A coupled FE-FFTmultiscale method for progressive damage analysis of 3D braided composite beam under bending load［J］. Composites Science and Technology，2019，181：107691.

［55］　DAGHIA F, LADEVÈZE P. Amicromeso computational strategy for the prediction of the damage and failure of laminates［J］. Composite Structures，2012，94 (12)：3644 - 3653.

［56］　SAID B, DAGHIA F, IVANOV D，et al. An iterativemultiscale modelling approach for nonlinear analysis of 3D composites［J］. International Journal of Solids and Structures，2018，132：42 - 58.

［57］　PEI S, MA S, XU H. A multiscale method of modeling surface texture in hydrodynamic regime［J］. Tribology International，2011，44(12)：1810 - 1818.

［58］　RÖMELT P, CUNNINGHAM P R. A multi-scale finite element approach formodelling damage progression in woven composite structures［J］. Composite Structures，2012，94(3)：977 - 986.

［59］　郑晓霞，郑锡涛，缑林虎. 多尺度方法在复合材料力学分析中的研究进展［J］. 力学进展，2010，40(1)：41 - 56.

［60］　QIAN Y X, YANG Z Y, LU Z X. Research progress on numerical simulation of mechanical properties of textile composites［J］. Aeronautical Manufacturing Technology，2022，65(16)：135 - 151.

第2章 纤维、基体和预制体

2.1 引　言

三维编织复合材料的力学性能与纤维、基体以及预制体结构有关。纤维材料是复合材料的主要承力组分,以碳纤维为代表的先进纤维材料具有高强度、高模量、低密度和耐高温等一系列优点,可以大幅地提高复合材料的刚度和强度,减轻复合材料结构质量,提高复合材料结构的尺寸稳定性。通过采用编织、机织、针织以及针刺等工艺,将纤维束在三维空间按照一定的规律相互交织可以形成不同的纤维预制体,可以明显改善复合材料各个方向的力学性能,极大提升纤维增强复合材料的整体性和性能可设计性。基体材料在承受和传递载荷、改善复合材料韧性、保持纤维增强体结构形状以及复合材料性能多功能化方面具有重要的作用。

本章主要介绍三维编织复合材料常用的纤维、基体和纤维预制体,纤维材料主要有玻璃纤维(glass fiber)、芳纶纤维(aramid fiber)、碳纤维(carbon fiber)、硼纤维(boron fiber),基体包括树脂基体(resin matrix)、碳基体(carbon matrix)、陶瓷基体(ceramic matrix),纤维预制体成型方式包括机织(weaving)、编织(braiding)、针织(knitting)、针刺(needling)、缝合(stitching)等。

2.2 纤维材料

2.2.1 碳纤维

碳纤维(carbon fiber)具有高比强、高比模量、耐高温、耐腐蚀、耐疲劳、抗蠕变、导电、传热和热膨胀系数小等一系列优点,既可以在结构中承载负荷,又可以作为功能材料发挥作用,目前几乎没有什么材料具有这么多的优异特性。碳纤维及其复合材料近年来发展十分迅速,也是目前应用最为广泛的纤维增强材料。碳纤维是纤维状的碳材料,碳元素占总质量的90%以上,碳在各种溶剂中不溶解,因此,碳纤维不可能按照一般合成纤维那样通过熔融纺丝或使用溶剂进行湿法或者干法纺丝进行制造,碳纤维只能通过高分子有机纤维的固相炭化或低分子烃类的气相热解生长来制取。

由于原材料及制法不同,碳纤维的性能也不一样。目前,碳纤维的名称和分类没有统一的标准,大致分为以下5类。

1. 按照原材料分类

适用于制造碳纤维的前躯体材料(precusor)类型很多,来源广泛。最常用的原材料有黏胶纤维(rayon fiber)、聚丙烯腈纤维(polyacrylonitrile fiber,PAN fiber)、沥青纤维(pitch)和各种气态的碳氢化合物。这些前躯纤维材料在相应的工艺条件下,经过热解、催化热解和炭化形成或生成相应的碳纤维。

黏胶基碳纤维是由黏胶原丝经过化学预处理、炭化处理和高温处理制成的碳纤维。从结构上来看,黏胶基碳纤维通常为各向同性的碳纤维。只有经过 2 800 K 以上的高温热牵伸处理,黏胶基才能转变为具有高强高模特性的各向异性结构的碳纤维,黏胶基纤维的前躯体材料大多为铜氨人造丝、醋酸人造丝、再生纤维素等黏胶系有机化合物,含碳量约为45%,上述人造纤维在向碳纤维转变的过程中,一般要经历 25～150 ℃时水的物理解吸,150～240 ℃时纤维素组元的去氢反应,240～400 ℃游离基反应、配糖键热解,并使其他 C—O 键开裂,高于 400 ℃时发生芳构化,大于 800 ℃时碳素组元结晶化等阶段的反应,最终生成碳纤维。在此类碳纤维的原纤维(即黏胶纤维)中,通常碱金属的含量比较低,如钠含量一般为 25 ppm[①],全灰分含量也不大于 200 ppm。因此,它特别适合于制造那些要求焰流中碱金属离子含量低的烧蚀防热型的复合材料。

聚丙烯腈基碳纤维是聚丙烯腈原丝通过预氧化处理、炭化和在尽可能高的温度下热处理制成的碳纤维。聚丙烯腈中碳含量约为 68%,基本组分为丙烯腈、丙烯酸甲酯、乙烯基单体或衣康酸等二元或三元共聚物制成的丙烯酸树脂,再经溶解纺丝、预氧化处理和炭化等工序便可以变成碳纤维。聚丙烯腈具有强键的特性,本身的强度就比较高,再经过小组分的加入和调整、改进纺丝工艺和采取高倍牵伸等加工措施,便可以做成高强度的原丝;随后,在严格控制的预氧化条件下,消除了皮芯结构,变成了具有耐焰特性的预氧化纤维;最后,经过炭化和热处理便可获得高强度模量的 PAN 基炭纤维。PAN 基炭纤维是当前结构型复合材料和功能型复合材料用量最大的增强纤维材料。

沥青基碳纤维可以分为各向同性沥青基碳纤维和各向异性沥青基碳纤维两大类。由各向同性的沥青纤维经过稳定化、炭化而制得的碳纤维称为各向同性沥青基碳纤维,即力学性能较低的通用级沥青基碳纤维;由拟似中间相沥青或中间相沥青经过纺丝工序转变为沥青纤维,再进行稳定化、炭化和适当高温处理而制得的纤维称为各向异性的沥青基碳纤维。沥青是一种价格低、来源丰富的原材料,也是一种结构和组成十分复杂的稠环状化合物,沥青中含有大量的碳成分,含碳量可达 90%。此外,沥青还含有大量的杂质。沥青的碳分子具有六角排列结构,所制成的沥青基碳纤维定向度高、模量高,在高温下纤维的尺寸稳定,不易变形,常用来制造高模量的碳纤维复合材料。

气相生长碳纤维是以碳氢气体为原料,借助固体催化剂(如铁或者其他过渡金属)的帮助生长的碳纤维。气相碳纤维由可石墨化炭组成,通过 2 800 ℃的高温处理可以转变为石墨纤维。气相碳纤维是碳纤维科学的研究前沿之一,也是当前制备具有奇特性能的螺旋碳纤维的主要方法之一。

---

① 1 ppm$=10^{-6}$。

2. 按照力学性能分类

尽管制造碳纤维的前驱体相同,但原丝组分的微小变化、制作工艺的不同,也会使得制得的碳纤维的力学性能产生大的差异。日本碳纤维协会按照力学性能将碳纤维分为 5 个等级,见表 2.1。

一般认为,超高模量(UHM)碳纤维的模量超过 600 GPa;高模量(HM)碳纤维的模量为 350～600 GPa;中等模量(IM)碳纤维的模量为 280～350 GPa;标准模量(SM)碳纤维,也称为高强、高应变(HT)碳纤维,模量为 200～280 GPa;低模量(LM)碳纤维的模量在 200 GPa 以下。

表 2.1　碳纤维的等级划分

碳纤维等级		力学性能		典型牌号
		拉伸强度/MPa	拉伸模量/GPa	
低模量碳纤维	LM 型	＜3 000	＜200	
标准模量碳纤维	SM 型	＞2 500	200～280	T300,T700SC
中等模量碳纤维	IM 型	＞4 500	280～350	T800HB,T1000GB
高模量碳纤维	HM 型		350～600	M40JB,M50JB
超高模量碳纤维	UHM 型		＞600	UM63,UM68

表 2.2、表 2.3 给出了常用碳纤维的力学性能。

表 2.2　高强中模碳纤维的力学性能

性能	Hexcel(美国)				东丽(日本)			
	T40	IM6	IM7	IM8	T700SC	T800	T1000G	T300
密度/(g·cm⁻³)	1.81	1.76	1.78	1.79	1.80	1.81	1.80	1.76
纤维直径/μm	5.1	5.1	5.0	5.0	7.0	5.0	5.0	7.0
拉伸强度/MPa	5 650	5 510	5 530	5 580	4 900	5 490	6 370	3 530
拉伸模量/GPa	290	279	276	304	230	294	294	230
断裂伸长率/%	1.8	2.0	2.0	1.8	2.1	1.9	2.2	1.5

表 2.3　常用高强高模碳纤维的力学性能

性能	东丽(日本)			东邦(日本)		Hexcel(美国)	
	M40	M50	M60JB	UM40	UM55	HMS-6	UHMS
密度/(g·cm⁻³)	1.81	1.91	1.93	1.79	1.92	1.75	1.88
拉伸强度/MPa	2 740	2 450	3 820	4 900	3 820	3 700	3 800
拉伸模量/GPa	392	490	588	382	540	372	444
断裂伸长率/%	0.7	0.5	0.7	1.3	0.7	1.02	0.75

碳纤维是一种新型的碳素材料,具有许多特别的物理化学性能,如导电、导热、吸波、耐化学性等,碳纤维的热导率和电导率均远高于各类金属材料。同时,碳纤维具有负的热膨胀系数,轴向热膨胀系数为 $-0.072\times10^{-6}\sim0.90\times10^{-6}$ ℃$^{-1}$,垂直于纤维轴向是 $22\times10^{-6}\sim32\times10^{-6}$ ℃$^{-1}$。

3. 按照结构和微晶取向分类

Donnet 等人[5]认为,碳纤维是由乱层结构的石墨微晶组成的,石墨微晶沿着纤维择优取向。为了区分各种不同的碳纤维,可以按其结构和微晶取向的程度将碳纤维分为Ⅰ、Ⅱ、Ⅲ型等 3 种类型(见表 2.4)。其中,Ⅰ型代表石墨微晶远程有序程度高,且主要平行于纤维轴取向;Ⅱ型表示石墨微晶虽然主要平行于纤维轴取向,但远程有序程度低;Ⅲ型则表示石墨微晶不仅无序取向,且远程有序程度也非常低。

表 2.4　三种不同微晶结构和取向度的碳纤维

类型	处理温度/℃	微晶取向	远程有序度
Ⅰ型(高模量)	>2 000	主要平行于纤维轴	高
Ⅱ型(高强度)	~1 500	主要平行于纤维轴	低
Ⅲ型(各向同性)	<1 000	无序	非常低

4. 按照截面形状分类

碳纤维的原丝前躯体材料不同、纺丝工艺不同和预氧化工艺不同,形成了碳纤维截面状态的多样性。碳纤维的截面有以下几种类型。

(1)圆形碳纤维。单丝截面形状为圆形的碳纤维,具有圆截面形状的碳纤维多为 PAN 基碳纤维,这类碳纤维的原丝常采用硝酸溶液为纺丝的溶解液,经过滤和喷纺得到。

(2)哑铃形碳纤维。当采用二甲基亚砜溶液纺制 PAN 原丝时,由于冷凝时纤维的径向收缩不均匀而得到哑铃形的截面形状(俗称狗骨头形状截面)。

(3)扇形碳纤维。由沥青原料纺制的沥青原丝经过炭化制成的碳纤维,其截面呈扇形并有清晰的辐条状的放射结构条纹。

5. 按照纤维长短和丝束数目分类

碳纤维有连续纤维和短切纤维,连续纤维通常由相应的连续原丝碳化而成,其长度大多在 1 000 m 以上。连续纤维主要用于织造炭布、连续纤维缠绕、编织和预浸料制备等。短切纤维的长度根据要求而定,常通过把长纤维切短制成,主要用于制作短切纤维预混料以及注塑、模塑和模压成型等工艺。

碳纤维束可以制作成含有不同单丝数目的丝束,常见的有 1 K、3 K、6 K、12 K、24 K 等。其中,1 K 碳纤维表示单丝数目为 1 000 根的碳纤维束,3 K 则表示 3 000 根 1 束的碳纤维,依次类推。K 前面的数字越大,碳纤维束的单丝数目越多。

碳纤维的主要应用领域为航空、航天、军事、运输、汽车、建筑、运动器材等,其中航空、航天领域的应用最为普遍。航空领域主要有飞机主翼、尾翼、机体、方向舵、起落架、发动机舱、整流罩、刹车片等各类承力结构;航天领域主要有火箭喷嘴、鼻锥、卫星支架、天线、太阳能翼片底板、航天飞机机头、机翼前缘和舱门等;在交通运输领域,碳纤维复合材料可以用于制作汽车传动轴、板簧、快艇、巡逻艇等;在运动器材领域,碳纤维可以用于制作网球拍、羽毛球拍、高尔夫球杆、自行车、滑雪车、赛艇、划水浆等。此外,碳纤维还可以用于制作泵、阀、管道、密封件、贮罐以及作为桥梁、建筑物修补材料使用。

2.2.2 玻璃纤维

玻璃纤维(glass fiber)是最早研制的一种无机非金属材料,它通过先将二氧化硅和铝、钙、硼等元素的氧化物以及少量的加工助剂氧化钠和氧化钾等原料熔炼成玻璃球,再在坩埚内将玻璃球熔融拉丝而成。纤维单丝通过集束成原丝,经过纺丝可以制成各种形态的制品,如纱、无捻纱、各种纤维布、带、绳等。玻璃纤维的主要成分为二氧化硅、氧化铝、氧化钙、氧化硼、氧化镁、氧化钠等。其优点是绝缘性好、耐热性强、抗腐蚀性好、机械强度高,缺点是质脆、耐磨性较差。玻璃纤维单丝直径为 $5\sim20\ \mu m$,相当于一根头发丝的 $1/20\sim1/5$,每束纤维原丝由数百根甚至上千根单丝组成。

玻璃纤维按照形态和长度,可以分为连续纤维、定长纤维和玻璃棉;根据玻璃中的碱含量,可以分为无碱玻璃纤维、中碱玻璃纤维和高碱玻璃纤维。玻璃纤维按照组成、性质和用途可以分为以下几种:

(1)E-玻璃纤维,是目前使用最为广泛的一种,主要用于电绝缘材料,这种成分的玻璃纤维具有较高的强度、较好的耐老化性能以及优良的电气性能,缺点是容易被无机酸侵蚀。

(2)C-玻璃纤维,是一种钠硼硅酸盐玻璃,具有较好的耐酸性及耐水解性能,国内通常指中碱玻璃,我国的中碱玻璃纤维具有相当高的强度和耐化学腐蚀性,价格低,主要用于电池隔离板、化学过滤材料等。

(3)A-玻璃纤维,类似窗用平板玻璃,属于高碱含量的钠钙硅酸盐玻璃,这种玻璃由于碱金属氧化物含量高,对潮气的侵蚀极为敏感,耐老化性和耐酸性差。

(4)S-玻璃纤维,是一种高强度玻璃纤维,拉伸强度约比 E-玻璃纤维高出 40%,弹性模量约高出 15%。S-玻璃具有高强度、高温下良好的保留强度以及高疲劳强度,可以广泛应用于固体发动机壳体、高性能飞机部件以及其他军事领域。

(5)M-玻璃纤维,是一种含氧化铍的高弹性模量玻璃,因相对密度较大,所以比强度较低,这种玻璃纤维生产工艺条件苛刻,使用受到限制,一般只在实验室小批量生产。

表 2.5 为常温条件下不同玻璃纤维的性能。

表 2.5 常温条件下不同玻璃纤维的性能

纤维种类	E-玻璃	C-玻璃	S-玻璃	石英
拉伸强度/GPa	3.44	3.31	4.58	3.4
拉伸模量/GPa	81.3	69	86.8	69
伸长率/%	4.8	4.8	5.7	—
热膨胀系数/($10^{-6}\ ℃^{-1}$)	5.4	6.3	2.8	0.5
密度/(g·cm^{-3})	2.55	2.56	2.5	2.2
热导率/(W·m^{-1}·K^{-1})	0.87	—	—	—
比热容/(kJ·kg^{-1}·K^{-1})	0.825	0.787	0.737	0.96

高强度玻璃纤维具有高强、耐热、抗冲击、高透波等优异的综合性能，在高性能复合材料领域广泛应用。20 世纪 50 年代，美国成功研发 S-玻璃纤维并将其成功应用于美国"民兵Ⅱ"导弹三级固体发动机壳体，大大减轻了导弹质量。波音公司采用玻璃纤维制造了飞机机身、雷达罩、机翼、飞机地板、直升机叶片等，空客 A380 飞机机身外壳也采用 S-玻璃纤维，许多防弹装甲车、防弹服也采用高强玻璃纤维，其性价比优于芳纶纤维。采用玻璃纤维增强后的聚苯乙烯塑料，机械性能、尺寸稳定性、耐热性、耐低温性、耐冲击性等都有了很大提升，广泛应用于汽车部件、家用电器零件、机壳等。玻璃纤维增强聚甲醛具有很好的耐磨、减摩性能，可以用于制造传动零件，如轴承、齿轮、凸轮等。

2.2.3　芳纶纤维

芳纶纤维(aramid fiber)是芳香族聚酰胺类纤维的通称，这种人工合成纤维的基体是长链状聚酰胺，而且绝大部分酰胺基都直接键合在芳香环上，具有高强度、高模量、耐高温、耐腐蚀、低密度等优点。

芳纶纤维按照分子构造可以分为 3 大类，即间位芳香族聚酰胺纤维、对位芳香族聚酰胺纤维和邻位芳香族聚酰胺纤维。间位芳香族聚酰胺纤维是由间苯二胺与间苯二甲酰氯缩聚制得的树脂经纺丝制成的，这类纤维有美国杜邦公司的 Nomex、日本帝人公司的 Conox 以及我国的芳纶 1313。它们的突出特点是高温性能好，高温下强度保持率高，尺寸稳定性、抗氧化性和耐水性好，不易燃烧，具有自熄性，耐磨和耐多次曲折性好，耐化学试剂及绝热性能也较好，但其强度和模量低，耐光性差，用它做结构性增强材料受到限制。对位芳香族酰胺纤维是目前世界上生产最多的品种，也是重要复合材料的增强材料，这类纤维有美国杜邦公司的 Kevlar、Kevlar29、Kevlar-49，荷兰恩卡公司的 Twaron，俄罗斯的 Armos。我国的芳纶Ⅰ(芳纶 14)、芳纶Ⅱ(芳纶 1414)、芳纶Ⅲ，其中，芳纶Ⅲ性能接近甚至超过 Kevlar29、Kevlar-49 的性能水平。

表 2.6 给出了芳纶纤维与其他纤维性能的比较。与其他有机纤维相比，芳纶纤维的拉伸强度和初始模量很高，而延伸率较低，芳纶纤维的蠕变速度较低，其数值与钢丝相近，芳纶的收缩率和膨胀率也都很小，与玻璃纤维接近，比其他有机纤维优越得多。芳纶纤维具有良好的热稳定性，在高达 180 ℃的温度下，仍能很好地保持它的性能。由于芳纶不熔融也不助燃，短时间内暴露在 300 ℃以上对其强度几乎没有影响。在 -170 ℃的低温下也不会变脆，仍能保持其性能。其纵向膨胀系数在 0～100 ℃的温度下约为 -2×10^{-6} ℃$^{-1}$，在 100～200 ℃的温度下为 -4×10^{-6} ℃$^{-1}$。除了强酸与强碱以外，芳纶几乎不受有机溶剂、油类的影响，芳纶的湿强度几乎与干强度相等。对饱和水蒸气的稳定性比其他有机纤维好。芳纶对紫外线是较敏感的，若长期裸露在阳光下，其强度损伤很大，因此应加保护层。这种保护层必须能阻挡紫外光对芳纶骨架的损害。

表 2.6　芳纶纤维与其他纤维性能的比较

纤维名称	密度/(g·cm^{-3})	拉伸强度/MPa	初始拉伸模量/MPa	延伸率/%
Nomex	1.38	660	17.4	22
Kevlar	1.44	3 220	64.8	1.43～1.44

纤维名称	密度/(g·cm⁻³)	拉伸强度/MPa	初始拉伸模量/MPa	延伸率/%
Kevlar－29	1.44	2 820	63.2	3.6
Kevlar－49	1.44	2820	126.6	2.4
Armos	1.44	4 400~5 500	135~145	3.0~3.5
芳纶Ⅲ	1.45	4 200~5 500	125~180	3.2~4.1
芳纶Ⅱ	1.44	2 600~3 300	90~120	2~3.2
芳纶Ⅰ	1.46	2 800~3 400	150~160	1.8~2.2
碳纤维 M40	1.77	240~660	400	0.5
碳纤维 T300	1.74	3 200	230	1.2
E 玻璃纤维	2.54	1 000~3 000	70	2.5~4
高强 2# 玻璃纤维	3.90	3 000~3 400	83~85	—
硼纤维	2.59	3 500	330~400	0.5~0.8

芳纶纤维的比强度、比模量优于高强度玻璃纤维,因此在航空航天领域得到广泛应用。美国的 MX 导弹、"三叉戟Ⅱ D5"、苏联(俄罗斯)的 SS－24、SS－5 导弹的固体发动机采用芳纶纤维增强复合材料壳体,飞机的发动机机舱、整流罩、机翼与机身整流罩、方向舵、应急出口门窗等均使用芳纶复合材料。芳纶复合材料还可以制造成装甲车、舰艇、直升机的防弹甲板,防弹头盔,防弹背心等产品,还可以制作成各种缆绳、传送带、特种防护服装等。

2.2.4 硼纤维

硼纤维(boron fiber)是一种在金属丝上沉积硼而形成的耐高温的无机纤维,通常采用氢和三氯化硼在炽热的钨丝上反应,置换出无定形的硼沉积于钨丝表面获得,属于脆性材料。硼纤维一般采用化学气相沉积法(CVD)生产,作为芯材,通常使用直径为 12.5 μm 的钨丝,通过反应管由电阻加热,三氯化硼和氢气的化学混合物从反应管的上部进口流入,被加热到 1 300 ℃左右,经过化学反应,硼层就在干净的钨丝表面沉积,制成的硼纤维被导出,缠绕在丝筒上。最早研制开发硼纤维的是美国空军材料研究室(AFML),其目的是研制轻质高强度纤维材料,用于制造高性能的飞机,现在能生产硼纤维的国家还有俄罗斯、瑞士、英国、日本和中国等。硼纤维的主要性能见表 2.7。

硼纤维具有优异的压缩性能,它的压缩强度是其拉伸强度的 2 倍。硼纤维具有相对高的电阻率,以及对涡流的透明性及结构件外形的可铸性。在惰性气体中,高温性能良好。在空气中超过 500 ℃时,强度显著降低。它是良好的增强材料,可以与金属、塑料或者陶瓷复合,制成高温结构用复合材料。其缺点是,与碳纤维等其他纤维增强复合材料相比,硼纤维制造成本高,因此还没有取得上述纤维等同的覆盖率。尽管如此,硼纤维复合材料在军事和体育领域得到大量应用。在航空航天领域,硼纤维复合材料主要是作为飞机的零部件,例如,美国 F14 和 F15 的垂直尾翼,B1 飞机机翅,直升机 CH－54B、F4 飞机方向舵,F5 飞机着陆装置门,T－39A 飞机机翼箱,法国幻影 2000 飞机等都使用硼纤维/环氧树脂复合材料。

采用硼纤维/环氧树脂带材还可以对飞机金属机体进行修补,例如美国军机 C-130 和 C141 等机体采用硼纤维与环氧树脂复合材料进行修补。在体育领域,硼纤维主要用于高尔夫球棒、网球拍、钓鱼竿、滑雪板等。在工业制品领域,基于硼纤维高导热性和低膨胀系数的特点,其可用于半导体冷却用基板;基于硼纤维的高压缩强度,其在沥青系碳纤维的强度补强方面也很有效。

表 2.7　硼纤维的主要性能

国家	密度 /(g·cm⁻³)	拉伸强度 /MPa	弹性模量 /GPa	断裂伸长率/%	压缩强度 /MPa	热膨胀系数 /(10⁻⁶ ℃⁻¹)
中国	2.5	3 704	394	1.1	/	4.5
美国	2.57	3 600	400	/	6 900	4.5
俄罗斯	2.5	3 208	400	/	6 416	4.5

2.2.5　PBO 纤维

聚对苯撑苯并二恶唑(PBO)纤维是 20 世纪 80 年代美国为发展航空航天事业而开发的复合材料用增强材料,是含有杂环芳香族的聚酰胺家族中最有发展前途的一个成员。PBO 纤维最早由美国空军和斯坦福大学研究人员制备,陶氏化学公司进行了工业性开发,1990 年日本东洋纺公司从美国购买了 PBO 专利技术,并进行了大规模开发生产,目前,日本东洋纺是世界上产量最大的商业化生产 PBO 纤维的公司,生产的 PBO 纤维商品名为 Zylon。PBO 具有十分优异的物理机械性能和化学性能,拉伸强度为 5.8 GPa,模量为 280 GPa,在现有的化学纤维中最高,耐热温度达到 600 ℃,极限氧指数(Limiting Qxygen lndex,LOI)为 68,在火焰中不燃烧、不收缩,耐热性和难燃性好于其他任何一种有机纤维。此外,PBO 纤维的耐冲击性、耐摩擦性和尺寸稳定性均很优异。PBO 纤维与其他高性能纤维的性能比较见表 2.8。

表 2.8　PBO 与其他高性能纤维的性能比较

纤维品种	断裂强度 /(N·tex⁻¹)	模量 /GPa	断裂伸长率/%	密度/ (g·cm⁻³)	回潮率 /(g·cm⁻³)	LOI	裂解温度/℃
zylonHM	3.7	280	2.5	1.56	0.6	68	650
zylonAS	3.7	180	3.5	1.54	2	68	650
对位芳族苯酰胺	1.95	109	2.4	1.45	4.5	29	550
间位芳族苯酰胺	0.47	17	22	1.38	4.5	29	400
钢纤维	0.35	200	1.4	7.80	0	—	—
碳纤维	2.05	230	1.5	1.76	—	—	—
高模量聚酯	3.57	110	3.5	0.96	0	16.5	150
聚苯并咪唑	0.28	5.6	30	1.40	1.5	41	550

PBO 长丝可以用于轮胎、胶带(运输带)、胶管等橡胶制品以及各种塑料和混凝土等的补强材料,弹道导弹和复合材料的增强组分,纤维光缆的受拉件和光缆的保护膜,电热线和耳机线等各种软线的增强纤维,绳索和缆绳等高拉力材料,高温过滤用耐热过滤材料,导弹和子弹的防护设备,体育器材等。PBO 短切纤维和浆粕是摩擦材料和密封垫片用的补强纤维,也可用作各种树脂和塑料的增强材料等。PBO 纱线可以用于消防、焊接等高温现场用的耐热工作服、防切伤的保护服、安全手套和安全鞋等防割破装备。PBO 短纤维主要用于铝材挤压工等用的耐热缓冲垫毡、高温过滤用耐热过滤材料和热防护皮带等。

2.3　基 体 材 料

基体(matrix)具有一定的刚度和稳定性,与纤维增强体复合到一起,主要起到传递纤维增强体之间载荷的作用,使增强体保持在设计的方向及位置,并且能够在一定的应用环境中起到保护增强相的作用。对于三维编织复合材料,根据不同的应用要求,采用不同的基体材料。通常采用的基体材料有热固性树脂基体(包括环氧树脂、不饱和聚酯和酚醛等)、热塑性树脂基体[如尼龙、聚丙烯、聚芳醚酮树脂(PEEK)、聚苯硫醚树脂(PPS)和聚酰亚胺树脂等]、陶瓷基体和金属基体。

先进复合材料用的树脂基体对材料的性能具有极其重要的影响。一些发达国家十分重视树脂基体研究,通过采用红外光谱、热分析、液相色谱等先进分析技术对树脂基体进行了大量的性能表征与质量控制研究工作,对复合材料原材料、性能、检测方法等都有非常严格的要求,并制定了统一标准或规范。从 20 世纪 70 年代末期开始,美国陆海空三军、宇航局及从事复合材料研制、生产、应用的公司、工厂、研究所等对复合材料树脂基体和预浸料的质量控制就十分重视,在进行了大量性能表征研究工作后,提出了控制质量的"指纹"。

作为复合材料的基体组分,基体需要具有一定的刚度和稳定性,与纤维增强体黏合到一起,主要作用体现在:①传递载荷作用,同时也为复合材料提供刚性和形状支撑,使增强纤维保持在设计的方向及位置上;②隔离作用,把纤维和纤维隔离开来,使其各自发挥作用,不相互影响,可以有效减缓裂纹萌生和扩展进程;③保护作用,在一定的环境中保护增强纤维不受化学侵蚀和机械破坏,起到保护增强相的作用。除了以上 3 种重要的作用,基体的力学性能也在一定程度上影响复合材料的延展性、冲击强度等。

2.3.1　热固性树脂基体

热固体树脂是通过不可逆的化学交联反应固化的聚合物材料,一般表现为各向同性,最大的特点是加热不熔化,达到变形温度时会失去刚度。虽然一般的热固性树脂的使用温度是 125~200 ℃,但也存在工作温度为 250~350℃的耐高温热固性基体材料。

1. 环氧树脂

环氧树脂(EP)是指化合物分子中含有两个或两个以上环氧基团的有机化合物,由于分子结构中含有的环氧基团反应活性高,所以其可与很多种类的固化剂发生固化交联反应,生成具有三维网状结构的交联聚合物,呈现不溶、不熔的特性。环氧树脂具有优良的力学性能、耐腐蚀性能,几何尺寸稳定性好、收缩率低(2%~5%)、热稳定性较高,可在 120 ℃下长时间使用,并可在更高温度下工作,是应用最普遍的先进复合材料树脂基体。但环氧树脂的耐湿性较差,与高性能增强材料的渗润性不够好,目前世界各国都在致力于开发各种高性能环氧树脂。国内现在比较常用的高性能环氧树脂有 4,4 -二氨基二苯甲烷四缩水甘油胺(TGDDM)和 4,5 -环氧己烷 -1,2 -二甲酸二缩水甘油酯(TDE - 85 的三官能团环氧树脂)。TGDDM 具有优良的耐热性,长时高温性能和机械强度保持率、固化收缩率、化学和辐射稳定性好,其还可以作为高性能结构胶黏剂,用于结构层压板和耐高能辐射材料。鉴于其性价比,它可能是最实用的高性能环氧树脂。TDE - 85 树脂是一种工艺性、力学性能、耐热性均很优异的高性能环氧树脂,与碳纤维黏结力极好。

环氧树脂具有以下特性:

(1)黏结性好。环氧树脂结构中具有醚键、羟基和环氧基等具有极大活性的基团,这些活性基团使环氧树脂的分子和相邻界面产生强烈的键合作用,尤其是环氧基团,能与固化剂发生反应生成三维网状结构的大分子,这种大分子本身就具有一定的内聚力。因此环氧树脂型胶黏剂具有黏结性能强、黏结强度高、黏结面广等特性。与铝合金黏结后,其剪切强度一般为 15~25 MPa,最高可达 58.8~63.7 MPa。除了四氟乙烯、聚乙烯、聚丙烯不能使用环氧树脂胶黏剂直接黏结外,绝大多数的金属和非金属都可用环氧树脂胶黏剂黏结,且黏结性良好。

(2)收缩率低。环氧树脂的固化过程主要是环氧基先开环,然后发生加成聚合,因此环氧树脂在固化交联时不会有低相对分子质量物质生成;环氧树脂分子结构中有仲羟基,其分子结构中的环氧基固化反应时可派生少量残留羟基,它们之间可以形成氢键,这些氢键可以产生缔合作用,这种结构可使交联后的树脂分子排列紧密,因此环氧树脂由固化开始到固化完全,其收缩率是热固性树脂中最小的品种之一,一般其固化收缩率在 1%~2% 之间。如果加入合适的填料则可使其固化收缩率降低到 0.2% 左右。环氧树脂是热固性树脂中固化收缩率最小的品种之一(酚醛树脂为 8%~10%,不饱和聚酯树脂为 4%~6%,有机硅树脂为 4%~8%)。由于环氧树脂的固化收缩率低,故其固化后产品具有加工尺寸稳定、内应力小、不易开裂等特性。因此环氧树脂在复合材料制备、浇注成型与加工中应用极为广泛。环氧树脂固化物线膨胀系数也较小,一般为 6×10^{-5} ℃$^{-1}$。

(3)优良的电绝缘性。固化后的环氧树脂固化物吸水率低,所含活性基团和游离的离子极少,因此具有优异的电绝缘性。

(4)稳定性好。环氧树脂如果不含酸、碱、盐等杂质,就不容易发生变质。如果储存完好(如密封、不遇高温、不受潮),使用寿命可达到一年左右。此外,放置一年后的树脂经检验认为合格仍可继续使用。固化后的环氧树脂固化物主链是由醚键和苯环组成的,并且三维交联结构致密而封闭,因此它可以耐酸、碱、盐以及多种介质的化学腐蚀,其耐性明显优于不饱和聚酯树脂和酚醛树脂等热固性树脂。

(5)机械性能好。环氧树脂固化物所具有的内聚力较大,并且分子结构致密,因此它的机械性能比酚醛树脂等很多热固性树脂要好。表 2.9 是环氧树脂浇注体部分力学性能。

(6)良好的加工性。环氧树脂配方组分的灵活性、加工工艺和制品性能的多样性是高分子材料中罕见的。固化前的环氧树脂都具有良好的流动性,与很多助剂填料有很好的相容性,因此环氧树脂配方可以灵活设计,并且环氧树脂在固化过程中没有生成低相对分子质量物质,可以在常压下成型,没有要求放气或变动压力,这样也可以保证产品的质量,固化件内部不会出现空隙以及缺陷。

(7)耐热性能好。环氧树脂固化物的耐热性能优良,一般为 80～100 ℃,在比较高的温度下还具有良好的机械性能。环氧树脂的特殊品种与固化剂反应后,其耐热性可达 200 ℃或更高。

表 2.9　环氧树脂浇注体部分力学性能

项目	拉伸强度/MPa	拉伸模量/GPa	压缩强度/MPa	弯曲强度/MPa	冲击强度/MPa
数值	45～69	2.2～3.4	85～171	88～118	98.1～196.2

根据分子结构的不同,环氧树脂可分为缩水甘油醚型环氧树脂、缩水甘油酯型环氧树脂、缩水甘油胺型环氧树脂、脂肪族环氧树脂和杂环类环氧树脂。

(1)缩水甘油醚型环氧树脂有 3 种,即双酚 A 缩水甘油醚环氧树脂,双酚 F 缩水甘油醚环氧树脂,双酚 S 缩水甘油醚环氧树脂。应用最为广泛的是双酚 A 缩水甘油醚环氧树脂,这种缩水甘油醚环氧树脂是由双酚 A 和环氧氯丙烷在一定条件下缩合而成的。这种环氧树脂应用最为广泛,占所有种类环氧树脂的 90％以上。

(2)缩水甘油酯型环氧树脂。缩水甘油酯型环氧树脂的分子结构中存在两个或两个以上的酯基,因为酯基本身具有极强的极性,而这个特点正是黏附性能优异的保证,所以这类环氧树脂的耐溶剂性能和电绝缘性能相当突出。

(3)缩水甘油胺型环氧树脂。顾名思义,这类环氧树脂的分子结构中一定存在氮原子,它们与众多环氧基相连。

(4)脂肪族环氧树脂。在脂肪族环氧树脂的分子结构中,环氧基与长链段的 C 键相连,这类环氧树脂一般是由双键类物质通过环氧化反应得到的。脂肪族环氧树脂相互之间的性能有一定的差异,它们各自被应用于不同的领域当中。

(5)杂环类环氧树脂。在环氧树脂的分子结构中存在 P 等特殊元素时,称之为杂环类环氧树脂。这类环氧树脂一般选用酸酐类固化剂或者是低相对分子质量聚酰胺类固化剂,由于其分子结构的特殊性,通常胺类固化剂很难将其固化。

环氧树脂因具有各方面的优异性能,尤其是其配方的灵活性,其应用极为广泛。涂料是环氧树脂最为广泛也最为重要的应用,各种各样的环氧树脂涂料已经被广泛应用于我们的生活之中。环氧树脂涂料具有黏附性高、绝缘性好等优点。环氧树脂分子结构的特殊性,并且分子中存在大量的醚键,使得它对其他材料尤其是金属类物质具有较高的黏结性,与其他热固性树脂具有良好的相容性,因此常作为胶黏剂来使用。电学绝缘性能是环氧树脂的一个突出特性,环氧树脂的绝缘性好,并且固化后的结构致密,因此常用作绝缘封装材料来使用;随着近年来电器行业的不断发展,环氧树脂在电器方面的应用也越来越广泛。纤维增强树脂基复合材料因为具有优良的综合性能而被广泛应用,而环氧树脂则是复合材料中最常用的树脂基体材料,环氧树脂与玻璃纤维、碳纤维等高性能纤维的复合材料已经被广泛应用于军事、航天等领域。

尽管环氧树脂的综合性能优异,但其也存在着一些缺点,这些制约着其在相关领域中的一些应用。例如,环氧树脂在交联固化的过程中会形成大型的三维交联网络结构,这种结构导致环氧树脂固化产物的内应力大、质脆,力学性能尤其是抗冲击性能不好;材料的耐高温耐候性能也较差,在高温或紫外照射下易发生黄变,进而使得各项性能出现大幅度下降。因此,通常对环氧树脂进行改性,主要的增韧方法有橡胶增韧环氧树脂法和热塑性树脂增韧环氧树脂法。目前已知的有两种传统的橡胶改性环氧树脂的方法。第一种方法是自 1970 年以来一直在使用的,其基于使用活性低聚物来改性环氧树脂。在这种技术中,使用的活性低聚物首先被溶解在环氧树脂中。在添加固化剂之后,随着环氧树脂开始固化,其相对分子质量不断增大,橡胶阶段开始沉淀形成第二相粒子。体积分数和橡胶网络的尺寸与两相的兼容性以及固化动力学有关,丁腈橡胶是理想的液体弹性体,可以用于环氧树脂的增韧。虽然橡胶弹性体的加入,可以使环氧树脂韧性成倍地提高,但同时会使耐热性和弹性模量降低,也就是说提高韧性是以牺牲耐热性与刚度为代价的。因此,近几年又兴起用耐热性强韧性树脂来增韧环氧树脂方法,使用较多的有聚醚砜(PES)、聚砜(PSF)、聚醚酰亚胺(PEI)、聚醚酮(PEK)、聚苯醚(PPO)等热塑性工程塑料。这些热塑性树脂本身具有良好的韧性,而且模量和耐热性较高,作为增韧剂加入到环氧树脂中同样能形成颗粒分散相,使环氧树脂的韧性得到提高,而且不影响环氧固化物的模量和耐热性。

2. 酚醛树脂

以酚类(苯酚、二甲酚、甲酚、间苯二酚等)与醛类(甲醛、糠醛等)为主要原料,在碱性或酸性催化剂作用下经缩聚得到的一类聚合物,统称为酚醛树脂(Phenol-Formaldehyde Resin,PF 树脂)。经苯酚和甲醛缩聚制得的酚醛树脂为应用最广的一种。基于苯酚和甲醛不同的摩尔比和不同性质的催化剂,可合成热塑性和热固性两类酚醛树脂。若用过量的苯酚及酸性催化剂,可制成线型结构的热塑性酚醛树脂;若采用过量的甲醛及碱性催化剂,可以得到热固性酚醛树脂。酚醛树脂具有优异的机械强度、尺寸稳定性、耐热性、耐化学腐蚀性以及树脂固有的阻燃性、耐烧灼性和低发烟率等,在摩阻材料、耐火结合剂、木质复合材料中应用相当广泛,作为瞬时耐高温和耐烧烛结构材料的基体也起着重要的作用。

1872 年德国化学家拜尔(A. Bayer)首次合成了酚醛树脂,但直至美国科学家巴克兰(L. H. Backelang)1910 年提出"缩聚反应"理论后才解决了酚醛树脂固化的技术难题,并申请了专利,从此实现了酚醛树脂的实用化。20 世纪 40 年代后,酚醛树脂的合成方法进一步成熟并多元化,出现了许多改性酚醛树脂,其综合性能不断提高。美国和苏联在 20 世纪 50年代就开始将酚醛复合材料用于空间飞行器、火箭、导弹和超声速飞机的部件,其也用作耐瞬时高温和烧蚀材料。世界上从事酚醛树脂生产的厂家很多,比较知名的有美国的 Borden公司、日本的大日本油墨株式会社、英国的 B. PPlastics 公司、德国的 DynamitNobel AG 公司和我国的圣泉化工等。

热固性酚醛树脂通常有高、中、低 3 种黏度类型。黏度主要取决于生产过程中搅拌回流时间、树脂与水层的比例、脱水温度、脱水时间和真空度等工艺参数。除了强氧化性酸外,酚醛树脂几乎能耐一切酸。但是酚醛树脂耐碱性差,低温、稀碱对它都有明显的破坏。酚醛树脂不耐碱性的原因在于树脂中苯环上的羟基与苯酚上的羟基性质相同,都能与碱进行反应。酚醛树脂是一种耐热性能好的树脂,经过固化后的酚醛树脂具有较高的热变形温度。另外,酚醛树脂的固化物坚硬、脆性大。由于酚醛树脂中存在大量的氢、氧和较多的水分等杂质，所以在其固化过程中呈现较大的收缩倾向，固化收缩率可达 20%～40%。

酚醛树脂固化后体系脆性大，普通未改性的酚醛树脂固化后分子高度交联，分子结构中芳环仅由亚甲基相连，刚性基团过密，缺少柔性基团，空间位阻大，导致以酚醛树脂为基体树脂的材料脆性过大、硬度大、韧性差。用作耐热材料、耐烧蚀材料及复合材料的基体时，未改性的酚醛树脂存在大量的酚羟基，导致高温热稳定性差，固化过程中有低分子挥发物生成等缺点，因而目前酚醛树脂的改性研究主要集中在增韧改性、耐热改性及高成碳改性几个方面。

(1)酚醛树脂的增韧改性。酚醛树脂的增韧改性主要有以下几种方法：①外在增韧物质改性，如在酚醛树脂中添加丁苯橡胶、天然橡胶、丁腈橡胶及各种热塑性树脂等；②内在增韧物质改性，如使在酚醛树脂中的酚羟基醚化，或在酚核间引入长的亚甲基链等其他柔性基团等；③复合使用改性，如用玻璃纤维、玻璃布及石棉等材料来增强韧性的。这些方法都以耐热性的下降为代价来提高酚醛树脂的韧性。一般情况下，酚醛树脂的韧性和耐热性很难兼顾，但仍有研究者尝试在热塑性酚醛树脂中添加碳酸钙和黏土等无机填料来保持其韧性，同时提高其耐热性。

(2)酚醛树脂的耐热改性。在 200 ℃以下，普通酚醛树脂能够长期稳定使用，超过 200 ℃后，酚醛树脂便发生明显的老化，340～360 ℃开始进行热分解。随着温度的升高，酚醛树脂将逐渐发生热解、炭化现象，基本结构变化剧烈，释放出大量小分子挥发物，如在 600～900 ℃时释放出大量的 CO、CO_2、H_2O、苯酚等物质。将酚醛树脂的酚羟基醚化、酯化以及加大固化剂的用量，或在分子结构中引入芳环等热稳定结构，是提高其耐热性的通用方法，如芳烃改性、胺类改性、苯并恶嗪改性、聚酰亚胺改性、酚三嗪改性酚醛树脂等，还可以在酚醛树脂主链结构中引入无机元素（这一方法也取得了很好的效果），硼酚醛树脂就是这类聚合物中的一种。大量文献报道了硼酚醛树脂的合成和性质，硼酚醛树脂中的硼氧酯键可以从 3 个方向对树脂进行交联，固化后树脂的交联密度高，同时硼氧酯键的键能高达 773 kJ/mol，高温时不易裂解，烧蚀时生成坚硬的高熔点的碳化硼，所以耐高温性好。因此，在酚醛树脂的分子结构中引入无机硼元素对其进行改性，生成键能较高的硼氧酯键，是提高酚醛树脂耐热性的主要方法。还有就是在合成酚醛树脂的过程中引入耐高温基团，如难熔金属改性的钨酚醛树脂和钼酚醛树脂、杂元素改性的有机硅酚醛树脂、磷改性酚醛树脂、硼改性酚醛树脂等，这是通过重金属的螯合作用来提高酚醛树脂的热稳定性。

(3)酚醛树脂的高成碳改性。以上两种方法都是针对酚醛树脂以聚合物形式使用来进行改性的，而作为碳材料的先驱体来使用时，酚醛树脂的成碳率相对其本身的韧性和耐热性等就显得更为重要。普通的酚醛树脂的成碳率一般为 55%～65%，据报道，在芳基酚或烷基酚改性的酚醛树脂中加入千分之几的无机含氧化合物（如含钨及稀土元素的氧化物），其成碳率可达 69.87%，而在酚醛树脂中加入 25%～30%纳米炭粉，得到的含纳米炭粉的酚醛树脂也具有高成碳率。虽然有关高成碳率酚醛树脂的研究报道不多，但从已有的研究成果来看，提高酚醛树脂的成碳率都是从以下两方面入手的：一是提高树脂本身的含碳量，如在酚醛树脂中引入含有苯环的分子结构；二是尽量使树脂中的碳元素在热解过程保留下来，如通过掺入无机元素及其氧化物等,改变酚醛树脂的热解过程。

3. 双马来酰亚胺

双马来酰亚胺(BMI)是以马来酰亚胺(MI)为活性端基的双官能团化合物,20 世纪 60 年代末期,法国罗纳-普朗克公司首先研制出 M-33BMI 树脂及其复合材料。从此,由 BMI 单体制备的 BMI 树脂引起了愈来愈多人的重视。BMI 树脂具有与典型的热固性树脂相似的流动性和可模塑性,可用与环氧树脂类同的一般方法进行加工成型。同时,BMI 树脂具有良好的耐高温、耐辐射、耐湿热特性、吸湿率低、热膨胀系数小等。因此,BMI 树脂得到了迅速发展和广泛应用。我国于 20 世纪 70 年代初开始 BMI 的研究工作,当时主要应用于电器绝缘材料、砂轮黏合剂、橡胶交联剂及塑料添加剂等方面。20 世纪 80 年代后,我国开始了对先进 BMI 复合材料树脂基体的研究,并获得了一定的科研成果。早在 1948 年,美国人 Searel 就获得了 BMI 合成专利。此后,通过对 Searle 法进行改进,合成了各种不同结构和性能的 BMI 单体。BMI 单体多为结晶固体,脂肪族 BMI 一般具有较低的熔点,而芳香族 BMI 的熔点相对较高。一般来说,为了改善 BMI 树脂的工艺性能,在保证 BMI 固化物性能的前提下,希望 BMI 单体有较低的熔点。BMI 单体邻位两个碳基的吸电子作用使双键成为贫电子键,因而 BMI 单体可通过双键与二元胺、酰腆、酰胺、硫氢基、氰尿酸等含活泼氢的化合物进行加成反应;同时,其也可以与环氧树脂、含不饱和键化合物及其他 BMI 单体发生共聚反应;其在催化剂或热的作用下也可以发生自聚合反应。BMI 的固化及后固化温度等条件与其结构密切相关。

BMI 固化物由于其酰亚胺结构及交联密度高等特点而具有优良的耐热性,使用温度一般为 177～230 ℃,玻璃化转变温度 T_g 一般大于 250 ℃。对脂肪族 BMI 固化物,随着亚甲基数目的增多,固化物的起始热分解温度 T_d 下降,芳香族 BMI 的 T_d 高于脂肪族 BMI,同时与交联密度等也有较密切的关系,在一定范围内,随交联密度的增大 T_d 升高。BMI 固化物结构致密,缺陷少,因而具有较高的强度和模量。但同时固化物的交联密度高、分子链刚性大,而使其呈现出较大的脆性,表现出抗冲击性能差、断裂伸长率小和断裂韧性低的特性。

BMI 树脂具有良好的力学性能和耐热性能等,但 BMI 固化温度高、固化交联密度大,使得树脂存在熔点高、溶解性差、成型温度高、固化物脆性大等缺点,使其应用受到了极大的限制。BMI 树脂改性方法较多,其中绝大多数改性都围绕树脂的韧性展开。BMI 树脂增韧改性主要有如下几种:

(1)芳香二胺扩链。芳香二胺改性 BMI 是改善 BMI 脆性最早使用的一种改性方法。这种方法将 BMI 的两个马来酰亚胺基(IM)之间的 R 链延长,并在 R 链中引入具有适当柔性的基团,以减小网络的刚性。这类 BMI 即称为链延长型 BMI。法国助罗纳-普朗克公司以其雄厚的技术力量率先将 BMI/二元胺体系商品化,并于 20 世纪 70 年代推出了"Kinel,Kerimdi"系列 BMI 树脂,它们已应用于航空航天领域。"Kinel,Kerimdi"系列 BMI 树脂体系虽具有良好的耐热性、力学性能和电性能等,但制成的预浸料几乎没有黏性,复合材料的韧性较低,并且二元胺与 BMI 扩链反应后形成的仲氨基往往会导致热氧化稳定性的降低,因而很少单独使用。目前该方法发展的趋势是 BMI 与芳胺进行 Miacheal 加成反应后再与其他改性剂(如环氧树脂)进行反应。加入环氧树脂虽能明显改善体系的工艺性,但环氧树脂的加入却降低了BMI树脂的耐热性,使这种改性方法的应用受到了很大的限制。

(2)与烯丙基化合物共聚。用于BMI树脂改性的链烯基化合物有多种,其中与烯丙基苯基化合物(APC)共聚是目前BMI增韧改性最成功的一种,也是我国最主要采用的BMI增韧改性方法。烯丙基化合物与BMI单体共聚后的预聚物稳定、易溶、黏附性好、固化物坚韧、耐热、耐湿热,并具有良好的电性能和机械性能等,适合用作涂料、模塑料、胶黏剂及先进复合材料基体树脂。西北工业大学的蓝立文等人于20世纪80年代末合成了一系列的APC,并制成了增韧BMI树脂系列。

(3)环氧树脂改性。环氧树脂改性BMI是一种开发较早且比较成熟的方法。环氧树脂主要用于改善BMI体系的工艺性和增强材料之间的界面黏结性,同时也明显改善了BMI树脂体系的韧性。环氧树脂本身很难与BMI单体反应,其改善BMI体系韧性的途径主要有以下两种:①在二元胺改性的基础上,添加环氧树脂改性。②合成具有环氧基团的BMI,这种方法属于内扩链。但是环氧树脂的加入往往会降低BMI树脂的耐热性能。因此,这种改性方法的关键是如何调节组分的配比和聚合工艺,以求得韧性、耐热性与工艺性的平衡。国外于20世纪80年代初开发的5245C是一个环氧改性BMI树脂体系成功的例子。

(4)热塑性树脂增韧。20世纪80年代起人们开始使用强韧性、耐热性好的高性能热塑性树脂增韧BMI。采用这种热塑性树脂(TP)来改性BMI树脂体系,可以在基本上不降低基体树脂耐热性和力学性能的前提下实现增韧。目前常用的TP主要有聚苯并咪唑(PBI)、聚醚砜(PES)、聚醚酰亚胺(PEI)和聚海因(PH)、改性聚醚酮(PEK-C)和改性聚醚砜(PES-C)等。工程热塑性塑料用来改性BMI,在BMI韧性增大的同时,机械性能和耐热性能的损失也很小。因此,近年来工程热塑性塑料作为BMI的改性剂一直受到人们的重视。典型的BMI树脂的力学性能见表2.10。

表2.10　典型的BMI树脂的力学性能

力学性能	参数
密度/(g·cm^{-3})	1.27
拉伸模量/GPa	4.13
拉伸强度/MPa	88.55
拉伸断裂应变/%	3.01
压缩模量/GPa	4.54
压缩屈服强度/MPa	200
压缩强度/MPa	353.85
剪切强度/MPa	100.68
弯曲模量/GPa	4.29
弯曲强度/MPa	167
T_g/℃	294

2.3.2　热塑性树脂基体

热塑性树脂具有受热软化、冷却硬化的特性,而且不发生化学反应,无论加热和冷却重复进行多少次,均能保持这种性能。热塑性树脂在常温下为高相对分子质量固体,是线型或带少量支链的聚合物,分子间无交联,在反复受热过程中,分子结构基本上不发生变化,当温度过高、时间过长时,则会发生降解或分解。与热固性树脂相比,热塑性树脂基体在抗冲击韧性、高温使用性、可回收利用、低成本等方面具有优势,近年来在航空航天领域广泛应用。

热塑性树脂可分为高性能树脂和通用树脂,典型的高性能树脂有聚醚醚酮(PEEK)、聚苯硫醚(PPS)、聚酰亚胺(PI),通用树脂有聚丙烯(PP)、聚乙烯(PE)、聚氯乙烯(PVC)等。通用树脂价格低,其性能相对较差,在军事、航空、航天领域应用的主要是高性能热塑性树脂。

PPS 是最新的高温热塑性工程塑料之一,它是一种很有意义和多用途的高聚物,并被描述为“热固性的热塑性塑料”。PPS 是一种半结晶的热塑性塑料,其熔点大约为 280 ℃,它具备很多优良的特性:加工性能优良,阻燃性能良好,耐高温和耐腐蚀,力学性能十分优异,尺寸稳定性良好,拉挤成型、模压成型、注射成型等方法都可以使其加工成型。PPS 是六大工程塑料之一,PPS 基纤维增强复合材料现已广泛应用于航空航天领域,美国 Tencate 公司基于织物热压成型方法生产了碳纤维增强 PPS 基复合材料,用于空客 A340 和 A380 飞机的机翼主缘。

PEEK 是芳香族结晶型热塑性聚合物,是由聚芳醚酮的重复单元构成的。PEEK 的熔点为 334 ℃,玻璃化转变温度 T_g 为 143 ℃,可能达到的最大结晶度约为 48%,通常为 20%~30%,它在无定形状态下的密度为 1.265 g/cm^3,而在最大结晶度下的密度为 1.32 g/cm^3。1980 年英国帝国化学公司 PEEK 预浸料投放市场后即成为航天航空最具实用价值的先进热塑性复合材料,美国 F-22 战斗机上热塑性复合材料用量为 10%。当前,以 PEEK 树脂为基体的复合材料已经广泛用于制造航空航天领域耐高温复合材料部件。

PI 分子链中含有大量的苯环和亚胺环结构,这赋予了聚酰亚胺材料突出的耐热性能,使其具有高的热稳定性和热氧稳定性。例如,杜邦公司的 H 级 Kapton 薄膜 T_g 为 399 ℃,T_d 为 500 ℃,在空气中的最高连续使用温度可达 250~270 ℃。而日本宇部兴产公司的 Upilex-S 薄膜的 T_g 甚至已超过 500 ℃。

聚醚酮酮(PEKK)分子结构中有刚性的重复单元,使其具有较高的结晶度和优异的热力学性能。它的玻璃化转变温度 T_g 为 156 ℃,熔融温度 T_m 为 338~384 ℃(取决于合成路线)。它与 PEEK、聚醚酮(PEK)都属于聚芳醚酮类化合物,都具有优良的电性能、耐燃性、耐辐照性、耐溶剂性等。表 2.11 给出了常用热塑性树脂的力学性能。

表 2.11　常用热塑性树脂的力学性能

力学性能	PES	PEEK	PEKK	PPS	PEI
拉伸强度/MPa	84	103	102	82	104
拉伸模量/GPa	2.6	3.8	4.5	4.3	3.0
断裂伸长率/%	40~80	40	—	3.5	30~60

续表

力学性能	PES	PEEK	PEKK	PPS	PEI
弯曲强度/MPa	129	110	—	96	145
弯曲模量/GPa	2.6	3.8	3.8	3.8	3.0～3.3
$G_{IC}/(kJ \cdot m^{-2})$	1.9	2.0	0.2	0.2	2.5

与热固性材料相比,热塑性复合材料的制备过程存在浸润性差、孔隙率高、纤维体积分数低等问题,通常采用改性处理,主要研究方向集中在树脂熔体的黏度改性及其对增强纤维浸润性、树脂与纤维的界面改性、微观结构调控等方面。热塑性塑料在复合材料中一般作为增韧基体添加,对其本身的增韧研究较少,一般的增韧方法为与弹性体共混或与纳米粒子共混,也可以通过改变聚合物的官能团或者与其他物质共混接枝,从而使其复合材料的界面性能提高,达到增韧增强的目的。

2.3.3　碳基体

碳基体(carbon matrix)是碳纤维增强碳基体复合材料的重要组成部分,碳基体是前驱体材料经过热解、碳化生成的炭素材料的统称。一般来说,适用于碳/碳复合材料基体前驱体的材料主要有烃类(甲烷、丙烯、芳烃等)、树脂类(酚醛树脂、呋喃树脂等)和沥青类(石油沥青、煤沥青等)。烃类主要是通过化学气相沉积(CVD)和化学气相渗透(CVI),经过强制流动,通过加热的多孔碳纤维坯体内部的细密网格,再经过热解反应后沉积在碳纤维表面形成碳基体。树脂类和沥青类主要是通过液相浸渍碳化工艺,将熔融的碳基体的前驱体浸入预制体的内部孔隙,然后在一定气氛中高温(600～700 ℃)处理,最终得到致密碳基体。碳基体的前驱体材料应该具有合适的物理化学性质、可控的热解特性、较高的产碳率、较好的相容性、较高的填充率和较好的工艺性。

1. 烃类

烃(hydrocarbon)是一类仅由化学元素碳和氢组成的有机化合物的总称。烃类化合物包括各种气态烃、液态烃和固态烃,烃类化合物的不同物态源于不同的分子结构。一般而言,按照含碳原子的数量可以对各类烃的常温常压状态进行区分:含有 4 个以下的碳原子的烃,在常温下通常呈气态,称为气态径;含有 5～12 个碳原子的烃常温下为易挥发的液体,称为液态烃;含有 13～18 个碳原子的烃是具有较高的沸点的液体,也属于液态烃;含有 30～40 个碳原子的烃,常温下具有固态的性状。

气态烃是最常用的碳/碳复合材料重要基体前驱体材料之一,在碳/碳复合材料致密工艺中,气态烃被引入碳纤维预制体内,再经过热解沉积形成碳基体。因此,气态烃原料品质和工艺性对碳/碳复合材料的加工性和力学性能有着极其重要的影响。

气态烷烃是化学气相渗透/化学气相沉积(CVI/CVD)致密工艺中最常用的前驱体材料,这类烷烃主要包括甲烷、乙烷、丙烷和丁烷,其中甲烷和丙烷是最重要的致密工艺原料。烯烃气体也是碳/碳复合材料碳基体的重要前驱体原料,常用于复合致密工艺中,包括乙烯、丙烯和丁烯等,其中,丙烯最常用于碳/碳复合材料致密工艺。气态烷烃的来源十分丰富,自然界中的天然气、石油开采中的油田气和炼油厂的气体产物中都含有大量气态烷烃。

在碳氢化合物中,性质与链状烃相似,但分子中有一个或者多个碳原子组成的环(三元环、四元环……)的类有机化合物,称为脂环烃,按照其碳环有无饱和键,又可以分为饱和脂环烃和不饱和脂环烃两类。饱和脂环烃也称为环烷烃。近年来,随着碳/碳复合材料基体前驱体研究工作的不断深入,环烷烃越来越多地作为致密工艺的原料。由于环烷烃既具有与烷烃相似的物理化学性能,又有烷烃所没有的环状结构的特殊性质,有较高的碳氢原子比,因而更适合化学气相渗透和沉积,对提高致密度具有重要的作用。石油是环烷烃的重要来源,环烷烃又是汽油的重要组成部分,但是从石油直接获得纯环烷烃比较困难,因此目前仍需要利用合成的办法制备环烷烃。

芳烃是芳香族碳氢化合物的简称,也叫芳香烃,芳烃也是碳/碳复合材料基体前驱体的重要原料。芳烃分为单环芳烃、多环芳烃和稠环芳烃。单环芳烃是指含有单个苯环的芳烃,最简单的单环芳烃是苯和甲苯,单环芳烃主要来源于煤的干馏、石油催化和裂解,单环芳烃比水轻,具有特殊气味,且有毒性。分子中含有两个或两个以上的苯环,且各个苯环彼此之间至少共用两个碳原子的芳烃,称为稠环芳烃。稠环芳烃有较高的碳含量、较高的碳氢原子比,也是碳基体的重要来源,所有的稠环芳烃都有一定毒性。

2. 树脂类

树脂是碳基体的重要的前驱体材料,在碳/碳复合材料致密化过程中,树脂既可以作为黏合剂使用,即把分散的独立碳纤维织物黏结起来,又可以作为致密用的重要碳源前驱体,即依靠具有一定流动性的液态树脂通过真空浸渍的方法填充纤维预制体内的孔隙,再经过加热热解成碳致密预制体,构成碳基体。复合材料中常用的树脂类型很多,在碳/碳复合材料成型中,最常用的树脂为酚醛树脂、呋喃树脂等。

酚醛树脂是以酚类化合物和醛类化合物为原料,在催化剂的作用下产生缩聚而得到的一类树脂型化合物的总称。利用酚醛树脂作为碳/碳复合材料的黏结剂或浸渍剂时,通常不加入固化剂,而只采用加温加压的方法完成固化以便于进行预制体的成型。酚醛树脂通常有高、中、低 3 种黏度。除了强氧化性酸外,酚醛树脂几乎能耐一切酸。但是酚醛树脂耐碱性差,低温稀碱对它都有明显的破坏。酚醛树脂不耐碱性的原因在于树脂中苯环上的羟基与苯酚上的羟基性质相同,都能与碱进行反应。酚醛树脂是一种耐热性能好的树脂,经过固化后的酚醛树脂具有较高的热变形温度。另外,酚醛树脂的固体物比较坚硬、脆性大,但这对于碳/碳复合材料的工艺影响不大。酚醛树脂的碳含量高达 78%,大量试验表明,通常残碳值为 55%～66%。酚醛树脂受热热解和产碳过程是一个复杂的反应过程。通常认为,将酚醛树脂进行热处理后便可获得不同程度的交联。当再将交联程度低的树脂材料慢慢加热时,其低相对分子质量的产物,如未反应的苯酚、短链聚合物和水便在 100～360 ℃的温度范围内挥发。当超过 500 ℃时,可排少量的一氧化碳和甲烷。如果交联程度高,水在高于 400 ℃才能挥发排出,而低相对分子质量的聚合物挥发量也会明显减少。这样,在随后的碳化过程中,树脂难以进行充分的结构重组,并常常伴随着大量的复杂反应。这是碳/碳复合材料致密过程中不希望出现的。

呋喃树脂是一种热固性树脂,是以糠醛为原料制成的一类聚合物的总称,在分子结构中,这些化合物都带有呋喃环。呋喃树脂具有特殊的耐碱性能,其耐酸和耐溶剂性与酚醛树脂相似或相当,因此它可以在碱性或酸性交替的介质中使用。呋喃树脂的耐热性好,其最高耐热温度可以达到180~200 ℃,比酚醛树脂高。呋喃树脂自聚过程缓慢,贮存期长,对于多孔表面有较好的润湿和渗透性。呋喃树脂固化反应激烈,对强酸尤为敏感,因此,在致密化过程中需要控制反应温度和升温速度。

3.沥青类

沥青(pitch)是碳/碳复合材料前躯体的重要原料,沥青结构异常复杂,大约由上万种稠环芳烃化合物组成。除天然沥青外,一般将有机化合物在隔绝空气的环境中或者在惰性气体中进行热处理,在释放出氧、烃类和氧化物的同时所得到的残留的多环芳烃的黑色稠状物质称为沥青。沥青的碳含量大于70%,平均相对分子质量在200以上,化学组成及结构千变万化,是结构变化范围极宽的有机化合物的混合物。沥青的价格便宜,来源丰富,软化点低,溶液的黏度低,含碳量高,残碳量高,碳化后残碳结构易于石墨化,因而,适合用于制备碳/碳复合材料。除了天然沥青外,沥青主要分为:石油沥青、热解沥青、煤沥青、合成沥青等。煤沥青是烟煤焦化制焦的副产物煤焦油经蒸馏除去各种轻油、重油馏分后剩余的残渣,再经过热处理而制得的含有各种各样的有机化合物的复杂混合物。煤沥青的组分十分复杂,已经查明的各种化合物有70余种,其中大多数为三环以上的高分子芳香族碳氢化合物,以及多种含氧、氮、硫等元素的杂环有机化合物和无机化合物,此处还有少量直径很小的碳粒。石油沥青是石油催化裂解时从热解器底部收集的重质残渣。如石脑油或汽油进行蒸气裂解制取乙烯的副产物或者是石油分馏或精炼的残渣都属于石油沥青。石油沥青除含有多种芳香族碳氢化合物及多种杂环化合物外,还有一定数量的脂肪族碳氢化合物。石油沥青中芳香族碳氢化合物的相对分子质量较煤沥青中芳香族碳氢化合物的相对分子质量小,黏度和碳氢比较低,喹啉不溶物的含量也较低,其浸渍高密度的碳材料的工艺性能优于煤沥青,因此,欧美等国家常采用优质的石油沥青制备碳/碳复合材料。

由于沥青主要由多环芳烃组成,其芳香度较高,残碳值高,石墨化性能好,所以最适合用作碳/碳复合材料的基体前躯体。沥青的残碳值强烈依赖于沥青的成分及其热解条件,一般来讲,沥青中高相对分子质量的成分越多,残碳值越高。也就是说,沥青中的β-树脂的含量和次生喹啉不溶物(QI)的含量越高,其残碳值越高。另外,在沥青热解过程中的热处理中,通过减缓加热速率和降低压力以及添加某些化学添加剂,有助于提高沥青的残碳值。在沥青热解过程中,通过限制或约束沥青原料中低相对分子质量物质的挥发可以改善残碳值。随着温度的升高,在沥青液相阶段保持这些挥发成分有助于它们参与芳环的长大和聚合的过程,从而在最后的碳化或成碳过程中残留更多的碳成分。

2.3.4 陶瓷基体

同金属和高分子材料相比,陶瓷材料在耐高温、耐腐蚀、耐磨损等方面都具有十分明显的优势,且强度高、硬度高,然而,陶瓷材料的韧性很低,存在突发性破坏的问题。连续纤维增韧陶瓷基复合材料(CFRC CMCs)通过在陶瓷材料基体中引入连续纤维增强材料,实现纤维增强体对陶瓷基体的增韧和补强作用,与传统结构陶瓷相比具有很强的抗冲击韧性和强度,可以从根本上减小传统结构陶瓷的脆性,兼具陶瓷材料和纤维增强材料的优点,在航空发动机热端部件,如喷管、燃烧室、涡轮和叶片等,以及高超声速飞行器热防护系统、飞机刹车系统等方面具有广泛的应用,是航空、航天、国防装备发展不可缺少的新型战略性材料。

目前应用最为广泛的 CFRC CMCs 主要有碳纤维增韧陶瓷基复合材料(C/SiC CMC)和碳化硅纤维增韧陶瓷基复合材料两种。碳纤维的发展历史已有 30 多年,是目前性能最好且开发最成功的纤维之一,当处于惰性气氛中时,其强度在 2 000 ℃高温环境下基本不下降。但碳纤维也存在其性能上的弱点,如高温下的抗氧化性能较差,可通过纤维表面涂层等方法进行其性能的改善。SiC 纤维作为另外一种重要的增强相,其力学性能在常温下与碳纤维类似,不仅具备较强的抗氧化性能,而且与 SiC 基体具有更好的相容性,由于组分材料具有相近的热膨胀系数,可以极大地缓解材料从制备态到室温过程中所产生的热残余应力,有效改善材料中的初始损伤和微裂纹。作为 CMCs 增强骨架,纤维预制体在空间上的分布形式也直接决定了材料整体的力学性能,应用于 CMCs 的典型的预制体结构有针刺、平纹编织、机织等。用于陶瓷基复合材料的陶瓷基体主要有氧化物陶瓷和非氧化物陶瓷。氧化物陶瓷主要有氧化铝陶瓷和氧化锆陶瓷。非氧化物陶瓷是指不含氧的金属碳化物陶瓷、氮化物陶瓷、硼化物陶瓷和硅化物陶瓷。其中,碳化硅陶瓷是研究最早也是最成功的一例,其具有优异的高温力学性能、高的抗弯强度、优良的抗氧化性和耐腐蚀性、高抗磨损性能及低摩擦因数,高温强度可一直维持到 1 600 ℃,是陶瓷材料中高温强度最好的材料。

目前国内外所使用的 CMCs 典型制备方法包括化学气相渗透(Chemical Vapor Infiltration,CVI)、反应性熔体渗透(Reactive Melt Infiltration,RMI)、先驱体浸渍裂解(Polymer Impergnation Pyrolysis,PIP)以及热压烧结(Hot Pressed,HP)等。其中,CVI 工艺是目前最实用、最基本的方法,CVI 工艺制备 CMCs 的突出优点是可以在 900~1 100 ℃(相对较低的温度)下合成 SiC 基体,有效降低纤维与基体间高温化学反应所导致的纤维性能下降,能制备出形状复杂的 CMCs 部件。由于纤维和基体间膨胀系数的差异,陶瓷基复合材料中往往存在大量的微裂纹和残余应力,同时由于制备过程中基体沉积不充分,导致材料中存在大量空洞,孔隙率一般可达 10%~20%,材料致密度相对较低。CMCs 材料的最终性能很大程度上取决于制备工艺水平,目前仅有美国、法国等几个少数国家掌握了 CMCs 的产业化技术。其中最有代表性的是法国 SEP 公司生产的高性能的 Nicalcon 纤维增强 SiC 基复合材料,纤维体积分数约为 40%,密度接近 2.5 g/cm^3,孔隙率约为 10%。

早在 20 世纪 80 年代中期,以美、法为代表的发达国家就进行了 CMCs 的基础研究,在长达 30 多年的时间里积累了丰富的实践经验。随着现代航空工业的发展,世界航空工业大国竞相投入大量资源开展 CMCs 的研究工作。美国的综合高性能涡轮发动机技术(IHPTET)计划、超高效发动机技术(UEET)计划、欧洲先进军用核心发动机(AMCE)计划、日本的先进材料燃气发生器(AMG)计划等都把 CMCs 作为重点研究对象。在燃烧室、涡轮、尾喷管等发动机热端部件展开研究,部分 CMCs 已经达到应用水平。我国的研究工作还刚刚起步,与国际先进水平差距明显。近二十年来,在西北工业大学、哈尔滨工业大学、中国商用航空发动机有限公司等单位的共同努力下,CMCs 的制备工艺取得了长足的进步。西北工业大学超高温复合材料实验室经过多年的努力,自行成功研制了拥有自主知识产权的 CVI-CMCs 制造技术,制备出了 700~1 200 ℃长寿命自愈合碳化硅陶瓷基复合材料。

2.4 纤维预制体

三维编织复合材料的纤维增强体是通过编织的方式预成型的,纤维编织结构是随着航空、航天工业对高性能复合材料的需求而发展起来的新型织物结构。这类织物结构内的编织基元(如纤维束或纱线)具有空间取向。通常,工程界按照纤维束在空间坐标系(笛卡儿坐标系或极坐标)内的取向数来命名立体织物。如三向(3D),四向(4D),五向(5D),$\cdots$,N 向 (nD)分别表示纤维束的取向数为 $3,4,5,\cdots,n$ 的三维立体织物。

三维预制体的类型很多,依据织物的横截面几何形状,可分为方形(立方体、长方体)、圆形(圆柱体、圆筒体、圆锥体)和异形(棱柱体、工字梁)等织物;依其成型方法又可以分为机织、非机织、针织、编织、穿刺、针刺和缝合等。

2.4.1 机织

机织(weaving)结构根据其经纱在厚度方向交织深度的不同可分为平面机织和三维机织两种形式。平面机织每层经纱只与一层纬纱交织,而三维机织经纱在厚度方向可以穿过不止一层纬纱。

平面机织织物由至少两组纱线交织织造而成,按平面纤维方向可分为双轴或三轴机织结构。其中,双轴机织包括平纹(plain weave)、斜纹(twill weave)和缎纹(satin weave)3 种基本几何结构,并可在这三种结构基础上衍生出许多其他图案。它们的区别在于纱线交织的频率和纱线链段的线性度。平纹机织纱线交织频率最高,而缎纹机织的纱线交织频率最低,斜纹机织居中。平纹机织物具有较高的交织频率,使得纱线卷曲程度较大,因而具有高度的整体性和韧性。缎纹机织物的纱线交织度低和高线性度,使之在两个纤维方向具有相对较高的强度和模量,但也使得纱线即使在纤维体积分数较高的情况下也有一定的迁移自由度,较容易变形,剪切模量相对较低。三轴机织是在一个平面中 90°和±60°方向交织纱线,具有较强的面内抗剪能力,在较低的纤维体积分数的情况下也具有高度的各向同性和尺寸稳定性。典型多组经纱织造示意图如图 2.1 所示。

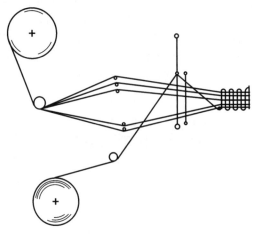

图 2.1 典型多组经纱织造示意图

三维机织结构是一种建立在平面机织结构叠加的基础上，通过在厚度方向引入接结纱而一次成型的三维纤维集合体。以三维机织结构作为增强体，采用合适的基体，在一定条件下复合即可制得三维机织复合材料。将三维机织织物作为工程材料的一种增强结构始于20 世纪 70 年代中期，以日本 Fukuta 发明的三维方柱体织物织造专用设备为标志。随后，英国通过改进常规织机的开口机构成功开发了三维机织物。1988 年，Mohamed 等人发明了一种新型的三维多层织物织造设备，其可用于织造矩形、T 形、工字形截面织物。至此，三维机织结构作为一种增强织物开始被广泛应用。美国 3TEX、澳大利亚 Defense science and Technology 公司已经实现三维正交机织预制体的批量生产。美国 NASA ACT 计划推进了三维机织的研究进展。我国从 20 世纪 80 年代末开始三维机织结构的研究，之后又完成了相应织造设备的研制，目前已能够织造出多种形式的三维机织预成型件。

三维机织预成型件由于经纱交织方式的变化而存在多种结构形式。一般来说，经纱（warp yarn）和纬纱（weft yarn）在平面内成正交配置，根据厚度方向 Z 纱配置的不同，可以有多种结构，如正交（orthogonal）机织、角联锁（angle-interlock）机织、层层联锁机织等，如图2.2 所示。正交机织是指经纱在长度方向上每移动一个纬纱列间距的同时在厚度方向上穿过多层纬纱。角联锁机织是指经纱在厚度方向上每穿过一层纬纱的同时在长度方向上也移动一个纬纱列间距。

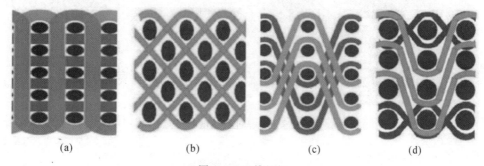

图 2.2　三维机织
(a)正交机织；(b)角联锁机织；(c)层层联锁机织；(d)改进的层层联锁机织

2.4.2　非机织

与三维机织织造技术相比较，三维非机织（non-weave）织造的发展历史很短，主要是为了适应航天宇航事业的飞速发展，先是由美国通用电气公司（GE）和阿芙柯公司（Avco）发明，随后由美国高温复合材料研发公司纤维材料公司（Fiber Material Inc.，FMI）研制和开发出非机织织物的编织技术。

三维非机织织物主要为三维正交立体织物。它所包含的编织方法和织物类型繁多。按照不同的编织方法，所采用的编织基元也不相同。常用的编织基元有纤维软纱、纤维棒、织造布和非编织物等。在编织过程中，这些编织基元或者单独使用或者混合使用，这类织物的几何模型如图 2.3 所示，其单元模型可以选取笛卡儿坐标系或极坐标系，编织单元在相应的坐标空间上连续重复便构成相应的三维立体织物。

三维非机织正交织物的基本编织方法顺序是,在编织工装上,先确定一个基准方向,定为织物的 Z 向,然后依照选定的编织模式或者编织模型(如直角坐标三维正交编织)按 Z 向或与 Z 向平行的方向预置所采用的编织单元(纤维纱束和纤维棒),形成一个平行排列的规则网络且构成清晰的 X 向和 Y 向通道;然后沿 X、Y 向依次送入或铺放相应的编织基元。按照上述方法,不断地铺放 X 向和 Y 向编织层直至达到预定要求,最终编织成所需的三维正交织物。三维非机织物不能采用传统的纺织织机织造。这种新型的编织方式的实现必须依靠大量的复杂的工装夹具和辅助装置,借助现代计算机和机电等先进技术,才能在手工操作的基础上逐步实现机械化和自动化。到目前为止,还没有一种适合各种三维非机织正交织物通用型机器和装置,只能依照某一织物编织方法和工艺的特定要求,提供相应的特定机器和装置。日本 Fukuta 等人发明了三维正交立体织物及其编织方法,它是一种截面呈方形的块状或柱状实心结构,其单胞模型如图 2.4 所示。

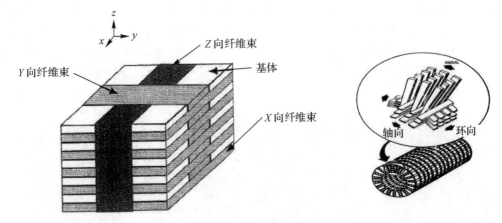

图 2.3　三维正交非机织织物的几何模型

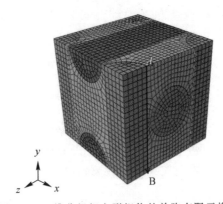

图 2.4　三维非机织方形织物的单胞有限元模型

非机织正交织物编织单元也可以用极坐标的形式表示,空心圆筒正交编织预制体就属于这类织物,典型的编织方法有轴棒法和径棒法。20 世纪 80 年代,法国人布鲁诺等人发明了空心圆筒三向正交编织物的轴棒编织法,之所以称之为轴棒法,是因为其基元通常为纤维棒或其他硬棒,而且另外的径向和环向基元在编织过程中围绕着轴向棒网络进行,如图 2.5

(a)所示。

　　与轴棒法相似,径棒法预制体的编织单元也是以极坐标参数表示的,但它与轴棒法有差异。径棒编织法主要依托一个圆柱芯模,在其外柱面上按一定的周向和轴向间隔沿径向先植入纤维棒形成一个规则的放射状径向棒网络。在这个网络内,相邻两棒的周向间隔随着直径的增大逐步增大,轴向间隔则是保持不变的,形成一个具有清晰环向通道和轴向通道沿径向变化的狼牙棒状的网络结构。依靠特殊设计的导纱装置或夹具可以顺利地把周向纱和轴向纱送入环向通道和轴向通道内。如此不断重复上述操作,使得轴向和周向纱层填满相应的通道,最终完成圆筒预制体的编织,制成所需要的三维正交圆筒预制体,如图 2.5(b)所示。

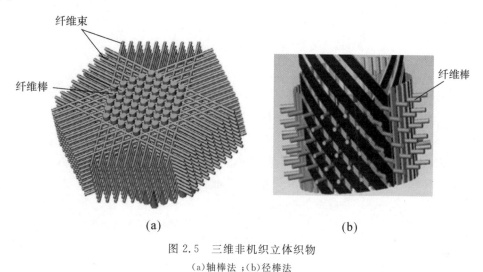

图 2.5　三维非机织立体织物
(a)轴棒法 ;(b)径棒法

2.4.3　针织

　　针织(knitting)是一项传统的纺织技术,针织织物具有套圈式的织构,在针织过程中,纱线通过与织机运动相交的方向或顺织机运动的方向套入,织成套圈。顺织机运动方向导纱的针织称为径织,与织机运动方向相交导纱的针织称为 3D 针织织物,织物可采用经织或纬织的方法制成。纬织结构适应性强,可以向针织套圈内任意加入或铺放 0°、90°等线状纱束,增加针织面内的纱束向数,从而提高面内强度。图 2.6 为经编和纬编示意图。3D 纬织织物缺乏垂直于针织平面的纱束,只有名义上(或形式上)的第三向纤维,而且由于采用套圈针织的方法使纤维严重弯曲,不利于提高织物的充填密度,纤维的体积分数较小,所以,其实际应用价值较低。

　　近年来,三维针织结构大多为经织结构,其中一种三维非编针织的多轴径织织物预制结构,即 NWK(Non Weave Knitting)织物系统具有典型意义。在结构上,NWK 织物是由按 0°铺放的经纱、90°的纬纱和±45°的斜向纱通过链状针织线圈和特里科线圈贯穿缝织而成的一种特殊的织物结构,如图 2.7 所示。实际上,这是无纬纱铺层、缝织与针织技术相结合而形成的一种新型的织物。从图中可以看出,纱层按照不同的角度铺放叠合,同时采用针织和缝织的方法将纱层和表面非编织织物层缝合成结构完整的三维织物。

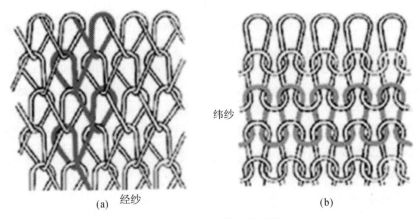

（a）　经纱　　　　　　　　　　　　（b）

图 2.6　经编和纬编示意图

（a）经编；（b）纬编

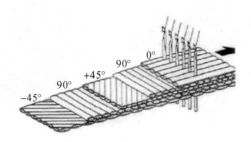

图 2.7　NWK 编织结构

2.4.4　编织

本书提及的编织（braiding）一词的含义有别于通常所说的编织（weaving），前者指编结，后者常指织造。现代工业中，电线的铠装层（屏蔽层）、铠装套管都是由专用编织机编织的。但这些制品基本上都属于二向织物范畴。三向编织是二向编织技术的延伸。通过将两股以上的纱线相互缠结或进行正交编结便可以制成三向织物。按照驱动和纱线运动方式不同，三维编织方式主要包括纵横步进法编织（vertical and horizontal step braiding）和旋转法编织（rotating braiding）。纵横步进法编织工艺包括：二步编织法（two-step braiding method）、四步编织法（four-step braiding method）以及其他位移编织技术。但基本的编织运动主要包括 X 线轴和 Y 线轴的交叉位移和随后的压实动作。

1.二维编织

二维编织是两个系列的纱线相互缠绕形成织物的方式。在编织过程中，所有携纱器都在它本身限定的轨道上运动以确保所有携纱器能够同时运动，其中一个系列的纱线顺时针方向运动，而另一个系列纱线在相对的位置上逆时针运动。所有携纱器由连续旋转的齿轮带动，使得它们能够通过槽口从一个齿轮移到另外一个齿轮。二维编织通常更适合生产比较窄的平织物或管状织物（见图 2.8），不像机织那样适合生产大批量的宽织物。

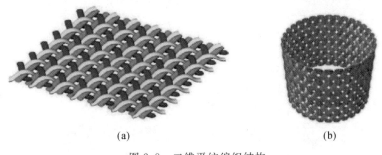

(a)　　　　　　　　　　　　　　(b)

图 2.8　二维平纹编织结构

(a)平面织物；(b)管状织物

2.三维编织

三维编织复合材料的编织工艺有四步法、二步法、多层联结编织法和多步法等,其中四步法和二步法是该领域内目前最主要的两种方法。1982 年,美国通用电气的 Florentine 发明了纵横编织机,四步法是在 Florentine 编织工艺的基础上发展起来的,它可以编织许多不同截面的结构,如板状、管状、半柱状和柱状等。1987 年,美国杜邦公司的 McConnel 等提出二步法编织,其织物轴向纱线含量高,适宜编织非常厚的结构,可以编织板状、管状等结构。1990 年,Albany 公司[24] 提出了多层联结编织法,多层联结编织法的预制件与四步法和二步法的差别较大,这种方法不像四步法、二步法那样使编织纱穿过编织件整个厚度,而是仅穿越相邻的两排纱线。这种编织方法的一个显著优点就是可以编织多功能三维编织复合材料,即按照不同功能的需要选择不同的纤维,再利用三维分层整体编织工艺把具有不同功能的层整体编织在一起,形成三维多层整体织物。1992 年,Kostar 等人又在四步法、二步法的基础上发明了多步法编织技术。通过改变挂纱方式,可以实现三维四向、三维五向、三维六向、三维七向等多种结构,如图 2.9 所示。

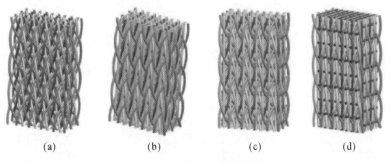

(a)　　　　　(b)　　　　　(c)　　　　　(d)

图 2.9　三维多向编织结构

(a)四向；(b)五向；(c)六向；(d)七向

(1)四步法编织。

四步法自 1982 年由 Florentine 发明以来,该项编织技术得到了广泛的应用。采用四步法可以编织具有矩形横截面和矩形组合横截面形状(如工字形、方形等)的三维立体织物和具有圆形横截面形状(如圆管、圆锥管)的三维立体织物。四步法的编织机如图 2.10 所示,

图 2.10(a)是载纱器在基座导轨上按照矩形排布的示意图,图 2.10(b)是载纱器在基座和导轨上按环向和径向的排列情况。

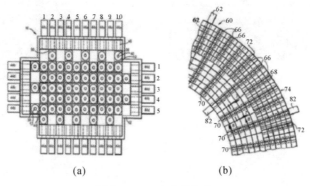

(a)   (b)

图 2.10　四步法编织机

四步法是指在纱线编织过程中,其一个运动循环由四步组成。图 2.11 给出了矩形横截面四步法 1×1 编织过程中一个运动循环的纱线(载纱器)四步运动的基本情况。每个载纱器相应于一根编织纱线,因此载纱器的运动便代替了纱线的运动。图 2.11 中给出了四行六列载纱器的排列情况。应当注意,所附加的上、下和左、右列中的载纱器是按间隔一个位置的方式排列的。在第一步中,不同行的载纱器交替地向左和向右同时反向运动一个载纱器间隔位置,在紧接着的第二步中,不同列的载纱器交替地向上和向下同时反向运动一个间隔位置,接着顺序进行的第三步、第四步与第一步、第二步完全相反。完成上述第一、二、三、四步的动作,则纱线(载纱器)便完成了一个运动循环。如此重复,直至完成整个立体织物的编织。

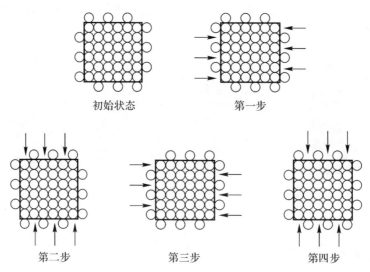

图 2.11　矩形横截面四步法 1×1 编织的纱线运动

图 2.12 为具有圆形横截面形状的三维织物的四步编织法。其中,沿着圆周方向的载纱

器数称为列数,表示为 n;半径方向的载纱器数称为层数,表示为 m。与矩形相似,在最内层和最外层的内、外各附加一层,其内的载纱器按照相互间隔一个载纱器位置安排。这样,便完成了一个 $m \times n = 3 \times 18$ 的管状四步法立体编织的基本布局。第一步,相邻列的载纱器以相反方向沿径向方向移动一个位置间隔,第二步,阵列内相邻层的载纱器以相反方向同时沿周向移动一个位置间隔,而附加层内的载纱器则保持不动,第三、四步与第一、二步相反。

在完成上述四步组成的一个运动循环中,载纱器带动其退绕的纱线做相应的运动,便组成了圆管四步法 1×1 的编织式样的基本运动。应当注意,为了完成上述编织,管状织物的列数必须为偶数。

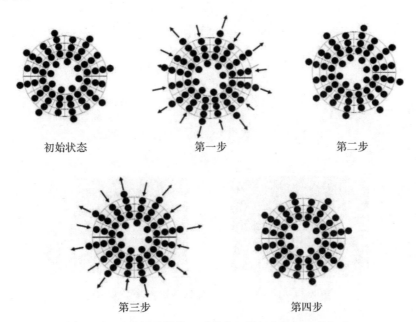

初始状态　　　　　　　第一步　　　　　　　第二步

第三步　　　　　　　第四步

图 2.12　具有圆形横截面形状的三维织物的四步编织法

(2)四步法编织织物结构分析。

在假定纱线横截面为圆形、立体织物结构均匀一致、纱线在强力下呈直线状态并尺寸相同的基础上,可以对四步法编织的 1×1 织物进行结构分析并计算相关的参数。对于矩形 1×1 织物,其编织纱线总根数可以用下式计算:

$$N_r = mn + m + n = (m+1)(n+1) - 1 \qquad (2.1)$$

式中:N_r——编织纱线的总根数;

m——载纱器的行数;

n——载纱器的列数。

四步编织法的 1×1 织物的外表面状态如图 2.13 所示,将立体织物沿 $45°$ 方向切开后,其内部结构如图 2.14 所示,其最小结构单元如图 2.15 所示。

考虑到内外纱线的实际情况、纱线的方向角(γ)、结构的压紧状态和纱线的收缩(R)等,根据最小结构单元,可以得到在四步法立体织物 1×1 式样织物内纱线的体积分数(对应于 $h_d^2 < 2.8$)为

$$V_f = \frac{\pi\sqrt{h_d^2-16}}{4h_d^2} \tag{2.2}$$

式中:V_f——最小单元体内的纤维体积分数;

h_d——无量纲节长,与方向角 γ 有关。

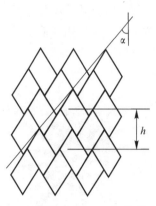

图 2.13　四步编织法的 1×1 织物外表面状态

图 2.14　四步法 1×1 立体织物切面($45°$)及模型

考虑到表面结构的影响时,立体织物总纱线体积分数就应该包括表面纱线和内部纱线的体积分数、织物的总体积、纱线的总根数,式(2.2)应改写成:

$$V_f = \frac{NRh\pi d^2}{4W_m W_n h} \tag{2.3}$$

式中:V_f——总纱线的体积分数;

N——纱线总根数;

h——节长;

d——纱线的直径;

$W_m W_n$——主体有 $m\times n$ 根纱线的织物的两边长度;

R——纱线收缩系数。

将相关项代入式(2.3),经简化后可得到

$$V_f = \frac{\pi\sqrt{1+\dfrac{16}{h_d^2}}+(1-c_i)\sqrt{1+\dfrac{4}{h_d^2}}}{6.828+1.172c_i} \tag{2.4}$$

式中:c_i——内部纱线率,定义为编织物任何截面上内部纱线占全部纱线根数的百分比。

（3）二步法及其织物。

与四步法相似,二步法也可以编织矩形和圆形截面形状的两种立体织物。但是与四步法不同,在二步法中,采用两组基本纱线,一组为固定不动的轴纱,另一组为编织纱线。如图 2.16 所示,固定纱线预先按照立体编织的横截面分布,并与立体编织物的成型方向（轴向）相一致且在结构中基本保持为直线形状;而编织纱线布置在固定纱线之间,以一定的式样在其间运动。所谓二步法,就是指上述编织纱线组一根纱线的一个循环由两步组成。图 2.17 表示某一矩形横截面立体织物的二步法编织机,可以看出,按行排列的编织纱线和按列排列的编织纱线按照与四步法相仿的运动方式在固定纱线中来回穿梭,每完成两步组成一根纱线的一个运动循环,直至编织过程结束为止。也可以看出,布置在固定纱线内层内部与外层外部的编织纱线亦按两步的运动和循环方式在固定的纱线层中有规律地穿梭,直至编织过程全部结束为止。

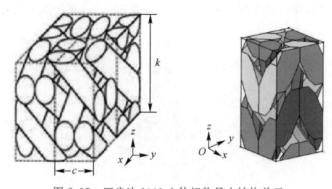

图 2.15 四步法 1×1 立体织物最小结构单元

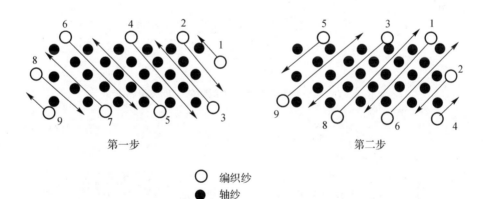

第一步 第二步

○ 编织纱
● 轴纱

图 2.16 二步法编织工艺

3.硬棒编织

20 世纪 70 年代初期,法国人 Master 发明了硬棒编织法并用其编织出了奇特的新型织物,这是一种与传统编织技术完全不同的全新概念的新型编织方法。图 2.18 表示硬棒编织的基本模型,或称为硬棒织物的基本编织单元。在以立方体表示的基本单元内,4 条长对角线分别表示 4 向硬棒织物 4 个增强基元的 4 个取向。很明显,这个基本单元沿三维空间不断重复排列,便可以得到所需要的 4D（四向）织物,硬棒编织以浸渍树脂的碳纤维通过拉挤工艺制成的复合材料小棒作为基本的编织基元。这种经过固化(硬化)的刚硬小棒可以根据需要制成圆形、方形、多边形的截面形状。硬棒编织按照预制体的形状和尺寸的要求设计特殊的工装和夹具,用于准确、方便地铺放(排列)和固定碳纤维小棒,最终形成平衡和稳定的编织结构。工装设计中,要充分考虑预制体内硬棒的空间布局和几何构型、纤维棒之间的间距、预制体内的纤维体积含量、硬棒的形状和尺寸等参数和编织操作要求。采用硬棒编织方法可以制作 3D、4D、5D……直至高达 13D 的多向织物预制体,并可以得到较高的纤维体积分数。以 4 D 织物为例,采用硬棒法编织的预制体,纤维体积分数高,开孔率高,远优于其他编织预制体。

此外,还有软硬混编的方法,如采用细碳纤维刚性棒构成轴向(Z 向)增强网络,在垂直于轴向(X - Y 向)的平面上沿 60°、120°、180°三向针织碳纤维纱,组成三维四向预制体,如图 2.19 所示。此类织物的最大特点是:织物中 70% 以上纤维垂直于燃气流方向,提高了材料的抗烧蚀性能,且截面内的力学、热学、烧蚀性能均匀一致,其烧蚀率较好。

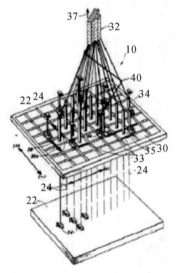

图 2.17　某一矩形横截面立体织物的二步法编织机

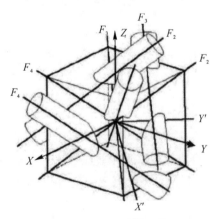

图 2.18　四向硬棒编织模型

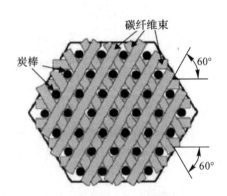

图 2.19　软硬混合编织模型

2.4.5　穿刺

细编穿刺(fine puncture)织物是机织炭布与正交非织造三向织物的组合织物,其成型方式为:采用预先织造的机织布置于等间距排布的 Z 向钢针矩阵的顶端,编织时布层通过模板的下移运动,经钢针矩阵刺过,并被推至钢针的下端实施加压密实,达到一定高度后由纤维逐一取代 Z 向钢针,形成穿刺织物。这类织物常用来作用于导弹再入鼻锥的高密度、高强度的高性能三向碳/碳复合材料。

细编穿刺织物每层炭布已预先交织成为一个整体,再通过与 Z 向钢针矩阵整体组合穿刺,炭布受"张紧挤压"作用,增加了炭布与 Z 向的摩擦作用,Z 向丝束或炭棒取代钢针后,炭布与 Z 向丝束整体捆绑,由此,细编穿刺织物不仅 $X-Y$ 向交织连接,而且 $X-Y$ 向与 Z 向高摩擦捆绑,大大增加了细编穿刺织物的整体结构,提高了织物体积密度(可达 $0.7\sim0.9\ \mathrm{g/cm^3}$)。$Z$ 向纤维的穿刺密度越高,所制成的织物的 Z 向强度也越高。细编穿刺织物成型时由于 $X-Y$ 向碳布层叠、整体加压密实,因此与 Z 向钢针穿刺时,使织物 Z 向与 $X-Y$ 向形成许多相互连通的孔隙,从而有利于织物致密化工艺中碳基体的填充,缩短了达到设定密度的致密化周期。细编穿刺工艺如图 2.20 所示。

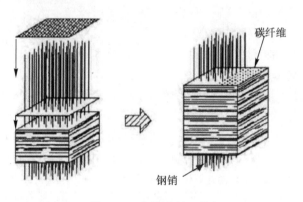

图 2.20　细编穿刺工艺

穿刺过程中,外载荷需克服钢针侧壁与布层之间的摩擦阻力,钢针的挤占使布面纤维弯曲变形甚至断裂,纤维的绕针弯曲使钢针矩阵产生变形,这种相互作用造成了布层的损伤,因而会不同程度地影响复合材料的面内强度。因此,实施三维穿刺工艺前必须细致、综合地考虑和选择炭布的穿刺工艺参数,以便获得最佳的织物性能。细编穿刺工艺简单,所用的设备不复杂。但是要保证炭布织物的准确铺放和实施大厚度炭布叠层穿刺就必须有相应的编织工装夹具和精巧的穿刺和引刺工具。细编穿刺复合材料单胞有限元模型如图 2.21 所示。

图 2.21　细编穿刺复合材料
单胞有限元模型

2.4.6 针刺

针刺(needling)预制体是将经裁剪的炭布和网胎(短纤维无序分布的薄毡)进行铺叠，用一种带有倒向钩刺的特殊刺针，将堆叠好的炭布和网胎在厚度方向进行针刺。刺入时，倒钩带住网胎中的纤维运动，倒钩针回升时，纤维脱离钩刺以几乎垂直的状态留在毡体内，从而在厚度方向引入纤维，使网胎成为一体，同时，摩擦作用使网胎压缩，形成平面和层间均有一定强度的准三维网状结构增强体。严格地说，针刺预制体也是一种 3D 织物，只是其 Z 向纤维并不都是连续地贯穿整个织物，而是相邻的 Z 向纤维每次规则地后退一个或几个炭布厚度层距，因而一般称之为 2.5D。针刺预制体克服了 2D 铺层预制体层间强度弱的缺点，同时又克服了机织、编织和针织等预制体工艺复杂、成本高的弱点，是目前各国争相采用的一种多用途、高技术含量的预制体成型技术。

图 2.22 给出了沿织物 Z 向的纵截面内 Z 向穿刺纤维布局的排列情况。Z 向纤维这种排列方式可以明显地改善和提高材料的层间剪切强度，有利于克服材料的分层。而且每次针刺间距较细编穿刺的间距大，因而织物的初始孔隙率较高、孔分布均匀、开孔率高，有利于复合致密时浸渍剂的渗透填充，能大大提高致密速率。此外，通过恰当地选择并设计实用的工装，针刺工艺容易实现机械化和自动化，从而有效地提高编织效率。

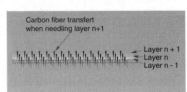

图 2.22 针刺织物内 Z 向纤维的排列

针刺预制体按成分主要分为整体毡和炭布/网胎复合预制体两大类。整体毡全部由预氧丝网胎铺层(pre-oxidized fiber web)针刺，结构均匀，造价低廉，主要用于生产火箭发动机喷管喉衬。炭布/网胎复合预制体采用炭布和网胎交替叠层。炭布可以是无纬布、斜纹、平纹等连续碳纤维布。网胎由短切纤维网制成，具有无序排布的特点，主要有预氧丝网胎和碳纤维网胎两种，碳纤维网胎不需碳化，不收缩、变形小，制取的预制体更致密，因而更受青睐。相较整体毡，炭布/网胎复合预制体含有大量的长程连续纤维，热力学性能与结构强度大幅提升，具有非常高的性价比，应用范围广泛，可以生产火箭发动机燃烧室、工业用高温坩埚、复杂防隔热部件、碳/碳延伸锥等薄壁高温结构件以及飞机刹车盘等摩擦材料。针刺预制体及其复合材料的单胞有限元模型如图 2.23 所示。

图 2.23 针刺预制体和单胞有限元模型

　　法国欧洲动力公司(SEP)和斯奈克玛公司(Snecma)的针刺技术一直代表着世界先进水平。SEP 于 20 世纪 90 年代发明了 Novoltex ⓒ 和 Naxeco ⓒ 针刺预制体工艺[14-17]。SEP 最初采用预氧化碳纤维丝织布和预氧化纤维网胎为原料制备出 Novoltex ⓒ 预制体,采用 Novoltex ⓒ 纤维预制体成型工艺可以制得任意尺寸厚度的预制体,在制作薄壁回转体部件时,碳纤维围绕锥体和子午线呈环向排布,同时边缠绕边针刺,如图 2.24 所示。Noveltex 最早应用在欧洲阿里安 5(Ariane)运载火箭发动机喉衬上。不同于 Novoltex ⓒ 技术采用的预氧化碳纤维丝织布和网胎,Naxeco 以炭布/碳纤维网胎为原料,后期不需要对纤维进行炭化。制作薄壁回转体结构时,Naxeco ⓒ 预制体中的纤维沿 ±45° 方向排布,预制体的纤维体积分数高达 36%,远超 Novoltex ⓒ 预制体的纤维体积分数,欧洲"织女星"(VEGA)运载火箭的一级固体发动机(P80)喷管多个部件采用 Naxeco 预制件。

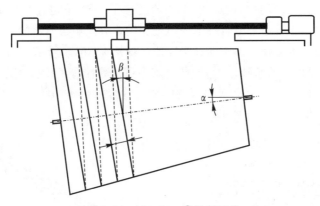

图 2.24　Novoltex ⓒ 针刺工艺

2.4.7　缝合

　　缝合(stiching)技术是指用缝合线将数块织物连接成整体结构或将二维织物构成准三维立体织物的技术,还可称为缝合技术或穿刺技术。缝合复合材料是纺织复合材料的一种,是采用三维编织干态纤维、缝合等工艺手段,在垂直于铺层平面的厚度方向上使复合材料的力学性能得到增强,体现为缝合复合材料冲击后具有较好的力学性能,特别是冲击后的压缩强度,是民用机机翼结构上可行的结构材料。

　　缝合方式有两种,即双边缝合和单边缝合。双边缝合过程可类比为家用缝合机的缝合过程,是从被缝合件的两面进行缝合的。即缝合针将缝线从被缝件的一面带入,另一面有一摆线轮接应。双边缝合方式的缝合轨迹线主要有图 2.25 所示的 3 种基本形式。

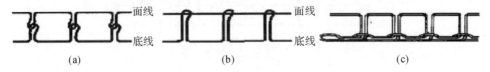

图 2.25　缝合线轨迹
(a)锁式缝合;(b)改进的锁式缝合;(c)链式缝合

图 2.25(a)为锁式缝合,在缝合面线和缝合底线的中间形成了两个相交的线圈,易形成纤维结,从而造成较严重的应力集中。这种缝合方式在服装业应用较多,而在缝合复合材料中应用较少。图 2.25(b)是改进的锁式缝合,这种缝合方式在缝合过程中缝线弯曲较少,有利于提高复合材料的层间强度,并且缝合过程能比较顺利地进行。同时这种缝合方式造成的面内纤维损伤少,引起的应力集中较小,从而使缝合后的复合材料具有相对更高的损伤容限,此缝合方式在三维复合材料中使用较多。图 2.25(c)是链式缝合,此缝合方式的操作复杂,会在被缝件表面产生比较多的缝线,不仅会增加层板的质量还会形成局部中应力集中,因此这种缝合方式使用较少。

通常情况下复合材料的增强织物结构都是三维结构,因此使用传统的双边缝合技术存在很多限制。为了解决这一问题,许多国家将重点放在了单边缝合技术上。其中德国在单边缝合技术方面获得了比较突出的成就,他们研究出了 OSS 单边缝合技术及 Aerotiss 03S单边缝合技术。其中 OSS 单边缝合技术的原理和缝合方式均与简单的链式缝合相似,不同的是 OSS 单边缝合技术需要由两个缝针来完成。如图 2.26(a)所示,一根普通的针和一根勾线针通过相互锁结的方式形成线圈,即两针均穿过被缝件后,勾线针钩住普通针上的缝线然后再回穿过被缝件,同时穿过上次形成的线圈。缝合线轨迹如图 2.26(b)所示。此方法适合缝合 T 形和 L 形。

(a)   (b)

图 2.26   OSS 单边缝合原理及其缝线轨迹
(a) OSS 单边缝合;(b) OSS 缝合线轨迹

Aerotiss 03S 单边缝合原理:缝针将缝线刺入缝料一定深度,在退针时将缝线留在缝料内不随缝针退出来,如图 2.27 所示。在经过缝合过程之后,形成的预制件一般采用树脂传递模塑(RTM)或树脂膜渗透(RFI)方法固化成型。

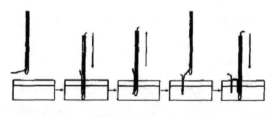

图 2.27   Aerotiss 03S 缝合原理

缝合技术相对于传统工艺方法的优点主要有:①无需制造预浸料;②通过缝合,可以提高复合材料厚度方向上的力学性能;③结构的整体性强。基体和增强材料是决定缝合层板力学性能的主要因素,但是缝线的材料、缝线直径、缝合密度、缝合角度等工艺参数也或多或少地影响着缝合复合材料的力学性能。缝合常用的缝线类型主要有碳纤维、凯芙拉(Kevlar)纤维、玻璃纤维等。其中 Kevlar 纤维因为具有较低的纤维密度、较好的柔韧性和特殊的耐磨性而应用较为广泛。在缝合过程中,纤维受损伤的程度不仅与缝合线直径有关,还和单位面积上缝合的针数(即缝合密度)有关,随着缝合密度的增大,纤维受损伤程度增加。但是缝合密度过小,厚度方向的纤维数量较少,厚度方向阻止复合材料破坏的力也较小,因此必须选择适当的缝合密度。常见的缝合式样有四种,如图 2.28 所示,但不论采用哪种缝合式样,都要尽量靠近被缝件的边缘。各层纤维主方向与缝合方向的夹角称为缝合角度,其中缝合针距是指沿缝合方向两针脚之间的距离,缝合行距是指垂直于缝合方向两针脚之间的距离。

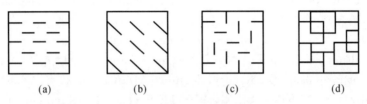

图 2.28　缝合式样

(a)水平缝合;(b)斜向缝合;(c)交错缝合;(d)交叉缝合

参 考 文 献

[1]　倪礼忠,周权.高性能树脂基复合材料[M].上海:华东理工大学出版社,2010.

[2]　李贺军,齐乐华,张守阳.先进复合材料[M].西安:西北工业大学出版社,2016.

[3]　崔红,王晓洁,闫联生.固体火箭发动机复合材料与工艺[M].西安:西北工业大学出版社,2016.

[4]　DONNET J B, PAPIRERE, DAUKSCH H. Surface modification of carbon fibers and their adhesion to epoxy resins[C]//The Plastic Institute,2nd International Conference on Carbon Fibers, London:Plastic Institute,1974:58 - 63.

[5]　陶肖明.纺织结构复合材料[M].北京:科学出版社,2001.

[6]　黄涛,矫桂琼.3D 纤维增强聚合物基复合材料[M].北京:科学出版社,2007.

[7]　孙乐,王成,李晓飞,等.C/C 复合材料预制体的研究进展[J].航空材料学报,2018,38(2):86 - 95.

[8]　孔宪仁,黄玉东,范洪涛,等.细编穿刺 C/C 复合材料不同层次界面剪切强度的测试分析[J].复合材料学报,2001,18(2):57 - 60.

[9]　姜东华,李曼静.多向碳/碳复合材料[J].新型碳材料,1987(3):6 - 15.

[10]　朱建勋,何建敏,王海燕.正交叠层机织布整体穿刺工艺的纤维弯曲伸长机理[J].中国工程科学,2003,5(5):59 - 62.

[11]　朱建勋.细编穿刺织物的结构特点及性能[J].宇航材料工艺,1998(1):41 - 43.

[12]　嵇阿琳,李贺军,崔红.针刺碳纤维预制体的发展与应用[J].碳素技术,2010,29(3):23 - 27.

[13] 刘建军,李铁虎,郝志彪,等.针刺技术在 C/C 复合材料增强织物中的应用[J].宇航材料工艺,2008,38(3):11-13.

[14] 闫联生,崔红,李克智,等.碳纤维针刺预制体增强 C/SiC 复合材料的制备与性能研究[J].无机材料学报,2008,23(2):223-228.

[15] BOURY D, CROS C, PIN B. From P80 nozzle demonstration to A5 SRM nozzle evolution [C]//Collection of Technical Papers – 43rd AIAA/ASME/SAE/ASEE Joint Propulsion Conference, Reston: AIAA Inc., 2007:7979-7989.

[16] LACOMBE A, PICHON T, LACOSTE M. 3D carbon-carbon composites are revolutionizing upper stage liquid rocket engine performance by allowing introduction of large nozzle extension [C]// Collection of Technical Papers – AIAA/ASME/ASCE/AHS/ASC Structures, Structural Dynamics and Materials Conference, Reston: AIAA Inc., 2009:2888-2903.

[17] BERDOYES M. Snecma propulsion solide advanced technology srm nozzles. history and future [C]//Collection of Technical Papers – AIAA/ASME/SAE/ASEE 42nd Joint Propulsion Conference, Reston: AIAA Inc., 2006: 2888-2903.

[18] GASCH M, STACKPOOLE M, WHITE S,et al. Development of advanced conformal ablative tps fabricated from rayon-and pan-based carbon felts [C]//57th AIAA/ASCE/AHS/ASC Structures, Structural Dynamics, and Materials Conference, Reston:AIAA Inc., 2016: 9501-9529.

[19] 张晓晶,杨慧,汪海.细观结构对缝合复合材料力学性能的影响分析[J].工程力学,2010,27(10):34-41.

[20] 林琛,成玲.缝合复合材料的研究进展及其在海洋领域的应用[J].纺织学报,2020,41(12):166-173.

[21] FLORENTINE, ROBERT A. Apparatus for weaving a three-dimensional article:4342261 [P]. 1982-01-26.

[22] MCCONNELL R P, POPPER P. Complex shaped braided structure:4719837 [P].1988-01-19.

[23] BROOKSTEIN, DAVID S. Interlocked fiber architecture. Braided and woven[C]//35th International SAMPE Symposium and Exhibition-Advanced Materials: the Challenge for the Next Decade, Covina: SAMPE Inc., 1990:746-756.

[24] 代彦彦,张国利.现代纺织复合材料概述[J].纺织科技进展,2020(4):1-16.

[25] 官威,李文晓,戴瑛,等.纺织复合材料预制体变形研究综述[J].航空制造技术,2021,64(1):22-37.

[26] 关留祥,李嘉禄,焦亚男,等.航空发动机复合材料叶片用 3D 机织预制体研究进展[J].复合材料学报,2018,35(4):748-759.

第 3 章　纤维束力学性能分析方法

3.1　引　　言

纤维束是典型的横观各向同性复合材料,通常将其作为单向复合材料进行分析。随着复合材料的研究和应用的兴起,国内外学者针对单向纤维增强复合材料的力学性能预报开展了大量且深入的研究工作,取得了很大的进展。研究者们所采用的方法主要分为解析法和数值法两大类。早期比较有代表性的解析法或半解析法有 Voigt&Reuss 模型、混合率模型、Chamis 模型、Mori‐Tanaka 模型、Halpin‐Tsai 方程、广义自洽法、同心圆柱模型以及桥联模型等,上述方法主要基于 Eshelby 等效夹杂理论,采用解析方法,利用纤维丝和基体性能计算复合材料的宏观有效性能,主要应用于结构简单的单向复合材料。目前,针对单向复合材料纵向性能的预报方法基本统一,且取得了较高的预报精度,但是对于其他方向(横向、剪切)的性能,不同模型和方法之间存在一定的差异。随着计算机技术的飞速发展,有限元法等数值方法成为预报单向复合材料力学性能的有效手段,并且能够考虑包括纤维形状、分布等结构参数的影响。尽管许多学者对单向纤维增强复合材料强度问题进行了大量的研究,但要准确预报单向纤维增强复合材料不同方向的强度,仍然有一定的困难,还有许多工作要做。

纤维束的性能是预报三维编织复合材料性能的输入参数,直接影响三维编织复合材料性能的预报精度。本章将介绍目前常用的预报纤维束有效性能的几种模型和方法,为进一步分析三维编织复合材料的力学性能奠定基础。

3.2　纤维束刚度性能

3.2.1　Mori-Tanaka 方法

Mori 和 Tanaka 在研究弥散硬化材料时,提出求解夹杂复合材料的等效模量的方法,即 Mori-Tanaka 法。该方法在 Eshelby 等效夹杂理论的基础上考虑了夹杂相之间的相互作用,提出求解材料内部平均应力的背应力方法,成为处理各种非均质材料性能的有效手段之一,并得到了国际公认。其简化的理论公式如下:

$$\bar{C} = C_m (I + V_f A)^{-1} \tag{3.1a}$$

$$A = \left[C_{\mathrm{m}} + (C_{\mathrm{f}} - C_{\mathrm{m}})V_{\mathrm{f}}I + (1 - V_{\mathrm{f}})S \right]^{-1}(C_{\mathrm{m}} - C_{\mathrm{f}}) \qquad (3.1\mathrm{b})$$

式中：　　　$\bar{C}$——复合材料的等效刚度矩阵；

$\quad\quad C_{\mathrm{f}}, C_{\mathrm{m}}$——分别为纤维和基体的刚度矩阵；

$\quad\quad V_{\mathrm{f}}$——纤维的体积分数；

$\quad\quad I$——单位矩阵；

$\quad\quad S$——无限大体中夹杂的 Eshelby 张量。

对于含有椭球夹杂的复合材料（见图 3.1），椭球包含区域为 $x_1^2/a_1^2 + x_2^2/a_2^2 + x_3^2/a_3^2 \leqslant 1$（$a_1$、$a_2$、$a_3$ 为椭球 3 个半轴长），对应的 Eshelby 张量 S 的各个分量存在解析解。

图 3.1　含椭球夹杂的复合材料

长纤维单向复合材料存在关系式 $a_2 = a_3$，$a_1/a_2 \to \infty$，那么圆柱长纤维的 Eshelby 张量可以通过椭球 Eshelby 张量取极限得到：

$$\left.\begin{aligned} &S_{1111} = 0 \\ &S_{1122} = S_{1133} = 0 \\ &S_{2211} = 0.5\nu/(1-\nu) \\ &S_{2222} = S_{3333} = \left[3/8 + (1-2\nu)/4\right]/(1-\nu) \\ &S_{2233} = S_{3322} = \left[1/8 - (1-2\nu)/4\right]/(1-\nu) \\ &S_{1212} = S_{1313} = 1/4 \\ &S_{2323} = \left[1/8 + (1-2\nu)/4\right]/(1-\nu) \end{aligned}\right\} \qquad (3.2)$$

其他各项均为零。

将长纤维的 Eshelby 张量和纤维基体的刚度矩阵代入式(3.1)，即可得到单向复合材料的等效刚度矩阵，转换成柔度矩阵，从而得到 5 个宏观独立工程常数。

3.2.2　桥联模型

桥联模型是在纤维和基体组分材料之间建立桥连矩阵，宏观应力和组分材料内部应力建立关系，从而可以用组分材料的有效性能通过桥联矩阵实现对宏观弹性性能的预报。纤维束由纤维和基体组成，其组分材料纤维和基体的应力、应变关系为

$$[\mathrm{d}\varepsilon_i] = [S_{ij}][\mathrm{d}\sigma_j] \qquad (3.3)$$

其中：

$$[\mathrm{d}\varepsilon_i] = [\,\mathrm{d}\varepsilon_{11} \quad \mathrm{d}\varepsilon_{22} \quad \mathrm{d}\varepsilon_{33} \quad \mathrm{d}\varepsilon_{23} \quad \mathrm{d}\varepsilon_{13} \quad \mathrm{d}\varepsilon_{12}\,]^{\mathrm{T}}$$

$$[\mathrm{d}\sigma_i] = [\mathrm{d}\sigma_{11} \quad \mathrm{d}\sigma_{22} \quad \mathrm{d}\sigma_{33} \quad \mathrm{d}\sigma_{23} \quad \mathrm{d}\sigma_{13} \quad \mathrm{d}\sigma_{12}]^{\mathrm{T}}$$

式中：$[S_{ij}]$——组分材料的柔度矩阵，定义为

$$[S_{ij}] = \begin{bmatrix} [S_{ij}]_\sigma & 0 \\ 0 & [S_{ij}]_\tau \end{bmatrix} \tag{3.4}$$

$$[S_{ij}]_\sigma = \begin{bmatrix} \dfrac{1}{E_{11}} & -\dfrac{\nu_{12}}{E_{11}} & -\dfrac{\nu_{12}}{E_{11}} \\ -\dfrac{\nu_{12}}{E_{11}} & \dfrac{1}{E_{22}} & -\dfrac{\nu_{23}}{E_{22}} \\ -\dfrac{\nu_{12}}{E_{11}} & -\dfrac{\nu_{23}}{E_{22}} & \dfrac{1}{E_{22}} \end{bmatrix} \tag{3.5}$$

$$[S_{ij}]_\tau = \begin{bmatrix} \dfrac{1}{G_{23}} & 0 & 0 \\ 0 & \dfrac{1}{G_{12}} & 0 \\ 0 & 0 & \dfrac{1}{G_{12}} \end{bmatrix} \tag{3.6}$$

对于基体，$E_{11} = E_{22} = E$，$\nu_{12} = \nu_{23} = \nu$，$G_{12} = G_{23} = G = 0.5E/(1+\nu)$。

对于纤维，E_{11} 和 E_{22} 是材料在轴向和横向的弹性模量，ν_{12} 和 ν_{23} 是纵向和横向泊松比，G_{12} 和 G_{23} 是材料纵向和横向的剪切模量。ν_{23} 和 G_{23} 不是独立的，可以表示为

$$G_{23} = \frac{E_{22}}{2(1+\nu_{23})} \tag{3.7}$$

整体应力更新公式为

$$[\sigma_i] = [\sigma_i] + [\mathrm{d}\sigma_i] \tag{3.8}$$

纤维应力增量和基体应力增量可以用一个非奇异的矩阵相联系，即

$$[\mathrm{d}\sigma_i^{\mathrm{m}}] = [A_{ij}][\mathrm{d}\sigma_i^{\mathrm{f}}] \tag{3.9}$$

将式(3.9)代入混合法模型中，可以得到

$$[\mathrm{d}\sigma_i] = V_{\mathrm{f}}[\mathrm{d}\sigma_i^{\mathrm{f}}] + V_{\mathrm{m}}[\mathrm{d}\sigma_i^{\mathrm{m}}] \tag{3.10}$$

$$[\mathrm{d}\varepsilon_i] = V_{\mathrm{f}}[\mathrm{d}\varepsilon_i^{\mathrm{f}}] + V_{\mathrm{m}}[\mathrm{d}\varepsilon_i^{\mathrm{m}}] \tag{3.11}$$

根据式(3.9)~式(3.11)，可以得到单向复合材料的力学性能最基本的 3 个量，即

$$[\mathrm{d}\sigma_i^{\mathrm{f}}] = (V_{\mathrm{f}}\boldsymbol{I} + V_{\mathrm{m}}[A_{ij}])^{-1}[\mathrm{d}\sigma_j] \tag{3.12}$$

$$[\mathrm{d}\sigma_i^{\mathrm{m}}] = [A_{ij}](V_{\mathrm{f}}\boldsymbol{I} + V_{\mathrm{m}}[A_{ij}])^{-1}[\mathrm{d}\sigma_j] \tag{3.13}$$

$$[\mathrm{d}\varepsilon_i] = (V_{\mathrm{f}}[S_{ij}^{\mathrm{f}}] + V_{\mathrm{m}}[S_{ij}^{\mathrm{m}}])(V_{\mathrm{f}}\boldsymbol{I} + V_{\mathrm{m}}[A_{ij}])^{-1}[\mathrm{d}\sigma_j] \tag{3.14}$$

结合式(3.3)，可以得到单向复合材料宏观柔度矩阵和组分材料柔度矩阵的关系为

$$[S_{ij}] = (V_{\mathrm{f}}[S_{ij}^{\mathrm{f}}] + V_{\mathrm{m}}[S_{ij}^{\mathrm{m}}])(V_{\mathrm{f}}\boldsymbol{I} + V_{\mathrm{m}}[A_{ij}])^{-1} \tag{3.15}$$

在式(3.12)~式(3.14)中，只有桥联矩阵 $[A_{ij}]$ 是未知的，其他都是已知量，因此，需要进一步确定桥连矩阵。由式(3.15)确定的柔度矩阵可以表示为式(3.4)~式(3.6)的形式，因此，在下面的桥连矩阵中只有 5 个独立的元素：

$$[A_{ij}] = \begin{bmatrix} a_{11} & a_{112} & a_{13} & 0 & 0 & 0 \\ 0 & a_{22} & a_{23} & 0 & 0 & 0 \\ 0 & 0 & a_{33} & 0 & 0 & 0 \\ 0 & 0 & 0 & a_{44} & 0 & 0 \\ 0 & 0 & 0 & 0 & a_{55} & 0 \\ 0 & 0 & 0 & 0 & 0 & a_{66} \end{bmatrix} \quad (3.16)$$

将式(3.16)代入式(3.9)中,根据柔度矩阵的对称性计算桥联矩阵中独立的参数为

$$a_{11} = E_m / E_{11}^f \quad (3.17)$$

$$a_{22} = a_{33} = a_{44} = \alpha + (1-\alpha) E_m / E_{22}^f \quad (0 < \alpha < 1) \quad (3.18)$$

$$a_{55} = a_{66} = \beta + (1-\beta) G_m / G_{12}^f \quad (0 < \beta < 1) \quad (3.19)$$

$$a_{12} = a_{13} = \frac{(S_{12}^f - S_{12}^m)(a_{11} - a_{22})}{(S_{11}^f - S_{11}^m)} \quad (3.20)$$

$$a_{23} = 0 \quad (3.21)$$

式中:α、β——桥联参数,它能体现材料细观几何结构及组分材料的性能,可以根据实验材料的横向模量和剪切模量来调节这两个值。

根据纤维丝的柔度矩阵$[S_{ij}^f]$和基体的柔度矩阵$[S_{ij}^m]$,将桥联矩阵$[A_{ij}]$代入式(3.15),就可以得到单向复合材料的宏观柔度矩阵,进而得到纤维束的5个弹性常数和刚度矩阵。

3.2.3 同心圆柱模型

Hashin等人利用同心圆柱模型预报了单向复合材料的有效性能。在同心圆柱模型中,假设单向纤维增强复合材料由许多纤维丝和由基体组成的同心圆柱体构成,圆柱体的直径可以变化,使得单向复合材料可以由这些不同直径的圆柱体完全填充,但是每个圆柱体内纤维丝和基体的体积分数保持不变,均与复合材料整体体积分数相同,从而对于单向复合材料的力学性能,可以选取其中一个纤维丝和基体所构成的同心圆柱体进行分析,如图3.2所示。

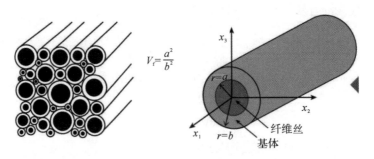

图3.2 单向复合材料的同心圆柱模型

假设1方向为纤维方向,2和3方向为纤维的横向方向,在单向复合材料1方向施加宏观均匀应变载荷,可以获得纤维丝和基体的应力-应变场,进而得到复合材料1方向的等效弹性性能,其可以表示为

$$E_1^c = E_1^f V_f + E^m(1-V_f) + \frac{4V_f(1-V_f)(\nu_{12}^f-\nu^m)^2 G^m}{\dfrac{G^m(1-V_f)}{K_{23}^f}+\dfrac{G^m V_f}{K_{23}^m}+1} \tag{3.22}$$

$$\nu_{12}^c = \nu_{12}^f V_f + \nu^m(1-V_f) + \frac{V_f(1-V_f)(\nu_{12}^f-\nu^m)}{\dfrac{G^m(1-V_f)}{K_{23}^f}+\dfrac{G^m V_f}{K_{23}^m}+1} \tag{3.23}$$

为了分析复合材料同心圆柱模型的纵向剪切性能,将同心圆柱体投影到平面内,在圆柱体的外表面施加一个位移场,使得其产生一个总的剪切应变,单向复合材料纵向等效剪切模量可以由应力除以应变得到,即

$$G_{12}^c = G^m \frac{G_{12}^f(1+V_f)+G^m(1-V_f)}{G_{12}^f(1-V_f)+G^m(1+V_f)} \tag{3.24}$$

与单向复合材料纵向性能的推导不同,横向性能的确定需要在同心圆柱体表面施加力的边界条件,采用广义自洽模型计算横向剪切模量,则有效平面应变体积模量 K_{23}^c 为

$$K_{23}^c = K_{23}^m + \frac{V_f}{\dfrac{1}{K_{23}^f-K_{23}^m}+\dfrac{1-V_f}{K_{23}^m+G^m}} \tag{3.25}$$

进而得到复合材料有效剪切模量 G_{23}^c 的表达式为

$$A\left(\frac{G_{23}^c}{G^m}\right)+B\left(\frac{G_{23}^c}{G^m}\right)+C=0 \tag{3.26}$$

式中:

$A=a_0+a_1 V_f+a_2 V_f^2+a_3 V_f^3+a_4 V_f^4$

$B=b_0+b_1 V_f+b_2 V_f^2+b_3 V_f^3+b_4 V_f^4$

$C=c_0+c_1 V_f+c_2 V_f^2+c_3 V_f^3+c_4 V_f^4$

$a_0=-2G^{m^2}(2G^m+K_{23}^m)[2G_{23}^f G^m+K_{23}^f(G_{23}^f+G^m)][2G_{23}^m G^m+K_{23}^m(G_{23}^f+G^m)]$

$a_1=8G^{m^2}(G_{23}^f-G^m)[2G_{23}^f G^m+K_{23}^f(G_{23}^f+G^m)](G^{m^2}+G^m K_{23}^m+K_{23}^{m^2})$

$a_2=-12G^{m^2}K_{23}^m(G_{23}^f-G^m)[2G_{23}^f G^m+K_{23}^f(G_{23}^f+G^m)]$

$a_3=8G^{m^2}\{G_{23}^{f^2}G^{m^2}K_{23}^m+G_{23}^{f^2}G^m K_{23}^m(K_{23}^f-G^m)+K_{23}^{m^2}[G_{23}^f G^m(G_{23}^f-2G^m)+$
　　　$K_{23}^f(G_{23}^f-G^m)(G_{23}^f+G^m)]\}$

$a_4=2G^{m^2}(G_{23}^f-G^m)\{2G^m+K_{23}^m-G_{23}^f[2G^m(K_{23}^f-K_{23}^m)+K_{23}^f K_{23}^m]\}$

$b_0=4G^{m^3}[2G_{23}^f G^m+K_{23}^f(G_{23}^f+G^m)][2G_{23}^f G^m+K_{23}^m(G_{23}^f+G^m)]$

$b_1=8G^{m^2}K_{23}^m(G_{23}^f-G^m)[2G_{23}^f G^m+K_{23}^f(G_{23}^f+G^m)](G^m-K_{23}^m)$

$b_2=-2a_2$

$b_3=-2a_3$

$b_4=-4G^{m^3}(G_{23}^f-G^m)\{K_{23}^m-G_{23}^f[2G^m(K_{23}^f-K_{23}^m)+K_{23}^f K_{23}^m]\}$

$c_0=2G^{m^3}K_{23}^m[(2G_{23}^f+K_{23}^f(G_{23}^f+G^m)][2G_{23}^f G^m+K_{23}^m(G_{23}^f+G^m)]$

$c_1=8G^{m^2}K_{23}^{m^2}(G_{23}^f-G^m)[2G_{23}^f G^m+K_{23}^m(G_{23}^f+G^m)]$

$$c_2 = a_2$$

$$c_3 = a_3$$

$$b_4 = -2G^{m^2}K_{23}^m(G_{23}^f - G^m)\{K_{23}^f G^m K_{23}^m - G_{23}^f[2G^m(K_{23}^f - K_{23}^m) + K_{23}^f K_{23}^m]\}$$

纤维束可以看作是横观各向同性材料,其弹性应力-应变关系可以表示为

$$
\begin{bmatrix} \sigma_{11} \\ \sigma_{22} \\ \sigma_{33} \\ \sigma_{12} \\ \sigma_{13} \\ \sigma_{23} \end{bmatrix} = \begin{bmatrix} E_1^c + 4\nu_{12}^{c^2}K_{23}^c & 2\nu_{12}^c K_{23} & 2\nu_{12}^c K_{23} & 0 & 0 & 0 \\ 2\nu_{12}^c K_{23} & K_{23}^c + G_{23}^c & K_{23}^c - G_{23}^c & 0 & 0 & 0 \\ 2\nu_{12}^c K_{23} & K_{23}^c - G_{23}^c & K_{23}^c + G_{23}^c & 0 & 0 & 0 \\ 0 & 0 & 0 & G_{23}^c & 0 & 0 \\ 0 & 0 & 0 & 0 & G_{12}^c & 0 \\ 0 & 0 & 0 & 0 & 0 & G_{12}^c \end{bmatrix} \begin{bmatrix} \varepsilon_{11} \\ \varepsilon_{22} \\ \varepsilon_{33} \\ \varepsilon_{12} \\ \varepsilon_{13} \\ \varepsilon_{23} \end{bmatrix} \tag{3.27}
$$

3.2.4　混合率公式

混合法或称为混合律(rule of mixture)公式是复合材料领域广为人知、使用很久、形式可能最简单的细观力学公式。

混合律公式建立在以下的 3 个假设之上:

(1)施加简单外载荷时纤维和基体中仅有相对应的内应力产生,其他应力分量为 0;

(2)轴向外力下纤维和基体中轴向应变相同;

(3)其他简单外力下纤维和基体中的内应力相同。

对于轴向加载,仅仅沿着特征体元的轴向加单向应力 σ_{xx}。根据假设(1)(2)和加载条件,有:

$$
\left. \begin{array}{l} \varepsilon_{xx} = \varepsilon_{xx}^f = \varepsilon_{xx}^m \neq 0 \\ \sigma_{yy} = \sigma_{yy}^f = \sigma_{yy}^m = 0 \\ \sigma_{xy} = \sigma_{xy}^f = \sigma_{xy}^m = 0 \end{array} \right\} \tag{3.28}
$$

应用关于轴向应力的基本方程,得到:

$$\sigma_{xx} = E_{xx}\varepsilon_{xx} = V_f\sigma_{xx}^f + V_m\sigma_{xx}^m = V_f E_{xx}^f \varepsilon_{xx}^f + V_m E_{xx}^m \varepsilon_{xx}^m = (V_f E_{xx}^f + V_m E_{xx}^m)\varepsilon_{xx} \tag{3.29}$$

即

$$E_{xx} = V_f E_{xx}^f + V_m E_{xx}^m \tag{3.30}$$

再根据横向应变的基本方程,导出

$$\varepsilon_{yy} = -\nu_{xy}\varepsilon_{xx} = V_f\varepsilon_{yy}^f + V_m\varepsilon_{yy}^m = V_f(-\nu_{xy}^f\varepsilon_{xx}^f) + V_m(-\nu_{xy}^m\varepsilon_{xx}^m)$$
$$= -(V_f\nu_{xy}^f + V_m\nu_{xy}^m)\varepsilon_{xx} \tag{3.31}$$

从而有

$$\nu_{xy} = V_f\nu_{xy}^f + V_m\nu_{xy}^m \tag{3.32}$$

对于横向加载,此时,仅沿着 y 方向施加一单位应力 σ_{yy},根据假设(1)和(3),有

$$
\left. \begin{array}{l} \sigma_{xx} = \sigma_{xx}^f = \sigma_{xx}^m = 0 \\ \sigma_{yy} = \sigma_{yy}^f = \sigma_{yy}^m \neq 0 \\ \sigma_{xy} = \sigma_{xy}^f = \sigma_{xy}^m = 0 \end{array} \right\} \tag{3.33}
$$

利用横向应变方程,导出

$$\varepsilon_{yy} = \frac{\sigma_{xy}}{G_{xy}} = V_f \varepsilon_{xy}^f + V_m \varepsilon_{xy}^m = V_f(\frac{\sigma_{xy}^f}{G_f}) + V_m(\frac{\sigma_{xy}^m}{G_m}) = (\frac{V_f}{G_f} + \frac{V_m}{G_m})\sigma_{xy} \qquad (3.34)$$

得到

$$\frac{1}{G_{xy}} = \frac{V_f}{G_f} + \frac{V_m}{G_m} \qquad (3.35)$$

整理,可得混合律公式为

$$E_{11} = V_f E_{11}^f + V_m E^m \qquad (3.36)$$

$$v_{12} = V_f \nu_{12}^f + V_m \nu^m \qquad (3.37)$$

$$E_{22} = \frac{E^m}{1 - V_f(1 - E^m/E_{22}^f)} \qquad (3.38)$$

$$G_{12} = \frac{G^m}{1 - V_f(1 - G^m/G_{12}^f)} \qquad (3.39)$$

$$G_{23} = \frac{G^m}{1 - V_f(1 - G^m/G_{23}^f)} \qquad (3.40)$$

虽然混合律公式简单,且对于纵向弹性模量 E_{11} 和 ν_{12} 的计算精度较高,但是预测的横向拉伸弹性模量和纵向剪切模量都低于实测值,这主要是实际复合材料的纤维被基体包围,而纤维的模量比基体的模量高,从而导致应力分布不均。

3.2.5　Chamis 模型

Hopkins 和 Chamis 等人认为,混合律公式对复合材料横向弹性模量 E_{22}、纵向剪切模量 G_{12} 和横向剪切模量 G_{23} 的计算精度偏低,可能是因为没有考虑不同的纤维排列几何形状的影响。

图 3.3 为单向纤维增强复合材料的 SEM 图像,纤维随机分布。假设理想的纤维排列几何形状如图 3.4 所示,考虑方形排列,将纤维直径用一个等效的方形面积代替,有 $s_f = \sqrt{\pi/4}d$。

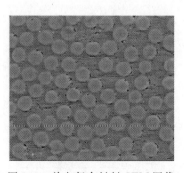

图 3.3　单向复合材料 SEM 图像

根据条件 $V_f = A_f/A = (\pi a^2/4)/(s^2)$,得到

$$s = \sqrt{\frac{\pi}{4V_f}}d \qquad (3.41)$$

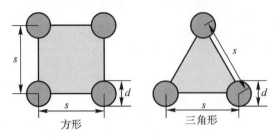

图 3.4　理想的纤维排列几何形状

将式(3.41)应用到图 3.5(c)中的中间块 B，就有

$$\frac{1}{E_{B_{yy}}}=\frac{(s_f/s)}{E_{22}^f}+\frac{(s_m/s)}{E^m} \tag{3.42}$$

$$\frac{1}{E_{B_{yy}}}=\frac{E_m}{1-\sqrt{V_f}\,(1-E_m/E_{22}^f)} \tag{3.43}$$

假想上述 B 块为一根等效纤维，根据混合律公式，得到

$$
\begin{aligned}
E_{yy} &= E_{B_{yy}}\frac{s_f}{s}+E^m\frac{s_m}{s} \\
&= E^m\left[(1-V_f)+\frac{\sqrt{V_f}}{1-\sqrt{V_f}\,(1-E^m/E_{22}^f)}\right]
\end{aligned}
\tag{3.44}
$$

这就是原始的 Hopkins 和 Chamis 计算 E_{22} 的公式，类似地，还导出了计算 G_{12} 和 G_{23} 的公式。

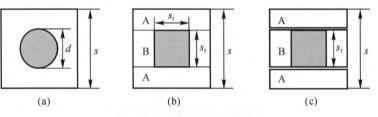

图 3.5　纤维等效方形模型

Chamis 后来发现，式(3.44)的计算精度要比式(3.43)更好，据此，他总结了一套简化公式：

$$E_{11}=V_f E_{11}^f+(1-V_f)E^m \tag{3.45}$$

$$E_{22}=E_{33}=\frac{E_m}{1-\sqrt{V_f}\,(1-E^m/E_{22}^f)} \tag{3.46}$$

$$G_{12}=G_{13}=\frac{G_m}{1-\sqrt{V_f}\,(1-G^m/G_{12}^f)} \tag{3.47}$$

$$G_{23}=\frac{G_m}{1-\sqrt{V_f}\,(1-G^m/G_{23}^f)} \tag{3.48}$$

$$\nu_{12}=\nu_{13}=V_f\nu_{12}^f+(1-V_f)\nu^m \tag{3.49}$$

可以看出，E_{11}、ν_{12} 和混合律公式一样，在其他表达式中，只需要将混合律公式中的 V_f

用 $\sqrt{V_f}$ 置换即可。

Chamis 公式形式简单,已经成为当前应用范围最广的单向纤维增强复合材料预测模型。

3.2.6　有限元方法

近年来,随着计算机技术的飞速发展,以有限元法为代表的数值方法在复合材料等效性能预报方面得到广泛应用。有限元法预报复合材料宏观刚度主要包含以下几个步骤:

(1)建立几何微结构模型。根据单胞内纤维分布特点的不同可以分为正四边形均匀分布模型、正六变形均匀分布模型和随机纤维分布模型。图 3.6 所示为均匀分布和随机分布方式。

(2)附上纤维丝、基体等组分材料的属性,包括弹性模量、泊松比等。

(3)施加周期性边界条件和载荷条件。

(4)求解宏观参数。具体过程如下:

假设纤维束内纤维丝呈正四边形均匀排

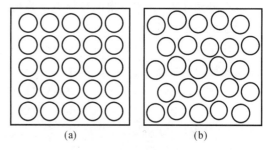

(a)　　　　　(b)

图 3.6　纤维束内纤维丝分布方式

(a)均匀分布;(b)随机分布

列,纤维丝性能满足横观各向同性(横观各向同性是指纤维丝横截面内沿各个方向的弹性性能相同),基体性能满足各向同性。基于上述假设,利用纤维丝直径和纤维体积分数,就可以获得纤维束单胞模型的几何尺寸,建立纤维束 $L_x \times L_y \times L_z$ 的代表性体积单胞有限元模型,如图 3.7 所示,其中纤维沿 z 方向。

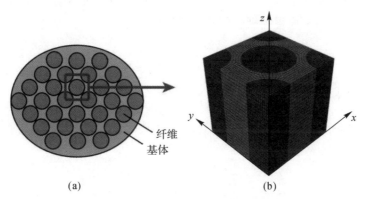

(a)　　　　　　　　　(b)

图 3.7　纤维束单胞建模

(a)理想纤维丝排布;(b)纤维束单胞有限元模型

材料参数:将纤维和基体的组分数据输入代表性体积单胞有限元模型相应的纤维和基体中。由于纤维为横观各向异性材料,所以在有限元中必须建立局部材料坐标,用以描述各向异性特征。

边界条件:采用周期边界条件,纤维方向为 z 方向,在有限元软件中采用多点约束方法实现如下周期边界条件:

$$u_x(L_x,y,z)-u_x(0,y,z)=L_x\varepsilon_x \left.\vphantom{\begin{matrix}1\\1\\1\end{matrix}}\right\}$$
$$u_y(x,L_y,z)-u_y(x,0,z)=L_y\varepsilon_y \qquad\qquad (3.50)$$
$$u_z(x,y,L_z)-u_z(x,y,0)=L_z\varepsilon_z$$

式中：$\qquad\qquad u_x(L_x,y,z)$——$(L_x,y,z)$面上 x 方向的位移；

$[\varepsilon_x,0,0]$、$[0,\varepsilon_y,0]$、$[0,0,\varepsilon_z]$——施加在相应面上的单向应变载荷。

在单胞模型中建立参考点 P，并通过多点约束方式实现该周期边界条件和外载荷，载荷施加在周期边界条件的参考点 P 上。

有限元计算：对该模型进行静力学分析，得到其力学响应，根据分析的结果可以求出宏观柔度矩阵中相应的 5 个独立常数。

当在 (L_x,y,z) 面上施加 $[\varepsilon_x\quad 0\quad 0]$ 在载荷时，有限元计算得到 P 点总的反作用力，再除以施加面的面积得到加载应力 $[\sigma_{xx}\quad 0\quad 0]$，同时从有限元结果中得到整体应变分量 $[\varepsilon_{xx}\quad \varepsilon_{yx}\quad \varepsilon_{zx}]$，从而得到横向模量、横纵泊松比、横向泊松比：

$$E_T=\sigma_x^x/\varepsilon_x^x \left.\vphantom{\begin{matrix}1\\1\\1\end{matrix}}\right\}$$
$$\nu_{TL}=-\varepsilon_z^x/\varepsilon_x^x \qquad\qquad (3.51)$$
$$\nu_{TT}=-\varepsilon_y^x/\varepsilon_x^x$$

当在 (x,L_y,z) 面上施加 $[0\quad \varepsilon_{yy}\quad 0]$ 载荷时，它也属于横向载荷，通过有限元计算得到响应结果 $[\varepsilon_{xy}\quad \varepsilon_{yy}\quad \varepsilon_{zy}]$ 和 $[0\quad \sigma_{yy}\quad 0]$，从而得到横向模量、横纵泊松比、横向泊松比：

$$E_T=\sigma_y^y/\varepsilon_y^y \left.\vphantom{\begin{matrix}1\\1\\1\end{matrix}}\right\}$$
$$\nu_{TL}=-\varepsilon_z^y/\varepsilon_y^y \qquad\qquad (3.52)$$
$$\nu_{TT}=-\varepsilon_x^y/\varepsilon_y^y$$

当在 (x,y,L_z) 面上施加 $[0\quad 0\quad \varepsilon_{zz}]$ 载荷时，通过有限元计算得到响应结果 $[\varepsilon_{xz}\quad \varepsilon_{yz}\quad \varepsilon_{zz}]$ 和 $[0\quad 0\quad \sigma_{zz}]$，从而得到纵向模量、纵横泊松比：

$$E_L=\sigma_z^z/\varepsilon_z^z \qquad\qquad (3.53)$$
$$\nu_{LT}=-\varepsilon_x^x/\varepsilon_z^x=-\varepsilon_y^x/\varepsilon_z^x \qquad\qquad (3.54)$$

这几种载荷下多次得到模量、泊松比，这也可以通过 $\nu_{TL}/\nu_{TL}=E_T/E_L$ 等关系相互验证。

面内剪切模量的确定需要施加剪切载荷，在 (x,y,L_z) 面上施加 x 方向的位移载荷，其他对应面服从周期边界条件：

$$u_x(x,y,L_z)-u_x(x,y,0)=L_x\gamma_{xy} \left.\vphantom{\begin{matrix}1\\1\\1\end{matrix}}\right\}$$
$$u_y(x,L_y,z)-u_y(x,0,z)=L_y\varepsilon_y \qquad\qquad (3.55)$$
$$u_z(x,y,L_z)-u_z(x,y,0)=L_z\varepsilon_z$$

通过有限元计算得到代表性体积单元结构的应力响应分布，再由 $G_{LT}=\tau_{yz}/\gamma_{yz}$ 可以得到面内剪切模量。

表 3.1 给出了采用有限元(FEM)法和 Chamis 模型计算的碳纤维束复合材料的有效弹性常数。由表 3.1 可见，采用 Chamis 理论公式计算的纤维束纵向弹性模量和有限元方法计算的结果非常接近，对于 $V_f=80\%$ 的纤维束和 $V_f=60\%$ 的纤维束，两者的最大误差分别是 0.58% 和 0.78%。

表 3.1　利用 FEM 法和 Chamis 模型预报的纤维束有效弹性常数

纤维体积分数/%	E_1/GPa		E_2/GPa		G_{12}/GPa		G_{23}/GPa		ν_{12}	
	Chamis	FEM	Chamis	FEM	Chamis	FEM	Chamis	FEM	Chamis	FEM
$V_f=80\%$	282.05	283.68	32.32	31.2	16.64	17.36	11.71	11.30	0.274	0.300
$V_f=60\%$	203.91	205.51	25.78	22.7	11.84	10.57	9.45	8.79	0.29	0.206

3.3　纤维束强度性能

对于纤维复合材料的强度计算,还没有达到刚度研究那样的成熟度。目前,针对纤维束强度的计算主要从纤维束内部细观组分和细观结构的影响展开研究,比如考虑纤维束屈曲的影响、材料非线性的影响,以及纤维长度延迟效应带来的影响等。在纤维束破坏过程中内部往往存在复杂的相互作用,很多学者基于不同的失效模式提出了各种强度模型:基于 Monte-Carlo 建立的局部载荷分配模型、随机临界核模型、单丝多层开裂模型以及统计理论模型等。这些模型在不同程度上对纤维束拉伸强度进行了预报。

3.3.1　纤维束纵向拉伸强度

单向纤维增强复合材料随着拉伸载荷的增加,其变形可以分为 4 个阶段:①纤维和基体都发生弹性变形;②基体发生塑性变形,纤维继续发生弹性变形;③纤维和基体都处于塑性变形阶段;④纤维断裂或基体开裂导致复合材料破坏。分为几个阶段取决于纤维和基体相对的脆性和韧性。脆性纤维可能不出现第③阶段变形,而脆性基体可能不存在第②或第③阶段变形。一般单向复合材料呈现的不同变形状态和纤维体积分数相关;纤维体积分数(<0.4)较低的复合材料,复合材料呈脆性断裂;中等纤维体积分数(0.4~0.65),呈带纤维拔出的脆性断裂;高纤维体积分数(>0.65),呈带纤维拔出和界面剪切或脱黏脆性破坏,根据纤维束中纤维丝强度的分布模型,有等强度分布模型和随机分布模型。

1.等强度分布模型

Kelly 和 Davies 给出了一种计算单向复合材料拉伸强度的简单模型。该模型中,假定所有纤维具有相同的强度,并且纤维的变形控制着材料的破坏,即假定纤维比基体脆。图 3.8 所示为纤维与基体的应力-应变曲线,它对于确定复合材料强度是有用的。当单向纤维复合材料沿着纤维方向拉伸时,假定纤维和基体间界面结合完好,并且二者具有相同的拉伸应变,在纤维体积分数大于某一特征值的条件下,纤维控制复合材料破坏的强度,这时单向复合材料的破坏强度为

$$\sigma_L = \sigma_{fmax} V_f + (\sigma_m)_{\varepsilon fmax} (1-V_f) \tag{3.56}$$

式中:σ_{fmax}——纤维的最大拉伸应力;

$(\sigma_m)_{\varepsilon fmax}$——基体应变等于纤维最大拉伸应变时的基体应力;

V_f——纤维的体积分数。

由于纤维实际上有随机性缺陷,总有不同的断裂强度,也不会断裂在同一位置,因此,应

用统计理论来预测复合材料的纵向拉伸强度更加合理。

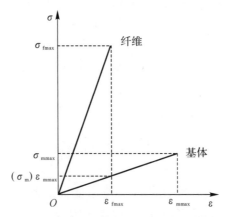

图 3.8　纤维和基体应力-应变关系示意图

2. 统计强度分布模型

由于纤维单丝的强度分布具有一定的分散性,是一个随机变量,所以纤维束的强度是很多纤维强度的宏观统计量。Rosen 用另一种模型分析了有统计强度分布的纤维增强复合材料的强度,模型中的代表性体积单元由若干根纤维和一根断裂纤维构成。显然,在加载和随之发生的纤维断裂过程中,断裂纤维引起周围材料应力重新分布。应力传递机理是,在断裂纤维很小范围的基体内产生高的剪应力,而纤维应力从断裂处为零,增加到与其他纤维一样的应力水平。

应用统计理论分析,Rosen 得出下式:

$$\sigma_L = \sigma_{ref} V_f \left[\frac{1 - V_f^{\frac{1}{2}}}{V_f^{\frac{1}{2}}} \right]^{-\frac{1}{2\beta}} \tag{3.57}$$

式中:σ_{ref}——基准应力,它是纤维和基体性能的函数,σ_{ref} 本质上是纤维拉伸强度,但是具有某种统计含义;

β——纤维强度的 Weibull 分布统计参数。

将式(3.56)用图 3.8 中纤维的应力-应变关系直线表示,可得

$$\sigma_L = \sigma_{fmax} V_f + \frac{E_m}{E_f} \sigma_f (1 - V_f) \tag{3.58}$$

由于 $E_m \ll E_f$,因此有

$$\sigma_L = \sigma_{fmax} V_f \tag{3.59}$$

3.3.2　纤维束纵向压缩强度

通常情况下,单向纤维增强复合材料抗压强度明显低于其抗拉强度,以碳纤维增强树脂基复合材料为例,其抗压强度通常为抗拉强度的 10% 左右,这与压缩载荷下纤维屈曲等失效机制有关。针对单向纤维增强复合材料抗压强度,许多学者提出了基于细观力学预测压缩强度的模型,以期从理论上解释出现这种现象的原因。然而,人们对单向纤维增强复合材

料的压缩破坏机理一直未形成统一的认识,得到的强度模型各不相同,对同样组分的单向纤维增强复合材料,预测得到的结果相差较大。

1.剪切破坏模型

在对碳纤维复合材料的研究中发现,由于与压缩方向成 45°的斜截面上的剪应力最大,所以在材料的抗剪强度较弱的情况下,复合材料将首先在 45°斜截面上发生剪切破坏,如图 3.9 所示。

压缩应力引起的剪应力为

$$\tau = \sigma_c \sin\theta \cos\theta \tag{3.60}$$

在平面上达到最大值:

$$\tau_{max} = \frac{1}{2}\sigma_c \tag{3.61}$$

如果剪切强度小于屈服强度,剪切破坏将先于屈曲发生,根据混合律方程得到

$$\sigma_{fc} = 2[V_f \tau_f + (1-V_f)\tau_m] \tag{3.62}$$

式中: τ_f——纤维的剪切强度;

　　　 τ_m——基体的剪切强度。

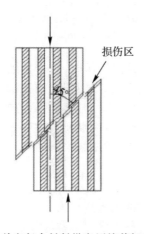

图 3.9　单向复合材料纵向压缩剪切破坏模式

2.纤维受压失稳模型

Rosen 等认为单向复合材料的纵向压缩破坏是由树脂支撑的纤维屈曲引起的,因此,纵向压缩强度是由树脂支撑的纤维的临界失稳力控制的。为了便于分析,将复合材料简化为纤维薄片和树脂薄片两部分。受压时,基体的失稳形式有两种:拉压型失稳和剪切型失稳,如图 3.10 所示。

利用能量法求出纤维片的临界力的极值。当不考虑树脂承载时,增强塑料的纵向压缩强度为

拉压型:

$$\sigma_L^c = \frac{G_f G_m}{(1-V_f)G_m + V_f G_m} \approx \frac{G_m}{(1-V_f)} \tag{3.63}$$

剪切型：

$$\sigma_L^c = 2V_f \left[\frac{E_f E_m V_f}{3(1-V_f)} \right]^{\frac{1}{2}} \tag{3.64}$$

当纤维间的距离相当大时，即 V_f 很小时，产生拉压型屈曲；当纤维间距较小时，即 V_f 较大时，产生剪切型屈曲。

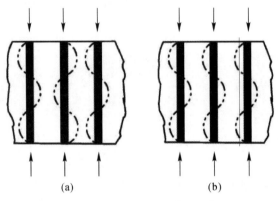

图 3.10　纤维受压失稳模式示意图
(a)拉压型失稳；(b)剪切型失稳

3. 基体受压剪切失稳模型

Schuerch 提出，单向复合材料纵向受压时，使非常细的纤维保持直线排列是基体的功能之一。因此，在压力作用下，首先不是纤维薄片，而是基体薄片达到剪切失稳极限。基体失去阻力错动变形的能力，从而导致复合材料整体压缩破坏。这时的平均压应力就可以认为是压缩强度。也就是说，单向复合材料的纵向压缩强度是由基体受压失稳控制的。这与 Rosen 认为是纤维失稳控制有本质的区别。运用能量法及混合定律可得到纵向压缩强度为

$$\sigma_L^c = \sigma_{mcr} \left[1 + (\frac{E_f}{E_m} - 1)V_f \right] \tag{3.65}$$

式中：σ_{mcr}——基体发生剪切失稳时的临界压应力。

可以看出，基体的临界压应力、纤维体积分数及模量比 E_f/E_m 越大，则单向复合材料的纵向压缩强度越高。

4. 基体受压屈服模型

按照 Rosen 的模式，纤维在失稳前受压试件仍维持直线状态，在常用的纤维分数范围内，总是树脂基体先压坏，所以纵向压缩强度应该由树脂基体的压缩强度（压缩屈服应力）来控制。也就是说，纤维的微屈曲是由基体应力达到压缩屈服应力而产生的。因此，复合材料的纵向压缩强度公式为

$$\sigma_L^c = \sigma_{my} \left[1 + (\frac{E_f}{E_m} - 1)V_f \right] \tag{3.66}$$

式中：σ_{my}——基体的压缩屈服应力。

5. 基体受压非线性模型

由于在常用的纤维体积分数范围内，纤维屈曲时，树脂应力早已达到其破坏应力而首先

破坏。因此,朱颐龄提出用基体的比例极限应力来判定复合材料的破坏。也就是说,纤维的
微屈曲是由于基体应力达到比例极限应力后而产生的,所以纵向压缩强度的公式为

$$\sigma_L^c = \sigma_{mp}\left[1 + \left(\frac{E_f}{E_m} - 1\right)V_f\right] \tag{3.67}$$

式中:σ_{mp}——基体的比例极限应力。

但是她指出,按照此公式计算的理论值比实测值高,因为实际材料中的纤维并不都是笔
直的,在受压时纤维的初始曲率,会使树脂基体产生横向拉应力,这将导致压缩强度降低。
同时,基体中的孔隙、裂纹等缺陷也会产生影响。

有学者通过实验研究了基体的模量对纵向压缩强度的影响。结果表明,纤维的微屈曲
很可能发生在具有较软的基体($G_m < 690$ MPa)的复合材料中,而具有刚性基体($G_m >$
690 MPa)的复合材料则是因为纤维断裂而破坏。众多研究表明,弯折带(fiber kinking)破
坏形式常常出现在 E_f/E_m 较大的复合材料中。

3.3.3　纤维束横向拉伸和压缩强度

对于纵向拉伸、压缩强度和纵向、横向弹性模量,由于有增强纤维,所以其通常比纯基体
的强度和弹性模量高。对于横向拉伸、压缩强度和面内剪切强度,纤维的存在会引起基体应
力集中,而由基体或界面强度控制。目前,对于纤维束横向性能的研究还不是很深入,尚没
有统一和有效的理论公式。

采用 Tsai-Hahn 提出的经验方法,引进 $\eta_T = \sigma_{m2}/\sigma_{f_2}$($0 < \eta_T \leqslant 1$),可说明在复合材料中
基体的平均应力 σ_{m_2} 一般低于纤维的平均应力 σ_{f_2},由式

$$\sigma_2 = V_f\sigma_{m_2} + (1 - V_f)\sigma_{f_2} \tag{3.68}$$

并设应力集中系数 K_T 为

$$K_T = \frac{(\sigma_{m_2})_{max}}{\sigma_{m_2}} \tag{3.69}$$

可得复合材料的横向平均应力为

$$\sigma_2 = \frac{1 + V_f(1/\eta_T - 1)}{K_T}(\sigma_{m_2})_{max} \tag{3.70}$$

当 $(\sigma_{m_2})_{max} = \sigma_m^t$($\sigma_m^t$ 为基体拉伸强度)时,$\sigma_2 = \sigma_T^t$,于是得到

$$\sigma_T^t = \frac{1 + V_f\left(\dfrac{1}{\eta_T} - 1\right)}{K_T}\sigma_m^t \tag{3.71}$$

式中:η_T——Cai 经验系数;

K_T——基体拉伸应力集中系数;

σ_T^t——纤维束横向拉伸强度;

σ_m^t——基体拉伸强度。

3.3.4　纤维束横向压缩强度

纤维束横向压缩强度还没有成熟的计算公式,纤维束的横向压缩破坏一般是基体剪切

破坏,有时伴随着界面破坏和纤维压裂。一些学者根据横向拉伸强度给出了类似的公式,主要有:

C. C. Chamis 公式:

$$\sigma_T^c = \sigma_m \left[1 - (\sqrt{V_f} - V_f)(1 - \frac{E_m}{E_{f_T}}) \right] \tag{3.72}$$

蔡为仑公式:

$$\sigma_T^c = \sigma_m \frac{1 + V_f(\frac{1}{\eta} - 1)}{K_{m_T}} \tag{3.73}$$

实践表明,纤维束的横向压缩强度 σ_T^c 与横向拉伸强度 σ_T^t 成正比,即

$$\sigma_T^c = n\sigma_T^t \tag{3.74}$$

式中:n——经验系数,一般取 4~7。

3.3.5 纤维束的剪切强度

纤维束的剪切强度与基体剪切强度有关,具体表达式为

$$S_{LT} = S_{ZL} = \frac{1 + V_f(\frac{1}{\eta_{s_1}} - 1)}{K_{s_1}} S_m \tag{3.75}$$

$$S_{TZ} = \frac{1 + V_f(\frac{1}{\eta_{s_2}} - 1)}{K_{s_2}} S_m \tag{3.76}$$

式中:η_{s_1},η_{s_2}——Cai 经验系数;

S_m——基体剪切强度;

K_{s_1},K_{s_2}——基体剪切应力集中系数。

3.3.6 Chamis 公式

Chamis 给出了利用组分材料预报单向复合材料强度的经验公式,并假设纤维束纵向压缩时有 3 个破坏模式,即纤维压缩断裂、纤维扭曲破坏、纤维基体界面脱黏的压缩破坏,在 3 种破坏模式下的纵向压缩破坏强度分别为 F_{1C1},F_{1C2},F_{1C3} 具体见下列公式:

纤维束纵向拉伸破坏:

$$F_{1T} = S_{f_T} \left[V_f + (1 - V_f) \frac{E_m}{E_{f_{11}}} \right] \tag{3.77}$$

纤维束纵向压缩破坏(纤维压缩断裂):

$$F_{1C1} = S_{f_C} \left[V_f + (1 - V_f) \frac{E_m}{E_{f_{11}}} \right] \tag{3.78}$$

纤维束纵向压缩破坏(纤维扭曲破坏):

$$F_{1C2} = \frac{G_m}{1 - V_f(1 - \frac{G_m}{G_{f_{12}}})} \tag{3.79}$$

纤维束纵向压缩破坏(纤维基体界面脱黏)：

$$F_{1C3} = 13\beta\left(\alpha - 1 + \frac{G_m}{G_{f_{12}}}\right)\frac{G_{12}}{\alpha G_m}S_{mS} + S_{mC} \tag{3.80}$$

纤维束横向拉伸破坏：

$$F_{2T} = \beta(1 - \sqrt{V_f})\frac{E_{f_{22}}}{E_m}\frac{E_{22}}{E_{f_{22}} - \sqrt{V_f}E_{22}}S_{mT} \tag{3.81}$$

纤维束横向压缩破坏：

$$F_{2C} = \beta(1 - \sqrt{V_f})\frac{E_{f_{22}}}{E_m}\frac{E_{22}}{E_{f_{22}} - \sqrt{V_f}E_{22}}S_{mC} \tag{3.82}$$

纤维束剪切破坏：

$$F_S = \beta(1 - \sqrt{V_f})\frac{G_{f_{12}}}{G_m}\frac{G_{12}}{G_{f_{12}} - \sqrt{V_f}G_{12}}S_{mS} \tag{3.83}$$

式中：　　　　V_f——纤维的体积分数；

E_m, G_m——基体的弹性模量和剪切模量；

$E_{f_{11}}, E_{f_{22}}, E_{f_{12}}$——纤维的纵向弹性模量、横向弹性模量和剪切模量；

E_{22}, G_{12}——纤维束的等效横向弹性模量和剪切模量；

S_{f_T}, S_{f_C}——纤维的拉伸和压缩强度；

S_{mT}, S_{mC}, S_{mS}——基体的拉伸、压缩和剪切强度。

式中的系数 α 由下式计算：

$$\alpha = \sqrt{\frac{\pi}{4V_f}} \tag{3.84}$$

系数 β 为

$$\beta = \frac{1}{\alpha - 1}\left(\alpha - \frac{E_m}{E_{f_{22}}\left[1 - \sqrt{V_f}\left(1 - \frac{E_m}{E_{f_{22}}}\right)\right]}\right) \tag{3.85}$$

3.3.7　有限元法

采用有限元法对纤维束进行强度性能预报，主要是利用纤维丝和基体组分材料的力学性能参数，建立纤维束的微观有限元模型，结合纤维丝和基体的损伤模型，获得纤维束的力学性能参数，主要包括两个步骤：①建立包含纤维丝和基体组分的纤维束有限元模型，根据纤维束内纤维分布形式的不同，可以选取正四边形均匀分布模型、正六变形均匀分布模型和随机纤维分布模型，根据研究问题的关注点，有限元模型还可以包含纤维丝/基体之间的界面；②建立纤维丝、基体以及界面的损伤模型。以纵向拉伸为例，纤维丝一般属于弹脆性材料，在纵向拉伸载荷下的主要损伤形式是纤维断裂，通常采用最大应力或者最大应变的失效准则：

最大应力失效准则：

$$\sigma_{11}^f \geqslant \sigma_t^f \ (\sigma_{11}^f \geqslant 0) \tag{3.86}$$

最大应变失效准则：

$$\varepsilon_{11}^{f} \geqslant \varepsilon_{t}^{f}(\sigma_{11}^{f} \geqslant 0) \tag{3.87}$$

式中：σ_{t}^{f}——纤维丝的拉伸破坏强度；

ε_{t}^{f}——纤维丝的拉伸断裂应变；

σ_{11}^{f}——纤维丝的轴向拉伸应力；

ε_{11}^{f}——纤维丝的轴向拉伸应变。

当纤维丝中的应力或者应变满足失效准则时，采用下式对纤维弹性模量进行退化：

$$E_{d}^{f} = d^{f} \cdot E^{f} \tag{3.88}$$

式中：E_{d}^{f}——纤维损伤后的弹性模量；

E^{f}——纤维损伤前的弹性模量；

d^{f}——退化参数，简单起见，可以取 $d^{f}=0.01$，即认为纤维断裂后立即失去承载能力。

对于基体而言，可以采用的失效准则有最大应力准则、最大应变准则、Mises 应力准则、Mohr-Coulomb 准则等，根据不同的基体材料（树脂基体、碳基体、陶瓷基体）的特点进行选择。当基体的应力或应变满足相应的失效准则后，也可以采用式（3.88）对基体材料的弹性模量进行退化，当然，也可以采用其他的方程或者模型对其进行退化。对于纤维丝/基体之间的界面，通常采用内聚力模型进行模拟，内聚力模型可以很好地模拟复合材料的界面脱黏。关于内聚力模型的使用方法见第 8 章第 8.6 节。图 3.11 和图 3.12 分别给出了采用有限元方法模拟得到的纤维束各个方向的拉伸应力-应变曲线和纤维束内部纤维丝/基体的损伤状态。

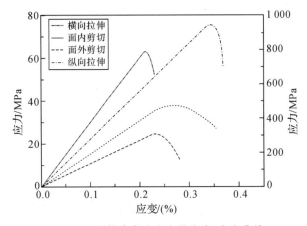

图 3.11　纤维束各个方向的应力-应变曲线

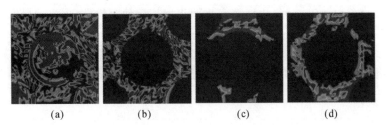

图 3.12　纤维束内部纤维丝/基体的损伤状态

(a)纵向拉伸；(b)横向拉伸；(c)面内剪切；(d)面外剪切

3.4　纤维束热物理性能

3.4.1　热膨胀系数

近年来,一些国内外学者对于单向纤维增强复合材料的热膨胀性能进行了广泛、深入的研究,并已经取得一定成果。目前,针对纤维增强复合材料纵向热膨胀系数的计算相对统一,且精度较好,但是横向热膨胀系数的计算尚没有统一的公式,不同理论模型获得的结果可能存在较大差别。下面介绍几种常用的理论公式。

Turner 于 1946 年基于材料内部应力平衡条件,最早提出了多相复合材料的等效线膨胀系数的方程,具体表达式为

$$\alpha = \sum (\alpha_j E_j V_j / \rho_j) / \sum (E_j V_j / \rho_j) \tag{3.89}$$

式中:α_j——复合材料中 j 相的线膨胀系数;

ρ_j——复合材料中 j 相的密度;

E_j——j 相的弹性模量;

V_j——j 相的体积分数。

式(3.89)通常称为 Turner 公式,实际上其属于修正的混合律,由式(3.89)可以很精确地计算纤维复合材料的纵向热膨胀系数。

1968 年 Schapery 等人基于能量理论推导出等效热膨胀系数的预测模型,给出了纤维增强复合材料的纵向和横向热膨胀系数,其表达式分别为

$$\alpha_L = (\alpha_L^f E_L^f V_f + \alpha_m E_m V_m) / (E_L^f V_f + E_m V_m) \tag{3.90}$$

$$\alpha_T = (1 + \nu_m) \alpha_m V_m + (1 + \nu_{LT}^f) \alpha_L^f V_f - \alpha_L \nu_{LT}^f \tag{3.91}$$

式中:L,T——分别表示纤维纵向和横向;

f,m——分别表示纤维和基体;

ν_m, ν_{LT}^f——分别表示基体和纤维的泊松比。

式(3.91)适用于纤维和基体是各向同性的情况,将式(3.91)中的 α_L^f 用 α_T^f 代替,得到的修正形式可以用于纤维是横观各向同性的复合材料的横向热膨胀系数的预测。

Rosen 和 Hashin 等在 1979 年进一步归纳和总结出横观各向异性复合材料的等效热膨胀系数的张量表达式:

$$\left. \begin{array}{l} \alpha_L = \overline{\alpha_L} + (\alpha_{kl}^f - \alpha_{kl}^m) P_{ijkl} (S_{ij11} - \overline{S_{ij11}}) \\ \alpha_T = \overline{\alpha_T} + (\alpha_{kl}^f - \alpha_{kl}^m) P_{ijkl} (S_{ij22} - \overline{S_{ij22}}) \end{array} \right\} \tag{3.92}$$

式中:四阶张量 $[d\varepsilon_i] = [S_{ij}][d\sigma_j]$ 满足 $P_{klrt}(S_{rtij}^f - S_{rtij}^m) = [I_{ijkl}]$,$i,j,k,l,r,t = 1,2,3$;

$[I_{ijkl}]$——单位张量;

S——材料的柔度张量;

上标"—"表示体积平均值,重复下标表示在取值范围内求和。

1984 年 Chamis 等人利用简单的应力平衡法得出了纤维增强复合材料的等效热膨胀系数计算公式:

$$\alpha_L=(\alpha_L^f E_L^f V_f+\alpha_m E_m V_m)/(E_L^f V_f+E_m V_m) \tag{3.93}$$

$$\alpha_T=\alpha_T^f \sqrt{V_f}+(1-\sqrt{V_f})(1+V_f \nu^m E_L^f/E_L) \tag{3.94}$$

式中：E_L——复合材料的纵向等效弹性模量，$E_L=E_L^f V_f+E^m V_m$。

Bowles 等人于 1989 年利用平面应力条件对厚壁圆柱体模型进行了分析，推导出了单向复合材料中纵向和横向的热膨胀系数。模型中假设纤维为横观各向异性材料，基体为各向同性材料，有

$$\alpha_L=(\alpha_L^f E_L^f V_f+\alpha_m E_m V_m)/(E_L^f V_f+E_m V_m) \tag{3.95}$$

$$\alpha_T=\alpha_m+\frac{2(\alpha_L^f-\alpha_m)V_f}{\nu_m(F-1+V_m)+F+V_f+(1-\nu_{LT}^f)(F-1+\nu_m)E_m/E_L^f} \tag{3.96}$$

式中：F——纤维排列因子，与纤维的排列方式有关。当纤维按照六边形排列时，$F=0.9069$，当纤维按照四边形排列时，$F=0.7854$。

表 3.2 给出了采用 Schapery 理论[式(3.90)～式(3.91)]和有限元法计算得到的纤维束纵向热膨胀系数和横向热膨胀系数。由表 3.2 可见，纤维束的体积分数 $V_f=60\%$ 和 $V_f=80\%$ 时，由 Schapery 理论公式计算的纵向热膨胀系数和有限元的计算值偏差分别为 -1.11% 和 0.21%，横向热膨胀系数偏差分别为 7.70% 和 4.56%。可见，对于单向复合材料而言，由 Schapery 理论公式计算的纵向热膨胀系数较为准确，横向热膨胀系数偏差较大。

表 3.2　纤维束热膨胀系数 Schapery 公式和有限元计算值对比

	纤维体积分数 $V_f=60\%$		纤维体积分数 $V_f=80\%$	
	纵向热膨胀系数/K^{-1}	横向热膨胀系数/K^{-1}	纵向热膨胀系数/K^{-1}	横向热膨胀系数/K^{-1}
有限元法计算值	-0.90×10^{-6}	12.72×10^{-6}	-0.962×10^{-6}	16.45×10^{-6}
Schapery 公式	-0.890×10^{-6}	13.70×10^{-6}	-0.964×10^{-6}	17.2×10^{-6}
偏差/%	-1.11	7.70	0.21	4.56

3.4.2　热传导系数

目前，国内外学者针对单向纤维增强复合材料热传导性能的预测已经提出许多模型。对于单向复合材料，纵向热传导系数通常满足平行层模型（混合律）；对于纤维束横向热传导系数，尚没有统一和有效的理论公式。其中，最为常用的预测模型有串并联模型、Pilling 模型、Clayton 模型、Maxwell 模型、Hashin 模型等，各种模型对应的纤维束纵向热传导系数 λ_L 和横向热传导系数 λ_T 的计算公式如下：

并联平行层模型：

$$\lambda_L=V_f\lambda_f+(1-V_f)\lambda_m \tag{3.97}$$

串联模型：

$$\lambda_T=1/(V_f/\lambda_{f_2}+V_m/\lambda_m) \tag{3.98}$$

Pilling 模型：

$$\lambda_T = \lambda_m \frac{(1-V_f)\lambda_m + (1+V_f)\lambda_{ft}}{(1-V_f)\lambda_{ft} + (1+V_f)\lambda_m} \tag{3.99}$$

Clayton 模型：

$$\lambda_T = \frac{\lambda_m}{4}\Big[\sqrt{(1-V_f)^2\Big(\frac{\lambda_{fT}}{\lambda_m}-1\Big)^2 + 4\frac{\lambda_{fT}}{\lambda_m}} - (1-V_f)\Big(\frac{\lambda_{fT}}{\lambda_m}-1\Big)\Big]^2 \tag{3.100}$$

Maxwell 模型：

$$\lambda_T = \lambda_m \frac{\lambda_f + 2\lambda_m + 2V_f(\lambda_f - \lambda_m)}{\lambda_f + 2\lambda_m - 2V_f(\lambda_f - \lambda_m)} \tag{3.101}$$

Hashin 模型：

$$\lambda_T = \lambda_m + \frac{1-V_f}{1/(\lambda_{f_2} - \lambda_m) + (1-V_f)/2\lambda_m} \tag{3.102}$$

式中：λ_T——纤维横向热传导系数；

λ_m——基体热传导系数。

表 3.3 给出了采用 Pilling 模型、Clayton 模型、Maxwell 模型、Parallel 模型以及有限元 (FEM)法计算得到的碳纤维束的等效热导率,由表可见,纤维束纵向热导率 FEM 结果和 Parallel 模型计算结果非常接近,最大误差是 1.94%。而对于纤维束横向热导率,不同模型之间的计算结果存在一定的差异。

表 3.3　不同模型计算的纤维束横向等效热导率　　单位：$W \cdot K^{-1} \cdot m^{-1}$

纤维体积分数/%	Pilling	Clayton	Maxwell	FEM(横向)	Parallel(纵向)	FEM(纵向)
$V_f = 60\%$	9.26	7.07	9.29	8.95	151.26	148.32
$V_f = 80\%$	5.50	3.07	5.56	4.11	69.35	68.83

参 考 文 献

[1]　VOIGT W. Über die beziehung zwischen den beiden elastizitätskonstanten isotroper körper[J]. Wiedemanns Annalen, 1889, 38：573 – 578.

[2]　REUSS A. Berechnung der fliessgrenze von mischkristallen auf grund der plastizitätsbedingung für einkristalle [J]. Zeitschrift fur Angewandte Mathematik und Mechanik, 1929, 9：49 – 58.

[3]　HASHIN Z, SHTRIKMAN S. On some variational principles in anisotropic and nonhomogeneous elasticity[J]. Journal of the Mechanics and Physics of Solids, 1962, 10：335 – 342.

[4]　MORI T, TANAKA K. Average stress in matrix and average elastic energy of materials with misfitting inclusions[J]. Acta Metallurgica, 1973, 21(5)：571 – 574.

[5]　HALPIN J, KARDOS J. The Halpin-Tsai equations: a review [J]. Polymer Engineering and Science, 1976, 16: 344 - 352.

[6]　HSHIN Z, ROSEN B W. The elastic moduli of fiber-reinforced materials[J]. ASME Journal of Applied mechanics,1964,31:223 - 232.

[7]　HILL R. A self-consistent mechanics of composite materials[J]. Journal of the Mechanics and Physics of Solids, 1965, 13(4): 213 - 212.

[8]　ROSCOE R. The viscosity of suspensions of rigid spheres[J]. British Journal of Applied Physics, 1952, 3(8): 267 - 269.

[9]　HUANG Z M. A unified micromechanical model for the mechanical properties of two constituent composite materials. Part I: Elastic behavior [J]. Journal of Thermoplastic Composite Materials, 2000, 13(4): 252 - 271.

[10]　IBNABDELJALIL M, CURTIN W A. Strength and reliability of fiber-reinforced composites [J]. Acta Materialia, 1997, 45(9):3641 - 3652.

[11]　曾庆敦,马锐,范赋群.复合材料正交叠层板最终拉伸强度的细观统计分析[J].力学学报, 1994, 26(4):451 - 461.

[12]　KUN F, ZAPPERI S, HERRMANN H J. Damage in fiber bundle models[J]. The European Physical Journal B, 2000, 17(2):269 - 279.

[13]　ZHU Y, ZHOU B, HE G, et al. A statistical theory of composite materials strength [J]. Journal of Composite Materials, 1989, 23(3):280 - 287.

[14]　KELLY A,DAVIES G J. The principles of the fiber reinforcement of metals[J]. Metallurgical Revies,1965,10(1):1 - 77.

[15]　ROSEN B W. Mechanics of Composite Strengthening [J]. Fiber Composite Materials 1965,(3):37 - 75.

[16]　朱颐龄.玻璃钢等复合材料力学性能综论[J].力学与实践,1980(1):4 - 6.

[17]　CHAMIS C C. Simplified composite micromechanics equations for strength, fracture toughness and environmental effects[C]//Reinforced Plastics/Composites Institute. Technical Sessions of the Thirty - Ninth Annual Conference, New York: SPI, 1984:1 - 16.

[18]　TURNER P S . Thermal expansion stresses in reinforced plastics[J]. Journal of Research of the National Institute of Standards and Technology articles, 1946, 37: 239 - 250.

[19]　SCHAPERY R A. Thermal expansion coefficients of composite materials based on energy principles[J]. Journal of Composite Materials, 1968, 2(3):380 - 404.

[20]　ROSEN B W, HASHIN Z. Effective thermal expansion coefficients and specific heats of composite materials[J]. International Journal Engineering Science, 1970, 8(2):157 - 173.

[21]　HASHIN Z. Analysis of properties of fiber composites with anisotropic constitutents[J]. Journal Applied Mechanics, 1979, 46:542 - 550.

[22] CHAMIS C C. Simplified composite micromechanics equations for hygral, thermal and mechanical properties[J]. Sampe Quarterly, 1984, 15(3):14 - 23.

[23] BOWLES D E, TOMPKINS S S. Prediction of coefficients of thermal expansion for unidirectional composites[J]. Journal of Composite Materials. 1989, 23(4): 270 - 388.

[24] ZHOU L C, SUN X H, CHEN M W, et al. Multiscale modeling and theoretical prediction for the thermal conductivity of porous plain-woven carbonized silica/phenolic composites[J]. Composite Structures, 2019, 215: 278 - 288.

[25] PILLING M W, YATES B, BLACK M A, et al. The thermal conductivity of carbon fibre-reinforced composites [J]. Journal of Materials Science, 1970 (14): 1326-1338.

[26] CLAYTON W. Constituent and composite thermal conductivities of phenolic-carbon and phenolic-graphite ablators[C]//12th Structures, Structural Dynamics and Materials Conference. Anaheim: AIAA Inc. ,1971.

[27] HASHIN Z. The differential scheme and its application to cracked materials[J]. Journal of the Mechanics and Physics of Solids, 1988, 36: 719 - 734.

[28] SCHAPERY R A. Thermal expansion coefficients of composite materials based on energy principles[J]. J Compos Mater, 1968, 2(3):380 - 404.

[29] 魏悦广,杨卫.单向纤维增强复合材料的压缩弹塑性微屈曲[J].航空学报,1992(7):388 - 393.

[30] 梁军,方国东.三维编织复合材料力学性能分析方法[M].哈尔滨:哈尔滨工业大学出版社,2014.

[31] 沈观林,胡更开.复合材料力学[M].北京:清华大学出版社,2010.

第4章 三维编织复合材料 力学性能分析方法

4.1 引　言

对于三维编织结构复合材料来说,性能预报是材料研制开发的重要环节,三维编织结构复合材料的研制周期长、成本高,因此,在材料研制和结构设计初期充分地进行材料性能预报进而指导材料的编织结构设计是非常必要的。与单向复合材料相比,三维编织复合材料细观结构更加复杂,纤维增强相的分布和形态不容易确定,宏观力学性能表现出显著的各向异性,应力和应变场分布不均匀。由于编织结构复杂,目前对于三维编织复合材料的性能预报尚没有成熟的理论模型,在简化编织结构和力学模型的基础上,根据材料编织结构的周期性特点,通常选取代表性体积单胞模型进行细观力学分析,依据组分材料的性能,得出三维编织复合材料的整体宏观性能。

随着三维编织复合材料的发展和应用,出现了许多三维编织复合材料力学性能预报的方法和模型,主要可以分为两大类,即理论分析法和数值法。在发展初期,理论分析法占主导地位,主要是通过简化编织结构,利用层合板理论和等效夹杂理论进行分析,代表性的方法有刚度体积平均化方法。随着计算机技术的发展,以有限元法为代表的数值分析方法成为研究三维编织复合材料力学性能的主要手段,特别是结合能量法、均匀化方法和顺序多尺度方法,可以实现较高精度的预报。

刚度体积平均法主要是基于经典层合板理论,将不同方向的纤维束看作是具有一定倾斜角度的单层板,忽略单层板之间的交叉影响,根据单层板的方向和厚度,通过等应力和等应变假设对纤维束的刚度性能进行体积平均,从而得到编织复合材料的等效弹性性能。研究人员利用刚度平均化方法研究了三维编织复合材料的刚度预报问题。利用刚度体积平均法,还预报了三维编织复合材料的等效热膨胀系数。刚度平均法计算简单、效率也较高,根据等应力假设得到弹性性能的下限,根据等应变假设得到弹性性能的上限。但是,刚度平均化方法主要考虑了纤维束方向的影响,忽略了纤维束和基体之间的相互作用,因而预报精度有限。

夹杂方法利用一个平均场方法预报复合材料的弹性性能,这种方法避免了刚度体积平均方法基于等应力和等应变假设的缺点,能够对复合材料的刚度和失效进行准确的预报,但是不能考虑详细的几何结构,难以用于三维编织复合材料复杂编织结构分析。

能量法的基本思想是利用微结构和均质等效体的关系,通过推导复合材料等效性能与材料微结构变形能量之间的关系,得出复合材料的等效弹性性能的能量表达式。张卫红等推导了微结构变形与复合材料等效性能的关系,最早开展了利用能量法进行复合材料拓扑优化设计的研究。对于复杂编织结构,很难获得等效弹性性能的能量解析式,通常需要结合有限元等数值方法实施。研究人员分别利用能量法研究了平纹机织、三维缝合以及三维编织复合材料的弹性性能和热物理性能。

　　近年来,随着计算机技术的飞速发展,采用数值方法对三维编织复合材料的力学性能进行预报成为一种有效的方法。在复合材料有效性能预报方面应用最为普遍的数值方法是有限元法,有限元法的优点在于能够建立反映复合材料较为真实的细观结构特征的几何模型,能够反映内部细观结构相互作用对材料整体性能的影响,不仅能够获得材料的宏观力学性能,也可以获得材料内部的细观应力和应变场。文献等利用细观有限法分别研究了平纹机织、二维编织和三维编织陶瓷基复合材料的力学性能。在进行三维编织复合材料有限元建模时,复杂的纤维空间分布和编织结构导致网格划分困难,为了简化有限元网格划分过程,Chen 等、庞宝君等提出了多相单元法,采用规则的六面体单元对单胞模型进行剖分,可以得到三种单元:基体单元、纤维单元和混合单元。对于混合单元,如果高斯积分点位于基体处,则采用基体的刚度矩阵,反之则采用纤维的刚度矩阵。多相单元法可以有效简化复杂编织结构的网格划分过程。

　　20 世纪 70 年代 Benssousan 和 Sanchez-Palenci 提出的均匀化理论,以摄动理论为基础,将物理量表示为宏观坐标和微观坐标的函数,给出了具有周期性非均匀结构的复合材料有效性能的均匀化方程,可以详尽地考虑材料的细观结构,实现对三维编织复合材料有效性能的高精度预报。B. Hassani 等详细阐述了均匀化过程、数值解法与拓扑优化,得到了许多有价值的计算公式和结论。刘书田和程耿东等对均匀化过程进行了详细的分析,并运用它解决了具有周期性分布复合材料的热膨胀问题及功能梯度材料的优化设计问题。研究人员分别利用均匀化方法预报了三维编织复合材料等效弹性模量,利用均匀化方法预报了三维编织复合材料的热膨胀系数和热传导系数。

　　三维编织复合材料具有多层级、多尺度的特点:宏观上将其视作均质材料,从细观角度看,它是由纤维束和基体组成的,从微观角度看,纤维束是由数千根纤维丝和基体复合而成的。因此,可以采用多尺度分析方法进行性能预报。首先通过纤维丝和基体性能预报纤维束性能,然后利用纤维束性能预报三维编织复合材料的宏观性能,这种通过不同尺度之间物理量的逐级等效方法也称作顺序多尺度方法,有别于不同尺度之间耦合的协同多尺度方法。顺序多尺度方法可以采用多步均匀化方法或者多步有限元法实现,基于顺序多尺度方法,预报了三维编织复合材料的等效弹性性能,预报了三维编织复合材料的强度性能。张洁皓等建立了微观-介观-宏观的多尺度分析方法,利用纤维丝尺度单胞模型预测得到纤维束强度,利用纤维束性能和介观尺度单胞模型预测得到平纹编织复合材料宏观等效力学性能,最后利用宏观等效性能参数,研究了平纹编织复合材料板在低速冲击载荷条件下的力学响应和宏观损伤特征。

　　利用数值方法对三维编织复合材料的力学性能进行预报时,需要建立反映材料真实结构特点的单胞几何模型,几何模型包含纤维束截面形状、纤维束空间路径以及不同纤维束之间的几何关系等的确定。在单胞几何建模过程中,根据三维编织复合材料的不同,可以将纤维束截面假设为四边形、六边形、八边形、椭圆形、圆形以及菱形等。有些学者考虑了纤维束空间随机分布、纤维束扭曲的影响。近年来,借助于先进的 μ – CT 显微技术和计算机图像处理技术可以获得包括纤维空间分布以及空隙缺陷在内的详细微结构信息,从而实现三维编织材料的高逼真三维重构。

本章主要介绍目前常用的三维编织复合材料性能预报的方法:刚度平均化方法、能量法、细观有限元法、均匀化方法和多尺度方法。

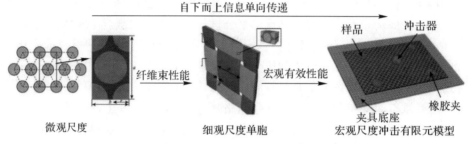

图 4.1　微观-细观-宏观多尺度模型

4.2　刚度平均化方法

基于等应变和等应力假设,把不同组分材料的应力项和应变项分别分成 2 组,3 个等应变项和 3 个等应力项,即

$$\{\sigma\}_k = \{\{\sigma_n\}\{\sigma_s\}\}^T \tag{4.1a}$$

$$\{\varepsilon\}_k = \{\{\varepsilon_n\}\{\varepsilon_s\}\}^T \tag{4.1b}$$

式中:n——等应变项;

　　s——等应力项;

　　k——不同的组分材料(纤维束和基体)。

从而组分材料的刚度矩阵相应分为 4 个 3 × 3 矩阵项,即

$$[C]_k = \begin{bmatrix} [C_{nn}]_k & [C_{ns}]_k \\ [C_{sn}]_k & [C_{ss}]_k \end{bmatrix} \tag{4.2}$$

式中:$[C_{ns}]_k = [C_{sn}]_k$。

所以组分材料的本构方程可以写为等应变项和等应力项的组合形式,即

$$\{\sigma_n\}_k = [C_{nn}]_k\{\varepsilon_n\}_k + [C_{ns}]_k\{\varepsilon_s\}_k \tag{4.3}$$

$$\{\sigma_s\}_k = [C_{sn}]_k\{\varepsilon_n\}_k + [C_{ss}]_k\{\varepsilon_s\}_k \tag{4.4}$$

组分材料刚度平均化后得到整体材料的应力和应变为

$$\{\widetilde{\sigma_s}\} = \{\sigma_s\}_k \tag{4.5a}$$

$$\{\widetilde{\varepsilon_n}\} = \{\varepsilon_n\}_k \tag{4.5b}$$

$$\{\widetilde{\varepsilon_s}\} = \sum f_k\{\varepsilon_s\}_k \tag{4.5c}$$

$$\{\widetilde{\sigma_n}\} = \sum f_k\{\sigma_n\}_k \tag{4.5d}$$

式中：$\widetilde{\sigma_s},\widetilde{\varepsilon_n}$——整体应力的等应力部分和整体应变的等应变部分；

$\qquad\widetilde{\sigma_n},\widetilde{\varepsilon_s}$——整体应力的非等应力部分和整体应变的非等应变部分；

$\qquad f_k$——组分材料的体积分数，有 $\sum f_k=1$。

利用式（4.4），可得

$$\{\varepsilon_s\}_k=[C_{ss}]_k^{-1}\{\sigma_s\}_k-[C_{ss}]_k^{-1}[C_{sn}]_k\{\varepsilon_n\}_k \tag{4.6}$$

把式（4.6）代入式（4.3），可得

$$\{\sigma_n\}_k=([C_{nn}]_k-[C_{ns}]_k[C_{ss}]_k^{-1}[C_{sn}]_k)\{\varepsilon_n\}_k+[C_{ns}]_k[C_{ss}]_k^{-1}\{\sigma_s\}_k \tag{4.7}$$

把式（4.6）和式（4.7）代入式（4.5），可得

$$\{\widetilde{\sigma_n}\}=[C_1]\{\varepsilon_n\}_k+[C_2]\{\sigma_s\}_k \tag{4.8}$$

$$\{\widetilde{\varepsilon_s}\}=[C_3]\{\sigma_s\}_k+[C_4]\{\varepsilon_n\}_k \tag{4.9}$$

其中：

$$
\begin{aligned}
[C_1]&=\sum f_k([C_{nn}]_k-[C_{ss}]_k[C_{ss}]_k^{-1}[C_{sn}]_k)\\
[C_2]&=\sum f_k[C_{ss}]_k[C_{ss}]_k^{-1}\\
[C_3]&=\sum f_k[C_{ss}]_k^{-1}\\
[C_4]&=-\sum f_k[C_{ss}]_k^{-1}[C_{sn}]_k
\end{aligned}
\tag{4.10}
$$

由式（4.6）和式（4.7）得到平均化后整体材料的刚度矩阵为

$$[\widetilde{C}]=\begin{bmatrix}\widetilde{C}_{nn}&\widetilde{C}_{ns}\\\widetilde{C}_{sn}&\widetilde{C}_{ss}\end{bmatrix}=\begin{bmatrix}[C_1]-[C_2][C_3]^{-1}[C_4]&[C_2][C_3]^{-1}\\-[C_3]^{-1}[C_4]&[C_3]^{-1}\end{bmatrix} \tag{4.11}$$

4.3 能 量 法

能量法的基本思想是：利用微结构和均质等效体的关系，通过推导复合材料等效性能与材料微结构变形能量的关系，得出复合材料的等效性能的能量表达式。

图 4.2 为一细观不均匀的微结构，该结构由两种材料构成（不同颜色代表不同的材料），深灰色材料的弹性模量为 E_1，热膨胀系数为 α_1，分布的区域为 Ω_1，白色材料的弹性模量 E_2，热膨胀系数为 α_2，分布区域为 Ω_2。对于周期性复合材料，其微观尺度上不均匀的微结构在宏观上可以等效为均质等效体。如图 4.2 所示，均质等效体的弹性矩阵为 $\boldsymbol{D}^H$，热膨胀矩阵为 $\boldsymbol{\alpha}^H$。

均质等效体的应力、应变分别等于微结构应力、应变的体积平均，即

$$\bar{\sigma}=1/V\int_\Omega\sigma\,\mathrm{d}\Omega \tag{4.12}$$

$$\bar{\varepsilon}=1/V\int_\Omega\varepsilon\,\mathrm{d}\Omega \tag{4.13}$$

式中：V——微结构的体积。

如果不考虑温度变化，则平均应力和平均应变之间满足本构关系：

$$\overline{\sigma} = \boldsymbol{D}^{H} \overline{\varepsilon} \tag{4.14}$$

式中：$\boldsymbol{D}^{H}$——复合材料的等效弹性矩阵。对于三维正交各向异性微结构，$\boldsymbol{D}^{H}$可以进一步表达为如下形式：

$$\boldsymbol{D}^{H} = \begin{bmatrix} D_{1111}^{H} & D_{1122}^{H} & D_{1133}^{H} & 0 & 0 & 0 \\ D_{1122}^{H} & D_{2222}^{H} & D_{2233}^{H} & 0 & 0 & 0 \\ D_{1133}^{H} & D_{2233}^{H} & D_{3333}^{H} & 0 & 0 & 0 \\ 0 & 0 & 0 & D_{1212}^{H} & 0 & 0 \\ 0 & 0 & 0 & 0 & D_{2323}^{H} & 0 \\ 0 & 0 & 0 & 0 & 0 & D_{3131}^{H} \end{bmatrix} \tag{4.15}$$

微结构的弹性应变能为

$$E = \int_{\Omega} \frac{1}{2} (\sigma_{11}\varepsilon_{11} + \sigma_{22}\varepsilon_{22} + \sigma_{33}\varepsilon_{33} + \sigma_{12}\varepsilon_{12} + \sigma_{23}\varepsilon_{23} + \sigma_{31}\varepsilon_{31}) \, \mathrm{d}\Omega \tag{4.16}$$

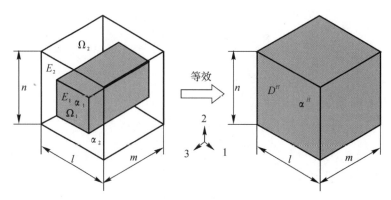

图 4.2　微结构示意图

均匀边界载荷条件（力边界或位移边界）下，复合材料微结构和均质等效体的弹性应变能是相等的，因此微结构的弹性应变能可以用均质等效体的弹性应变能来表达：

$$\begin{aligned} E &= \int_{\Omega} \frac{1}{2} (\sigma_{11}\varepsilon_{11} + \sigma_{22}\varepsilon_{22} + \sigma_{33}\varepsilon_{33} + \sigma_{12}\varepsilon_{12} + \sigma_{23}\varepsilon_{23} + \sigma_{31}\varepsilon_{31}) \, \mathrm{d}\Omega \\ &= \frac{1}{2} (\overline{\sigma}_{11}\overline{\varepsilon}_{11} + \overline{\sigma}_{22}\overline{\varepsilon}_{22} + \overline{\sigma}_{33}\overline{\varepsilon}_{33} + \overline{\sigma}_{12}\overline{\varepsilon}_{12} + \overline{\sigma}_{23}\overline{\varepsilon}_{23} + \overline{\sigma}_{31}\overline{\varepsilon}_{31}) V \end{aligned} \tag{4.17}$$

利用式(4.14)和式(4.17)，通过给定微结构特定的应变场工况边界条件计算出微结构单位体积的应变能，再根据应变能计算得到微结构的等效弹性性能常数。以图4.2所示的微结构为例，依次给出9种应变场工况边界条件，求解复合材料微结构的等效弹性性能。

1. 工况1

微结构位移边界条件如图4.3所示。微结构相应的平均应变为$\overline{\boldsymbol{\varepsilon}}^{(1)} = \begin{bmatrix} 1 & 0 & 0 & 0 & 0 & 0 \end{bmatrix}^{T}$，上标(1)代表工况编号，由式(4.14)可以求得微结构的平均应力$\overline{\boldsymbol{\sigma}}^{(1)} = \begin{bmatrix} D_{1111}^{H} & D_{1122}^{H} & D_{1133}^{H} & 0 & 0 & 0 \end{bmatrix}^{T}$，将平均应变和平均应力代入式(4.17)可得微结构的应变能为

$$E^{(1)} = \frac{1}{2}\boldsymbol{\bar{\sigma}}^{(1)}\boldsymbol{\bar{\varepsilon}}^{(1)}V = \frac{1}{2}D^{\mathrm{H}}_{1111}V \tag{4.18}$$

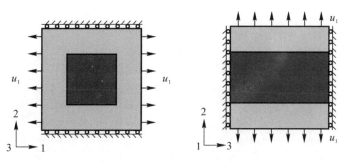

图 4.3　工况 1 作用下的微结构

2. 工况 2

微结构位移边界条件如图 4.4 所示。微结构相应的平均应变为 $\boldsymbol{\bar{\varepsilon}}^{(2)} = \begin{bmatrix} 0 & 1 & 0 & 0 & 0 & 0 \end{bmatrix}^{\mathrm{T}}$。由式（4.14）可以求得微结构相应的平均应力 $\boldsymbol{\bar{\sigma}}^{(2)} = \begin{bmatrix} D^{\mathrm{H}}_{1122} & D^{\mathrm{H}}_{2222} & D^{\mathrm{H}}_{2233} & 0 & 0 & 0 \end{bmatrix}^{\mathrm{T}}$，将平均应力和平均应变代入式(4.17)可得微结构的应变能为

$$E^{(2)} = \frac{1}{2}\boldsymbol{\bar{\sigma}}^{(2)}\boldsymbol{\bar{\varepsilon}}^{(2)}V = \frac{1}{2}D^{\mathrm{H}}_{2222}V \tag{4.19}$$

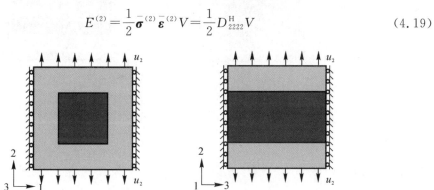

图 4.4　工况 2 作用下的微结构

3. 工况 3

微结构位移边界条件如图 4.5 所示。微结构的平均应变为 $\boldsymbol{\bar{\varepsilon}}^{(3)} = \begin{bmatrix} 0 & 0 & 1 & 0 & 0 & 0 \end{bmatrix}^{\mathrm{T}}$。由式（4.14）可以求得微结构相应的平均应力 $\boldsymbol{\bar{\sigma}}^{(3)} = \begin{bmatrix} D^{\mathrm{H}}_{1133} & D^{\mathrm{H}}_{2233} & D^{\mathrm{H}}_{3333} & 0 & 0 & 0 \end{bmatrix}^{\mathrm{T}}$，将平均应力和平均应变代入式(4.17)可以得到微结构的应变能为

$$E^{(3)} = \frac{1}{2}\boldsymbol{\bar{\sigma}}^{(3)}\boldsymbol{\bar{\varepsilon}}^{(3)}V = \frac{1}{2}D^{\mathrm{H}}_{3333}V \tag{4.20}$$

4. 工况 4

微结构位移边界条件如图 4.6 所示。微结构相应的平均应变为 $\boldsymbol{\bar{\varepsilon}}^{(4)} =$

$[0\ 0\ 0\ 1\ 0\ 0]^\mathrm{T}$。由式（4.14）可以求得微结构相应的平均应力 $\bar{\boldsymbol{\sigma}}^{(4)} =$ $[0\ 0\ 0\ D_{1212}^\mathrm{H}\ 0\ 0]^\mathrm{T}$，将平均应变和平均应力代入式(4.17)可以得到微结构的应变能为

$$E^{(4)} = \frac{1}{2}\bar{\boldsymbol{\sigma}}^{(4)}\bar{\boldsymbol{\varepsilon}}^{(4)}V = \frac{1}{2}D_{1212}^\mathrm{H}V \qquad (4.21)$$

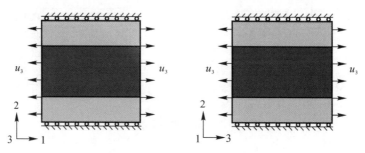

图 4.5　工况 3 作用下的微结构

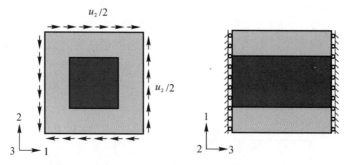

图 4.6　工况 4 作用下的微结构

5.工况 5

微结构的位移边界条件如图 4.7 所示。微结构相应的平均应变为 $\bar{\boldsymbol{\varepsilon}}^{(5)} =$ $[0\ 0\ 0\ 0\ 1\ 0]^\mathrm{T}$。由式（4.14）可以求得微结构相应的平均应力 $\bar{\boldsymbol{\sigma}}^{(5)} =$ $[0\ 0\ 0\ 0\ D_{2323}^\mathrm{H}\ 0]^\mathrm{T}$，将平均应变和平均应力代入式(4.17)可以得到微结构的应变能为

$$E^{(5)} = \frac{1}{2}\bar{\boldsymbol{\sigma}}^{(5)}\bar{\boldsymbol{\varepsilon}}^{(5)}V = \frac{1}{2}D_{2323}^\mathrm{H}V \qquad (4.22)$$

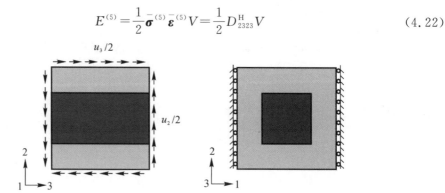

图 4.7　工况 5 作用下的微结构

6. 工况 6

微结构位移边界条件如图 4.8 所示。微结构相应的平均应变为 $\bar{\boldsymbol{\varepsilon}}^{(6)} =$ $[0\ \ 0\ \ 0\ \ 0\ \ 0\ \ 1]^{\mathrm{T}}$。由式（4.14）可以求得微结构相应的平均应力 $\bar{\boldsymbol{\sigma}}^{(6)} =$ $[0\ \ 0\ \ 0\ \ 0\ \ 0\ \ D_{3131}^{\mathrm{H}}]^{\mathrm{T}}$，将平均应变和平均应力代入式(4.17)可得微结构的应变能为

$$E^{(6)} = \frac{1}{2}\bar{\boldsymbol{\sigma}}^{(6)}\bar{\boldsymbol{\varepsilon}}^{(6)}V = \frac{1}{2}D_{3131}^{\mathrm{H}}V \tag{4.23}$$

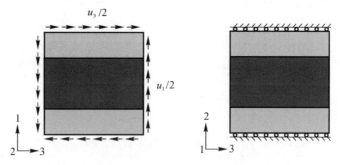

图 4.8　工况 6 作用下的微结构

7. 工况 7

微结构位移边界条件如图 4.9 所示。微结构相应的平均应变为 $\bar{\boldsymbol{\varepsilon}}^{(7)} =$ $[1\ \ 1\ \ 0\ \ 0\ \ 0\ \ 0]^{\mathrm{T}}$。由式（4.17）可以求得微结构的平均应力 $\bar{\boldsymbol{\sigma}}^{(7)} =$ $[D_{1111}^{\mathrm{H}}+D_{1122}^{\mathrm{H}}\quad D_{1122}^{\mathrm{H}}+D_{2222}^{\mathrm{H}}\quad D_{1133}^{\mathrm{H}}+D_{2233}^{\mathrm{H}}\quad 0\ \ 0\ \ 0]^{\mathrm{T}}$，将平均应力和平均应变代入式(4.17)可得微结构的应变能为

$$E^{(7)} = \frac{1}{2}\bar{\boldsymbol{\sigma}}^{(7)}\bar{\boldsymbol{\varepsilon}}^{(7)}V = \frac{1}{2}(D_{1111}^{\mathrm{H}}+D_{1122}^{\mathrm{H}}+D_{2222}^{\mathrm{H}})V \tag{4.24}$$

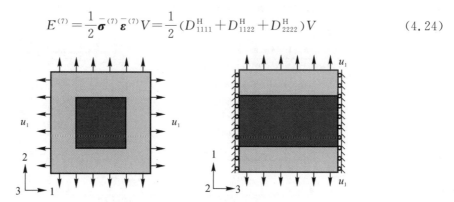

图 4.9　工况 7 作用下的微结构

8. 工况 8

微结构的位移边界条件如图 4.10 所示。微结构相应的平均应变为 $\bar{\boldsymbol{\varepsilon}}^{(8)} =$

$[0\ \ 1\ \ 1\ \ 0\ \ 0\ \ 0]^{\mathrm{T}}$。由式（4.14）可以求得微结构相应的平均应力 $\overline{\boldsymbol{\sigma}}^{(8)} =$
$[D_{1122}^{\mathrm{H}}+D_{1133}^{\mathrm{H}} \quad D_{2222}^{\mathrm{H}}+D_{2233}^{\mathrm{H}} \quad D_{2233}^{\mathrm{H}}+D_{3333}^{\mathrm{H}} \quad 0 \quad 0 \quad 0]^{\mathrm{T}}$，将平均应变和平均应力代入式
(4.17)可得微结构的应变能为

$$E^{(8)} = \frac{1}{2}\overline{\boldsymbol{\sigma}}^{(8)}\overline{\boldsymbol{\varepsilon}}^{(8)}V = \frac{1}{2}(D_{2222}^{\mathrm{H}}+D_{2233}^{\mathrm{H}}+D_{3333}^{\mathrm{H}})V \qquad (4.25)$$

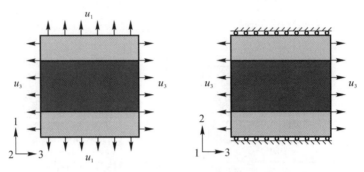

图 4.10　工况 8 作用下的微结构

9. 工况 9

微结构的位移边界条件如图 4.11 所示。微结构相应的平均应变为 $\overline{\boldsymbol{\varepsilon}}^{(9)} =$
$[1\ \ 0\ \ 1\ \ 0\ \ 0\ \ 0]^{\mathrm{T}}$。由式（4.14）可以求得微结构相应的平均应力 $\overline{\boldsymbol{\sigma}}^{(9)} =$
$[D_{1111}^{\mathrm{H}}+D_{1133}^{\mathrm{H}} \quad D_{1122}^{\mathrm{H}}+D_{2233}^{\mathrm{H}} \quad D_{1133}^{\mathrm{H}}+D_{3333}^{\mathrm{H}} \quad 0 \quad 0 \quad 0]^{\mathrm{T}}$，将平均应变和平均应力代入式
(4.17)可得微结构的应变能为

$$E^{(9)} = \frac{1}{2}\overline{\boldsymbol{\sigma}}^{(9)}\overline{\boldsymbol{\varepsilon}}^{(9)}V = \frac{1}{2}(D_{1111}^{\mathrm{H}}+D_{1133}^{\mathrm{H}}+D_{3333}^{\mathrm{H}})V \qquad (4.26)$$

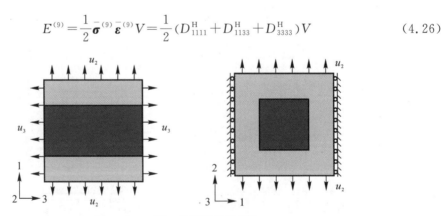

图 4.11　工况 9 作用下的微结构

通过上述 9 种特定工况下的微结构应变能表达式，可求得微结构的等效弹性矩阵 $\boldsymbol{D}^{\mathrm{H}}$
的表达式如下：

$$\boldsymbol{D}^{\mathrm{H}} = \begin{bmatrix} \dfrac{2E^{(1)}}{V} & \dfrac{E^{(7)}-E^{(2)}-E^{(1)}}{V} & \dfrac{E^{(9)}-E^{(3)}-E^{(1)}}{V} & 0 & 0 & 0 \\[2mm] & \dfrac{2E^{(2)}}{V} & \dfrac{E^{(8)}-E^{(3)}-E^{(2)}}{V} & 0 & 0 & 0 \\[2mm] & & \dfrac{2E^{(3)}}{V} & 0 & 0 & 0 \\[2mm] & & & \dfrac{2E^{(4)}}{V} & 0 & 0 \\[2mm] & & & & \dfrac{2E^{(5)}}{V} & 0 \\[2mm] 对称 & & & & & \dfrac{2E^{(6)}}{V} \end{bmatrix} \tag{4.27}$$

4.4　细观有限元方法

复合材料的等效弹性模量的定义如下。

假定复合材料中纤维和基体的细观应力场为 $\boldsymbol{\sigma}_{ij}$，应变场为 $\boldsymbol{\varepsilon}_{ij}$，按体积平均值

$$\overline{\boldsymbol{\sigma}} = \frac{1}{V}\int_V [\boldsymbol{\sigma}_{ij}]\mathrm{d}V \tag{4.28}$$

$$\overline{\boldsymbol{\varepsilon}} = \frac{1}{V}\int_V [\boldsymbol{\varepsilon}_{ij}]\mathrm{d}V \tag{4.29}$$

$$\overline{\boldsymbol{\sigma}} = \boldsymbol{D}\overline{\boldsymbol{\varepsilon}} \tag{4.30}$$

$\boldsymbol{D}$ 即为此复合材料的等效弹性模量，它是一个对称的方阵。通过有限元方法求出纤维束和基体中应力和应变的体积平均值，就可以得到复合材料的等效刚度矩阵。三维编织复合材料的细观编织结构一般具有周期性的特点，国内外通常选取周期性单胞模型进行宏观力学性能的分析。

基于细观有限元方法预报三维编织复合材料的等效刚度，主要包含以下几个步骤：

(1)有限元模型。分析三维编织复合材料微结构和周期性特点，选用适当的代表性体积单胞模型，模型包含纤维束、基体和界面等，并划分网格。

(2)材料参数。按照不同材料的性能参数，将材料属性输入到单胞模型中相应的纤维束、基体和界面组分中。

(3)边界条件。对单胞模型施加周期性边界条件，周期性边界条件的详细介绍见 4.6 节。

(4)有限元线弹性分析。得到单胞组分的细观应力场 σ_{ij} 和应变场 ε_{ij}。

(5)利用式(4.28)～式(4.30)，得到单胞模型的等效应力 $\boldsymbol{\sigma}$、应变 $\boldsymbol{\varepsilon}$ 和刚度矩阵 $\boldsymbol{D}$，根据刚度矩阵得到柔度矩阵，根据柔度矩阵和弹性常数关系得到材料的弹性常数。

以单向纤维复合材料的单胞模型 x 方向的弹性模量 E_x 为例，如图 4.12 所示。

在单胞模型 x 方向的两个面上施加如下边界条件：

$$\left.\begin{array}{l} u_x(L_x,y,z)-u_x(0,y,z)=L_x\varepsilon_x \\ u_y(L_x,y,z)-u_y(0,y,z)=0 \\ u_z(L_x,y,z)-u_z(0,y,z)=0 \end{array}\right\} \tag{4.31}$$

在单胞模型的 y 方向的两个面上,施加如下边界条件:

$$\left.\begin{array}{l} u_x(x,L_y,z)-u_x(x,0,z)=0 \\ u_y(x,L_y,z)-u_y(x,0,z)=\Delta u_y \\ u_z(x,L_y,z)-u_z(x,0,z)=0 \end{array}\right\} \tag{4.32}$$

在单胞模型的 z 方向的两个面上,施加如下边界条件:

$$\left.\begin{array}{l} u_x(x,y,L_z)-u_x(x,y,0)=0 \\ u_y(x,y,L_z)-u_y(x,y,0)=0 \\ u_z(x,y,L_z)-u_z(x,y,0)=\Delta u_z \end{array}\right\} \tag{4.33}$$

式中: $u_x(L_x,y,z)$——(L_x,y,z)面上 x 方向的位移;

$\quad\quad u_y(L_x,y,z)$——(L_x,y,z)面上 y 方向的位移;

$\quad\quad u_z(x,y,z)$——(L_x,y,z)面上 z 方向的位移;

$\quad\quad [\varepsilon_x \quad 0 \quad 0]$——施加在 x 方向上的单向应变载荷。

在商业有限元软件中,通过多点约束耦合方程(MPC)的方式实现该周期边界条件和外载荷,载荷施加在周期边界条件的参考点上。

当在 (L_x,y,z) 面上施加 $u_x(L_x,y,z)$ 载荷时,有限元计算得到参考点处总的反作用力,除以施加面的面积得到加载应力 $[\sigma_x \quad 0 \quad 0]$,同时,从有限元结果中得到整体应变分量平均 $[\varepsilon_x \quad \varepsilon_{xy} \quad \varepsilon_{xz}]$,从而得到弹性模量、泊松比:

$$\left.\begin{array}{l} E_x=\sigma_x^x/\varepsilon_x^x \\ v_{xz}=-\varepsilon_z^x/\varepsilon_x^x \\ v_{xy}=-\varepsilon_y^x/\varepsilon_x^x \end{array}\right\} \tag{4.34}$$

同理,分别对单胞模型施加其余方向的载荷,就可以得到其余的弹性模量和剪切模量。

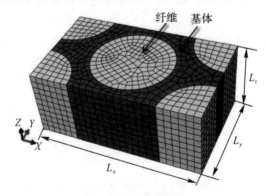

图 4.12　单胞模型

4.5　多相有限元法

三维编织复合材料由纤维束和基体组成,在对三维编织复合材料进行有限元分析时,认为纤维束是横观各向同性材料,基体为各向同性材料。而纤维不规则的截面和复杂的空间走向给网格划分带来巨大挑战,采用多相有限元法可以很好地处理网格问题。多相有限元法又称非均匀有限元法,其主要特点是在有限元建模时,不必考虑组分材料的分布情况,组分材料的性能取决于计算过程中单元内积分点的位置,也就是说在划分网格时,不必区分纤维束和基体,单元内积分点落在纤维束上就取纤维束的性能,落在基体上,就取基体的性能。这样既考虑了组分材料的力学性能又控制了网格的数量。图 4-13 为多相有限元法的单元示意图。

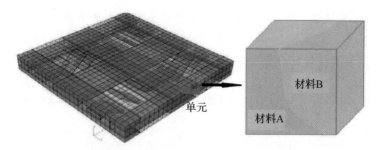

图 4.13　多相有限元法的单元示意图

在有限元计算过程中,需要先对连续介质空间进行离散化处理以便构建合适的形函数,这样就能使得连续介质空间内任意一点的位移都可以用形函数和离散化的节点位移表示,单个单元内任意一点的位移可以表示为

$$\boldsymbol{u}=\boldsymbol{N}\boldsymbol{a}^{\mathrm{e}} \tag{4.35}$$

式中:$\boldsymbol{u}=\begin{bmatrix}u(x,y,z) & v(x,y,z) & w(x,y,z)\end{bmatrix}^{\mathrm{T}}$,位移向量;

　　$\boldsymbol{N}=\begin{bmatrix}\boldsymbol{N}_1 & \boldsymbol{N}_2 & \cdots & \boldsymbol{N}_n\end{bmatrix}$,形函数矩阵;

　　$\boldsymbol{a}^{\mathrm{e}}=\begin{bmatrix}\boldsymbol{a}_1 & \boldsymbol{a}_2 & \boldsymbol{a}_3 & \cdots & \boldsymbol{a}_n\end{bmatrix}^{\mathrm{T}}$——节点位移向量。

弹性问题的有限元求解方程可以表示为

$$\boldsymbol{K}\boldsymbol{a}=\boldsymbol{Q} \tag{4.36}$$

式中:$\boldsymbol{K}=\displaystyle\sum_e k^{\mathrm{e}}$——总体刚度矩阵;

　　$\boldsymbol{Q}=\displaystyle\sum_e \boldsymbol{Q}^{\mathrm{e}}$——总体节点载荷向量。

其中每一个单元的刚度矩阵和节点向量可以表示为

$$\left.\begin{aligned}\boldsymbol{K}^{\mathrm{e}}&=\int_{V_e}\boldsymbol{B}^{\mathrm{T}}\boldsymbol{D}\boldsymbol{B}\,\mathrm{d}V\\[6pt]\boldsymbol{Q}^{\mathrm{e}}&=\int_{S_\sigma^e}\boldsymbol{N}^{\mathrm{T}}\boldsymbol{T}\,\mathrm{d}V\end{aligned}\right\} \tag{4.37}$$

式中:$\boldsymbol{B}$——应变转换矩阵;

　　$\boldsymbol{D}$——单元刚度矩阵中的材料刚度矩阵;

　　$\boldsymbol{T}$——力向量。

其中,$\boldsymbol{D}$ 为关于空间坐标位置的函数,表达式如下:

$$\boldsymbol{D}=\boldsymbol{D}(x,y,z)=\begin{cases}\boldsymbol{D}_{\mathrm{f}}(x,y,z),\text{当}(x,y,z)\in\varGamma_{\mathrm{f}}\text{ 时}\\\boldsymbol{D}_{\mathrm{m}}(x,y,z),\text{当}(x,y,z)\in\varGamma_{\mathrm{m}}\text{ 时}\end{cases} \tag{4.38}$$

式中：$\boldsymbol{D}_f(x,y,z)$——纤维束的刚度矩阵；

$\qquad \boldsymbol{D}_m(x,y,z)$——基体的刚度矩阵；

$\qquad \Gamma_f、\Gamma_m$——纤维束、基体所在的空间区域。

式(4.38)中，根据纤维束和基体的实际分布情况，当单元内的积分点落在纤维束上时，材料的刚度矩阵取纤维束的材料性能，当单元内的积分点落在基体上时，材料的刚度矩阵取基体的材料性能。

采用多相有限元法建立模型划分网格时不必区分纤维束和基体，其力学性能仅在计算过程中进行区分，这就需要编写相应的位置判断程序，根据单胞内纤维束和基体的空间位置，建立方程组以准确描述纤维束和基体的位置信息，这样单胞内任意一个积分点所在的位置都对应着基体或者纤维束，落在纤维束上就取纤维束的力学性能，落在基体上就取基体的力学性能。尽管多相有限元法可以简化有限元网络划分过程，降低单胞几何建模难度，但是对于单胞内纤维束形态的刻画精度较低。

4.6　均匀化方法

渐进均匀化理论是由欧美的应用数学家们发展起来的一套严格的数学理论。20 世纪 70 年代 Benssousan 和 Sanchez-Palencia 提出均匀化理论，之后 Guedes 和 Kikuchi 构造了渐进均匀化方法的有限元列式，将均匀化方法应用于材料等效弹性模量预测方面。由于均匀化理论可以详尽考虑材料的细观结构，因而在复合材料的力学性能研究中发挥着重要的作用。均匀化理论的实质就是假设细观结构是呈均匀性和周期性分布的，也就是整个宏观结构由一个个细观单胞均匀排列组成，用摄动技术把原问题转化为一个细观问题和一个宏观均匀化问题，这样通过分析其中一个细观单胞的构成，进而评价整个材料的宏观性能。

4.6.1　等效刚度的均匀化方程

1. 均匀化刚度系数推导

如图 4.14 所示，复合材料细观结构具有高度非均质性和周期性，使得结构场变量 $\varphi(x)$ 在宏观位置 x 的非常小的邻域 ε 内也有很大变化，并且呈现周期性，即

$$\varphi^\varepsilon(x)=\varphi(x,y+kY),y=x/\varepsilon \text{ 且} \frac{\partial \varphi^\varepsilon}{\partial x}=\frac{\partial \varphi}{\partial x}+\frac{1}{\varepsilon}\frac{\partial \varphi}{\partial y} \qquad (4.39)$$

式中：x——宏观尺度；

$\qquad y$——细观尺度；

$\qquad \varepsilon$——两种尺度之比；

$\qquad Y$——周期函数的周期；

$\qquad k$——整数。

将宏观尺度下的位移 u 展开成关于小参数 ε 的渐近展开式，有

$$u^\varepsilon(x)=u(x,y)=u^{(0)}(x,y)+\varepsilon u^{(1)}(x,y)+\varepsilon^2 u^{(2)}(x,y)+\cdots \qquad (4.40)$$

同理，可将应变展开成关于小参数 ε 的渐进展开式：

$$e_{ij}(u^{\varepsilon}) = \frac{1}{\varepsilon}e_{ij}{}^{(-1)}(x,y) + e_{ij}{}^{(0)}(x,y) + \varepsilon e_{ij}{}^{(1)}(x,y) + \varepsilon^2 + \cdots \tag{4.41}$$

式中:

$$e_{ij}{}^{(-1)}(x,y) = \frac{1}{2}\left(\frac{\partial u_i^{(0)}}{\partial y_j} + \frac{\partial u_i^{(0)}}{\partial y_i}\right) \tag{4.42a}$$

$$e_{ij}{}^{(0)}(x,y) = \frac{1}{2}\left(\frac{\partial u_i^{(0)}}{\partial x_j} + \frac{\partial u_i^{(0)}}{\partial x_i}\right) + \frac{1}{2}\left(\frac{\partial u_i^{(1)}}{\partial y_j} + \frac{\partial u_i^{(1)}}{\partial y_i}\right) \tag{4.42b}$$

$$e_{ij}{}^{(1)}(x,y) = \frac{1}{2}\left(\frac{\partial u_i^{(1)}}{\partial x_j} + \frac{\partial u_i^{(1)}}{\partial x_i}\right) + \frac{1}{2}\left(\frac{\partial u_i^{(2)}}{\partial y_j} + \frac{\partial u_i^{(2)}}{\partial y_i}\right) \tag{4.42c}$$

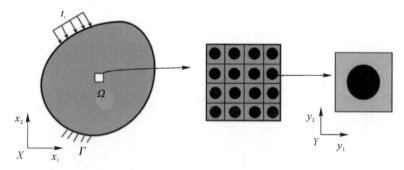

图 4.14　周期性细观结构示意图

由本构关系得应力为

$$\begin{aligned}
\sigma_{ij}{}^{(\varepsilon)} &= C_{ijkl}{}^{(\varepsilon)}e_{kl} \\
&= \frac{1}{\varepsilon}C_{ijkl}{}^{(\varepsilon)}e_{kl}{}^{(-1)}(x,y) + C_{ijkl}{}^{(\varepsilon)}e_{kl}{}^{(0)}(x,y) + \varepsilon C_{ijkl}{}^{(\varepsilon)}e_{kl}{}^{(1)}(x,y) + \cdots \\
&= \frac{1}{\varepsilon}\sigma_{ij}{}^{(-1)}(x,y) + \sigma_{ij}{}^{(0)}(x,y) + \varepsilon\sigma_{ij}{}^{(1)}(x,y) + \cdots
\end{aligned} \tag{4.43}$$

则应力-应变关系可以表示为

$$\sigma_{ij}{}^{(n)}(x,y) = C_{ijkl}\varepsilon e_{kl}{}^{(n)} \quad (n = -1,0,1) \tag{4.44}$$

由式(4.42)和式(4.44)得到

$$\left.\begin{aligned}
\sigma_{ij}{}^{(-1)}(x,y) &= C_{ijkl}\varepsilon\frac{\partial u_k^{(0)}}{\partial y_l} \\
\sigma_{ij}{}^{(0)}(x,y) &= C_{ijkl}\varepsilon\left(\frac{\partial u_k^{(0)}}{\partial x_l} + \frac{\partial u_k^{(1)}}{\partial y_l}\right) \\
\sigma_{ij}{}^{(1)}(x,y) &= C_{ijkl}\varepsilon\left(\frac{\partial u_k^{(1)}}{\partial x_l} + \frac{\partial u_k^{(2)}}{\partial y_l}\right)
\end{aligned}\right\} \tag{4.45}$$

考虑到三维线弹性问题的控制方程:

$$\begin{aligned}
\sigma_{ij,j} + f_i &= 0, &&\text{在 } \Omega \text{ 内} \\
\sigma_{ij}n_j &= T_i, &&\text{在边界 } \Gamma_\sigma \text{ 处} \\
u_i &= \bar{u}_i, &&\text{在边界 } \Gamma_u \text{ 处}
\end{aligned} \tag{4.46}$$

将式(4.44)代入控制方程,得到关于 ε 幂的方程

$$\varepsilon^{(-2)} \frac{\partial \sigma_{ij}^{(-1)}}{\partial y_j} + \varepsilon^{(-1)} \left(\frac{\partial \sigma_{ij}^{(-1)}}{\partial x_j} + \frac{\partial \sigma_{ij}^{(0)}}{\partial y_j} \right) + \varepsilon^{(0)} \left(\frac{\partial \sigma_{ij}^{(0)}}{\partial x_j} + \frac{\partial \sigma_{ij}^{(1)}}{\partial y_j} + f_i \right) +$$

$$\varepsilon^{(1)} \left(\frac{\partial \sigma_{ij}^{(1)}}{\partial x_j} + \frac{\partial \sigma_{ij}^{(2)}}{\partial y_j} \right) + \varepsilon^{(2)} + \cdots = 0 \tag{4.47}$$

当 $\varepsilon \to 0$ 时,式(4.47)成立,所以关于 ε 幂的各阶系数必须为零,得到一系列摄动方程,即

$$\left. \begin{aligned} &\varepsilon^{-2} : \frac{\partial \sigma_{ij}^{(-1)}}{\partial y_j} = 0 \\ &\varepsilon^{-1} : \frac{\partial \sigma_{ij}^{(-1)}}{\partial x_j} + \frac{\partial \sigma_{ij}^{(0)}}{\partial y_j} = 0 \\ &\varepsilon^{0} : \frac{\partial \sigma_{ij}^{(0)}}{\partial x_j} + \frac{\partial \sigma_{ij}^{(1)}}{\partial y_j} + f_i = 0 \\ &\varepsilon^{1} : \frac{\partial \sigma_{ij}^{(1)}}{\partial x_j} + \frac{\partial \sigma_{ij}^{(2)}}{\partial y_j} = 0 \end{aligned} \right\} \tag{4.48}$$

将式(4.45)代入式(4.48),得

$$\frac{\partial}{\partial y_j} C_{ijkl} \frac{\partial u_k^{(0)}}{\partial y_l} = 0 \tag{4.49a}$$

$$\frac{\partial}{\partial x_j} C_{ijkl} \frac{\partial u_k^{(0)}}{\partial y_l} + \frac{\partial}{\partial y_j} C_{ijkl} \left(\frac{\partial u_k^{(0)}}{\partial y_l} + \frac{\partial u_k^{(1)}}{\partial y_l} \right) = 0 \tag{4.49b}$$

$$\frac{\partial}{\partial x_j} C_{ijkl} \left(\frac{\partial u_k^{(0)}}{\partial y_l} + \frac{\partial u_k^{(1)}}{\partial y_l} \right) + \frac{\partial}{\partial y_j} C_{ijkl} \left(\frac{\partial u_k^{(1)}}{\partial y_l} + \frac{\partial u_k^{(2)}}{\partial y_l} \right) + f_i = 0 \tag{4.49c}$$

$$\frac{\partial}{\partial x_j} C_{ijkl} \left(\frac{\partial u_k^{(1)}}{\partial y_l} + \frac{\partial u_k^{(2)}}{\partial y_l} \right) + \frac{\partial}{\partial y_j} C_{ijkl} \left(\frac{\partial u_k^{(2)}}{\partial y_l} + \frac{\partial u_k^{(3)}}{\partial y_l} \right) = 0 \tag{4.49d}$$

对于两个 Y-周期性函数 η_{s1}, η_{s2},有极限关系

$$\lim_{\varepsilon \to 0^+} \int_{\Omega^\varepsilon} \phi(x/\varepsilon) \mathrm{d}V = \frac{1}{|Y|} \int_\Omega \left[\int_Y \phi(y) \mathrm{d}Y \right] \mathrm{d}V \tag{4.50}$$

其中,$|Y|$ 是单胞放大 $\frac{1}{\varepsilon}$ 后的体积,将式(4.45)两边同时乘以 $\delta u_i^{(\circ)}$,并在整个区域 Ω^ε 上积分,当 $\varepsilon \to 0^+$ 时。利用式(4.49)并考虑本构关系得到

$$\lim_{\varepsilon \to 0^+} \int_{\Omega^\varepsilon} \frac{\partial}{\partial Y_j} \left(C_{ijkl}^\varepsilon \frac{\partial u_k^{(0)}}{\partial y_l} \right) \delta u_i^{(0)} \mathrm{d}V =$$

$$\frac{1}{|Y|} \int_\Omega \int_y \frac{\partial}{\partial Y_j} \left(C_{ijkl}^\varepsilon \frac{\partial u_k^{(0)}}{\partial y_l} \right) \delta u_i^{(0)} \mathrm{d}Y \mathrm{d}V \tag{4.51}$$

将式(4.51)分部积分,并利用高斯定理,则

$$\frac{1}{|Y|} \int_\Omega \int_Y \frac{\partial}{\partial y_j} \left(C_{ijkl}^\varepsilon \frac{\partial u_k^{(0)}}{\partial y_l} \right) \delta u_i^{(0)} \mathrm{d}Y \mathrm{d}V =$$

$$-\frac{1}{|Y|} \int_\Omega \int_Y C_{ijkl} \frac{\partial u_k^{(0)}}{\partial y_l} \frac{\partial \delta u_i^{(0)}}{\partial y_j} \mathrm{d}Y \mathrm{d}V + \frac{1}{|Y|} \int_\Omega \oint_s C_{ijkl} \frac{\partial u_k^{(0)}}{\partial y_l} n_j \delta u_i^{(0)} \mathrm{d}S \mathrm{d}V \tag{4.52}$$

其中 S 是 Y 的边界,即 $S = \partial Y$,n_j 是边界 S 的单位外法线向量 $\boldsymbol{n}$ 在 j 向的分量,由于在边界

上 $\delta u_i^{(0)}=0$，式(4.52)第二项为零，所以式(4.52)变为

$$\frac{1}{|Y|}\int_\Omega\int_Y\frac{\partial}{\partial y_j}\left(C_{ijkl}^\varepsilon\frac{\partial u_k^{(0)}}{\partial y_l}\right)\delta u_i^{(0)}\,\mathrm{d}Y\mathrm{d}V=$$

$$-\frac{1}{|Y|}\int_\Omega\int_Y C_{ijkl}\frac{\partial u_0^{(0)}}{\partial y_l}\frac{\partial\delta u_i^{(0)}}{\partial y_j}\mathrm{d}Y\mathrm{d}V \tag{4.53}$$

考虑到式(4.46)、式(4.48)，并由式(4.53)得

$$\frac{\partial u_0^{(0)}}{\partial y_l}=0 \tag{4.54}$$

将式(4.54)代入式(4.49b)得到

$$\frac{\partial}{\partial y_j}C_{ijkl}\left(\frac{\partial u_k^{(0)}}{\partial y_l}+\frac{\partial u_k^{(1)}}{\partial y_l}\right)=0 \tag{4.55}$$

式(4.55)联系着宏观位移($u_i^{(0)}$)和一阶细观位移($u_i^{(1)}$)，在宏观位移已知的条件下，可以由式(4.56)得到一阶细观位移：

$$\frac{\partial}{\partial y_j}\left(C_{ijkl}\frac{\partial u_k^{(0)}}{\partial y_l}\right)=-\frac{\partial C_{ijkl}}{\partial y_j}\frac{\partial u_k^{(1)}}{\partial y_l} \tag{4.56}$$

引入特征函数 $\chi_i^{mn}(y)$ 联系宏观位移与一阶细观位移：

$$u_i^{(1)}=\chi_i^{kl}\frac{\partial u_k^{(0)}}{\partial x_l} \tag{4.57}$$

可以证明，特征函数满足

$$\frac{\partial}{\partial y_j}\left(C_{ijkl}\frac{\partial\chi_k^{mn}}{\partial y_l}\right)=-\frac{\partial C_{ijmn}}{\partial y_j} \tag{4.58}$$

将式(4.57)代入式(4.49c)得

$$\frac{\partial}{\partial x_j}C_{ijkl}\left(\frac{\partial u_k^{(0)}}{\partial x_l}+\frac{\chi_k^{mn}}{\partial y_l}\frac{\partial u_m^{(0)}}{\partial x_n}\right)+$$

$$\frac{\partial}{\partial y_j}C_{ijkl}\left[\frac{\partial}{\partial x_l}\left(\chi_k^{mn}\frac{\partial u_m^{(0)}}{\partial x_n}\right)+\frac{\partial u_k^{(2)}}{\partial y_l}\right]+f_i=0 \tag{4.59}$$

考虑到 $u_i^{(2)}$ 是 Y-周期函数，如果 $u_i^{(2)}$ 有唯一解的话，应该满足如下关系：

$$\int_Y\frac{\partial}{\partial y_j}C_{ijkl}\frac{\partial u_k^{(2)}}{\partial y_l}\mathrm{d}Y=0 \tag{4.60}$$

将式(4.58)代入式(4.60)整理得到

$$\frac{\partial}{\partial x_j}\left[\frac{1}{|Y|}\int_Y C_{ijkl}\left(\delta_{km}\delta_{ln}+\frac{\partial\chi_k^{mn}}{\partial y_l}\right)\mathrm{d}Y\frac{\partial u_m^{(0)}}{\partial x_n}\right]+f_i=0 \tag{4.61}$$

在单胞内定义均匀化的刚度系数 C_{ijmn}^{H} 如下：

$$C_{ijmn}^{\mathrm{H}}=\frac{1}{|Y|}\int_Y C_{ijkl}\left(\delta_{km}\delta_{ln}+\frac{\partial\chi_k^{mn}}{\partial y_l}\right)\mathrm{d}Y \tag{4.62}$$

将式(4.62)代入式(4.61)，得到求解均匀化宏观位移场 χ_1^{11} 的控制方程：

$$\frac{\partial}{\partial x_j}\left[C_{ijmn}^{\mathrm{H}}\frac{1}{2}\left(\frac{\partial u_m^{(0)}}{\partial x_n}+\frac{\partial u_n^{(0)}}{\partial x_m}\right)\right]+f_i=0 \tag{4.63}$$

可以看出在单胞内通过求解特征函数 χ_i^{kl} 可以得到均匀化系数,从均匀化系数的定义可以看出均匀化系数就是宏观结构的有效弹性性能。

2. 均匀化方程的有限元计算

均匀化方程的有限元计算中首先要求解单胞特征函数,由于特征函数的控制方程与普通的三维线弹性问题并不相同,所以不能直接在商业有限元软件中计算特征函数。文献[59]等提出了求解特征函数的热应力方法,该方法把特征函数当作单胞由温度变化而引起的热变形来计算。由式(4.48)得

$$\frac{\partial \sigma_{ij}^{mn}}{\partial y_j} = 0 \tag{4.64}$$

式中

$$\sigma_{ij}^{(mn)} = C_{ijkl} \left[\frac{1}{2} \left(\frac{\partial \chi_k^{mn}}{\partial y_l} + \frac{\partial \chi_l^{mn}}{\partial y_k} \right) + I_{klmn} \right] \tag{4.65}$$

如果令

$$I_{klmn} = -\kappa_{kl}^{mn} \Delta T \tag{4.66}$$

则

$$\sigma_{ij}^{(mn)} = C_{ijkl} \left(\frac{\partial \chi_k^{mn}}{\partial y_l} - \kappa_{kl}^{mn} \right) \Delta T \tag{4.67}$$

选择合适的 κ_{kl}^{mn}(相当于热应力计算的热膨胀系数),并取 $\Delta T = 1$,则原均匀化方程就转化为由于温度变化存在的热应力方程。均匀化系数就是热应力解中各应力分量在单胞上的体积平均值:

$$C_{ijmn}^{\mathrm{H}} = \frac{1}{|Y|} \int_Y \sigma_{ij}^{(mn)} \mathrm{d}Y = \frac{1}{|Y|} \int_Y C_{ijkl} \left(\frac{\partial \chi_k^{mn}}{\partial y_l} + I_{klmn} \right) \mathrm{d}Y \tag{4.68}$$

式(4.68)可以采用数值方法进行求解,可以采用高斯积分计算,具体形式见下式,$\sum\limits_e$ 表示在单胞所有单元上求和,$\sum\limits_I$ 表示在一个单元高斯积分点上求和,σ_{ij} 是在高斯积分点的值,$J(I)$ 是单元高斯积分点上 Jacobian 行列式的绝对值,$W(I)$ 是在高斯积分点 I 的权重。下式可以在 ABAQUS 中通过编写 Python 脚本程序来实现。

$$C_{ijmn}^{\mathrm{H}} = \frac{1}{|Y|} \int_Y \sigma_{ij} \mathrm{d}V = \frac{1}{|Y|} \sum_e \int_Y \sigma_{ij} \mathrm{d}V = \sum_e \sum_I \sigma_{ij}^I J(I) W(I) \tag{4.69}$$

图 4.15 给出了采用热应力法计算得到的单向纤维复合材料单胞模型的 6 个特征位移场 $\chi_i^{11}, \chi_i^{22}, \chi_i^{33}, \chi_i^{44}, \chi_i^{55}, \chi_i^{66}$,根据单胞特征位移场,利用式(4.69)进行积分,可以得到单胞的有效刚度矩阵。

4.6.2 热膨胀系数的均匀化方程

用虚功原理表示的热弹问题控制方程为

$$\int_\Omega C_{ijkl} \left(\frac{\partial u_k^\varepsilon}{\partial x_l} - \alpha_{kl} T \right) \frac{\partial v_i}{\partial x_j} \mathrm{d}\Omega - \int_\Omega f_i v_i \mathrm{d}\Omega - \int_\Gamma t_i v_i \mathrm{d}S = 0, \forall v \in V_\Omega \tag{4.70}$$

式中:V_Ω——定义在 Ω 上足够光滑的函数集合;

T——温度变化；

f_i——体积分量；

t_i——表面力分量；

C_{ijkl}——材料弹性常数张量；

α_{kl}——材料热膨胀系数张量。

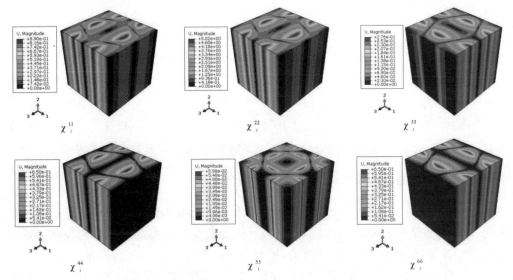

图 4.15　单胞特征位移场 $\chi^{kl}(kl=11,22,33,44,55,66)$

将式(4.44)代入式(4.70)，并考虑到关系式

$$\frac{\partial\varphi(x)}{\partial x_j}=\frac{\partial\varphi(x,y)}{\partial x_j}+\frac{1}{\varepsilon}\frac{\partial\varphi(x,y)}{\partial_j} \tag{4.71}$$

求解可得一系列摄动方程。当 $\varepsilon\to0^+$ 时,其中一个摄动方程可表示为

$$\int_Y C_{ijkl}\left[\left(\frac{\partial u_k^0}{\partial x_l}+\frac{\partial u_k^1}{\partial y_l}\right)-\alpha_{kl}T\right]\frac{\partial v_i}{\partial y_j}\mathrm{d}Y=0,\quad\forall\,v\in Y \tag{4.72}$$

$$\int_\Omega\frac{1}{|Y|}\int_Y\left\{C_{ijkl}\left[\left(\frac{\partial u_k^1}{\partial x_l}+\frac{\partial u_k^2}{\partial y_l}\right)+\left(\frac{\partial u_k^0}{\partial x_l}+\frac{\partial u_k^1}{\partial y_l}\right)\right]\frac{\partial v_i}{\partial y_j}-C_{ijkl}\alpha_{kl}T\frac{\partial v_i}{\partial y_j}\right\}\mathrm{d}Y\mathrm{d}\Omega$$

$$-\int_\Omega f_i v_i\mathrm{d}\Omega-\int_{\partial\Omega}t_i v_i\mathrm{d}s=0,\quad\forall\,v(x,y)\in V_\Omega \tag{4.73}$$

由于 $u_k^0(x,y)$ 只是宏观坐标 x 的函数,与细观坐标 y 无关,即 $u_k^0(x,y)=u_k^0(x)$,因此可将未知量 $u^1(x,y)$ 表示为已知量 $u^0(x)$ 和 $T(x)$:

$$u_i^1(x,y)=-\chi_i^{kl}(y)\frac{\partial u_k^0(x)}{\partial x_l}+\psi_i(y)T(x),\quad i=1,2,3 \tag{4.74}$$

其中, $\chi_i^{kl}(y)$ 和 $\psi_i(y)$ 为特征位移,是以下方程的解:

$$\int_Y(C_{ijmn}-C_{ijkl}\frac{\partial\chi_k^{mn}}{\partial y_l})\frac{\partial v_i}{\partial y_j}\mathrm{d}Y=0,\quad(v\in Y) \tag{4.75}$$

$$\int_Y(C_{ijkl}\alpha_{kl}-C_{ijkl}\frac{\partial\Psi_k}{\partial y_l})\frac{\partial v_i}{\partial y_j}\mathrm{d}Y=0,\quad(v\in Y) \tag{4.76}$$

同时,可以证明未知函数 $\chi_k^{mn}(x,y)$ 和 $\Psi_k(x,y)$ 存在关系式:

$$\frac{\partial \Psi_k(x,y)}{\partial y_l} = \alpha_{mn} \frac{\partial \chi_m^{kl}(x,y)}{\partial y_n} \qquad (4.77)$$

将式(4.74)代入式(4.73),得到

$$\int_\Omega C_{ijkl}^H \left(\frac{\partial u_k^0}{\partial x_l} - \alpha_{kl}^H T \right) \frac{\partial v_i}{\partial x_j} \mathrm{d}\Omega - \int_\Omega f_i v_i \mathrm{d}\Omega - \int_\Gamma t_i v_i \mathrm{d}S = 0, (v \in V_\Omega) \qquad (4.78)$$

式中:

$$C_{ijkl}^H = \frac{1}{|Y|} \int_Y \left(C_{ijkl} - C_{ijmn} \frac{\partial \chi_n^{kl}}{\partial y_m} \right) \mathrm{d}Y \qquad (4.79)$$

$$\beta_{ij}^H = \frac{1}{|Y|} \int_Y \left(C_{ijkl} \alpha_{kl} - C_{ijkl} \frac{\partial \Psi_k}{\partial y_l} \right) \mathrm{d}Y \qquad (4.80)$$

$$\alpha_{kl}^H = [C_{ijkl}^H]^{-1} \beta_{ij}^H \qquad (4.81)$$

式中:C_{ijkl}^H、β_{ij}^H 和 α_{kl}^H——有效弹性常数张量、热弹性常数张量以及热膨胀系数张量。

4.6.3 热传导系数的均匀化方程

单胞范围内的非均值性,导致在结构中每个点处很小范围内的材料性质可能具有很大的变化,从而导致结构响应(温度、热流)也会发生较大变化。假定用一个宏观坐标系 $x = (x_1, x_2, x_3)$ 来定义复合材料的材料域 Ω,用微观坐标系 $y = (y_1, y_2, y_3)$ 来表示单胞域 Y。为了描述材料域内微小区域可能存在的大响应变化,结构的温度 $T(x)$ 可表示为两种尺度坐标 x 和 y 的函数:

$$T(x) = T(x,y) = T^0(x,y) + \varepsilon T^1(x,y) + O(\varepsilon^2) \qquad (4.82)$$

式中:ε——渐进展开系数;

Y——单胞域,$y = x/\varepsilon, y \in Y$。

热传导控制方程可表示为

$$\int_\Omega K_{ij} \frac{\partial T}{\partial x_i} \frac{\partial \delta T}{\partial x_j} \mathrm{d}\Omega + \int_{\Gamma_1} \alpha(T - T_f) \delta T \mathrm{d}S - \int_{\Gamma_2} q \delta T \mathrm{d}S = 0, \quad [\delta T \in T_\Omega = \{T(x) | x \in \Omega\}]$$

$$(4.83)$$

式中:Γ——外边界,$\Gamma = \Gamma_1 + \Gamma_2$;

T_f——边上指定的环境温度;

q——边上指定的热流密度;

α——对流热交换系数。

将式(4.81)代入式(4.82)求解可得一系列摄动方程。当 $\varepsilon \to 0$ 时,其中一个摄动方程可表示为

$$\int_\Omega \left[\frac{1}{Y} \int_Y K_{ij} \left(\frac{\partial T_0}{\partial x_i} + \frac{\partial T_1}{\partial y_j} \right) \frac{\partial \delta T}{\partial y_j} \mathrm{d}Y \right] \mathrm{d}\Omega = 0, \quad (\delta T \in T_\Omega) \qquad (4.84)$$

由于函数 δT 的任意性,可以将函数 δT 表示为 $\delta T = g(x)P(y)$,其中 $g(x)$ 和 $P(y)$ 为任意函数,且满足 $g(x) \in T_\Omega = \{T(x) | x \in \Omega\}, P(y) \in T_y = \{T(y) | y \in Y\}$。

未知量 T_1 可由已知量 T_0 表示为

$$T_1(x,y) = -\Lambda_i \frac{\partial T_0}{\partial x_i} \tag{4.85}$$

最终热传导系数表达式

$$K_{ij}^H = \frac{1}{|Y|} \int_Y \left(K_{ij} - K_{mj} \frac{\partial \Lambda_i}{\partial y_i} \right) \mathrm{d}Y \tag{4.86}$$

式中：Λ_i——单胞特征温度场,由下式求解得出：

$$\int_Y \left(K_{ij} - K_{mj} \frac{\partial \Lambda_i}{\partial y_m} \right) \frac{\partial P}{\partial y_i} \mathrm{d}Y = 0, (P \in T_Y) \tag{4.87}$$

在进行有限元求解时,单胞特征温度场 Λ_i 可以通过求解在周期性边界条下的式 (4.82)获得,即

$$K\Lambda^{(kl)} = f^{0(kl)} \tag{4.88}$$

式中：$\Lambda^{(kl)}$——在热流载荷 $f^{0(kl)}$ 下的单胞特征温度场;

K——周期性边界条件下的单胞的总刚。

热传导矩阵和热流载荷的具体求解格式为

$$\boldsymbol{K} = \int_Y \boldsymbol{B}^\mathrm{T} K_e \boldsymbol{B} \, \mathrm{d}Y \tag{4.89}$$

$$f^{0(kl)} = \int_Y \boldsymbol{B}^\mathrm{T} K_e \varepsilon^{0(kl)} \, \mathrm{d}Y \tag{4.90}$$

式中：$\boldsymbol{K}_e$——单元热传导矩阵;

$\boldsymbol{B}$——对应温度场的广义位移应变矩阵;

$\varepsilon^{0(kl)}$——单位温度梯度场。

有限元格式的等效热传导系数可表示为

$$K^H = \frac{1}{|Y|} \int_Y \left(K_e - K_e \boldsymbol{B} \Lambda_e \right) \mathrm{d}Y$$

式中：Λ_e——单元对应的特征温度场。

4.7　多尺度方法

目前,在复合材料力学性能分析中采用的多尺度分析方法(见图 4.16)主要分为顺序多尺度(hierachical multiscale)方法和协同多尺度(concurrent multiscale)方法。顺序多尺度方法在多个尺度之间仅存在单向的信息传递,首先进行最小尺度下的有效参数分析,然后将其传递到上一级尺度水平进行有效参数分析,经过不同尺度之间的信息传递和逐级等效,最终获得宏观尺度下的有效参数。协同多尺度方法中存在不同尺度之间的双向信息传递,该方法在小尺度下分析获得材料的物理参量之后,将其传递到上一级尺度,并在该尺度下进行物理量分析,获得该尺度下的结构物理响应,并将特定响应参量传递回小尺度下再进行局部分析,从而获得小尺度下的物理响应信息。

三维编织复合材料既是一种材料,也是一种结构,具有多层级、多尺度的特点。从宏观上,三维编织复合材料可以看作均质材料,从细观尺度上看,是由纤维束增强相和基体相组成的,纤维束从微观尺度上看,是由上千根纤维丝和基体所组成的,因此,可以采用顺序多尺度方法实现对三维编织复合材料的宏观力学性能的预报。顺序多尺度方法可以借助 Mori-

Tanaka 法、通用单胞法（General Method of Cell，GMC）、有限元法或均匀化方法（Asymptotic Homogenization Method，AHM）等实现。基于顺序多尺度方法预报三维编织复合材料力学性能的具体流程如图 4.17 所示。首先，根据纤维束中纤维体积分数和分布方式，建立纤维丝尺度的单胞几何模型，根据纤维丝和基体的性能，利用有限元法或均匀化等方法，对单胞模型施加周期性边界条件，预报得到纤维束的等效力学性能；其次，建立三维编织复合材料的单胞几何模型，根据预报获得的纤维束力学性能，再次利用有限元法或均匀化等方法，预报获得三维编织复合材料的宏观有效力学性能。汪海滨等，Dong 等，Huang 等采用有限元方法计算纤维束的等效弹性性能，然后将纤维束等效弹性性能代入纤维束尺度单胞模型，预测得到三维编织复合材料宏观等效弹性常数。齐泽文等采用通用单胞法来预测纤维束的等效弹性性能，然后利用纤维束性能计算得到三维四向编织复合材料的等效弹性常数。Lu 等，曾翔龙等，惠新育等，He 等分别建立了纤维丝尺度单胞模型，利用有限元法计算纤维束强度，然后将预测得到的纤维束强度代入纤维束尺度单胞模型，分别预报了 2.5D 编织、平纹编织 C/SiC 复合材料以及三维编织复合材料的拉伸强度。张洁皓等建立了微观—介观—宏观的多尺度分析方法，利用纤维丝尺度单胞模型预测得到了纤维束强度性能，利用预测的纤维束性能和介观尺度单胞模型，预测得到了平纹编织复合材料宏观等效力学性能，最后利用预测得到的宏观等效性能参数研究了平纹编织复合材料板在低速冲击载荷条件下的力学响应和宏观损伤特征。

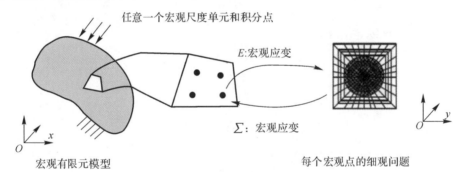

图 4.16　多尺度方法示意图

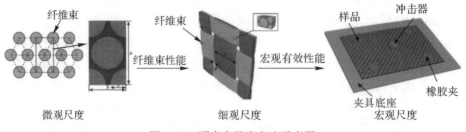

图 4.17　顺序多尺度方法示意图

　　顺序多尺度方法的一个显著优点是可以全面考虑不同尺度下材料的微观结构特点，因而对于力学性能的预报精度较好。另外，对于任意载荷下的宏观结构，顺序多尺度方法只能得到宏观尺度下的应力-应变场，当进行强度分析时，由于宏观结构已经等效为均质材料，因此只能采用宏观强度准则进行强度分析。

4.8　周期性边界条件及其实现

4.8.1　周期性边界条件

利用单胞模型进行三维编织复合材料力学性能分析时,合理施加边界条件是准确获得力学响应的重要保证。对于含周期性细观结构的三维编织复合材料,相邻单胞边界处应同时满足两个条件:变形协调和应力连续。对于三维编织复合材料单胞模型边界条件的处理,部分研究为简化加载过程,采用了等应变或等应力边界条件。但研究表明,如对单胞模型施加均匀应变边界条件,将得到材料弹性常数的上限,相邻单胞边界通常难以满足应力连续性条件。如果对单胞边界施加均匀应力边界条件,将得到材料弹性常数的下限,相邻单胞边界通常难以满足变形协调性条件。Whitcomb 等、Xia 等和 Li 等给出了周期性边界条件的数学表达形式,并应用于三维编织复合材料单胞模型的分析。对于具有周期性单胞结构的材料,Suquet 较早给出了周期性位移场的表达形式:

$$u_i = \overline{\varepsilon_{ik}} x_k + u_i^* \tag{4.91}$$

式中:$\overline{\varepsilon_{ik}}$——单胞平均应变;

$\quad x_k$——单胞内任意点的坐标;

$\quad u_i^*$——周期性位移修正量。

显然,式(4.91)满足变形协调条件,但由于 u_i^* 通常为一未知量且依赖于所施加的全局载荷,因此该周期性位移场很难被直接应用于周期性单胞的有限元分析中。Xia 等对具有平行相对边界面的单胞模型给出了"统一的周期性边界条件",在其中的一对边界面上,周期性位移场可以写为

$$u_i^{j+} = \overline{\varepsilon_{ik}} x_k^{j+} + u_i^* \tag{4.92}$$

$$u_i^{j-} = \overline{\varepsilon_{ik}} x_k^{j-} + u_i^* \tag{4.93}$$

式中:$j+$ 和 $j-$——沿 x 轴的正方向和负方向。

u_i^* 在周期性单胞的平行相对面上是相同的,式(4.92)和式(4.93)相减可得

$$u_i^{j+} - u_i^{j-} = \overline{\varepsilon_{ik}} (x_k^{j+} - x_k^{j-}) = \overline{\varepsilon_{ik}} \Delta x_k^j \tag{4.94}$$

对于单胞模型的每组平行相对面,Δx_k^j 为常数。一旦给定 $\overline{\varepsilon_{ik}}$,式(4.94)右侧位移差则变为常值。因此,式(4.94)可改写成

$$u_i^{j+}(x,y,z) - u_i^{j-}(x,y,z) = c_i^j, \quad i,j = 1,2,3 \tag{4.95}$$

式(4.95)并不含周期性位移修正量 u_i^*,从而避免了在边界面上直接给出周期性单胞的实际位移值。Xia 等进一步证明,施加式(4.95)所给出的周期性位移边界条件后,相邻单胞边界处能够同时满足应力的连续性条件。在有限元分析中,对于周期性边界条件的数学表达式(4.95),可以通过施加多点约束方程(MPC)来实现。周期性变形示意图如图 4.18 所示。

4.8.2　周期性边界条件的实现方法

在基于位移的有限元中,应力边界条件是通过最小势能原理自动满足的,这类边界条件

为自然边界条件,所以周期性边界条件的实现,只需要施加周期性位移边界条件就可以保证所得结果的唯一性。对于单胞有限元模型,周期性位移边界条件的施加可以通过在单胞平行相对面上相应网格节点处建立线性约束方程来实现,单胞模型示意图如图 4.19 所示。单胞模型的面节点、边节点以及角节点上的约束方程分别如下所述。

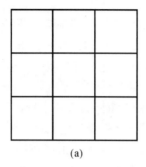 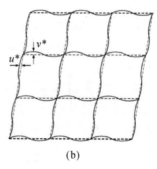

图 4.18　周期性变形示意图

(a)变形前;(b)变形后

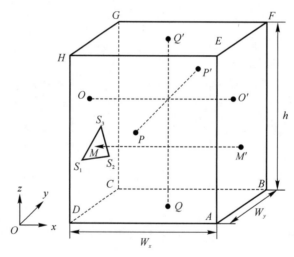

图 4.19　单胞模型示意图

1.面节点

如图 4.19 所示单胞,假设单胞长度为 W_x,宽度为 W_y,高度为 h,在 6 种典型应变载荷情况 $[\varepsilon_x^0 \quad \varepsilon_y^0 \quad \varepsilon_z^0 \quad \gamma_{xy}^0 \quad \gamma_{xz}^0 \quad \gamma_{yz}^0]$ 下,上述周期性边界条件可以通过以下线性约束方程组来实现,具体为:

在垂直于 x 轴的相对面上:

$$\left.\begin{array}{l} u\,|_{x=W_x} - u\,|_{x=0} = W_x \varepsilon_x^0 \\ v\,|_{x=W_x} - v\,|_{x=0} = 0 \\ w\,|_{x=W_x} - w\,|_{x=0} = 0 \end{array}\right\} \tag{4.96}$$

在垂直于 y 轴的相对面上：

$$\left.\begin{array}{l} u\big|_{y=W_y} - u\big|_{y=0} = W_y \gamma_{xy}^0 \\ v\big|_{y=W_y} - v\big|_{y=0} = W_y \varepsilon_y^0 \\ w\big|_{y=W_y} - w\big|_{y=0} = 0 \end{array}\right\} \tag{4.97}$$

在垂直于 z 轴的相对面上：

$$\left.\begin{array}{l} u\big|_{z=h} - u\big|_{z=0} = h \gamma_{xz}^0 \\ v\big|_{z=h} - v\big|_{z=0} = h \gamma_{yz}^0 \\ w\big|_{z=h} - w\big|_{z=0} = h \varepsilon_z^0 \end{array}\right\} \tag{4.98}$$

其中 $x=W_x$，$y=W_y$，$z=h$ 的 3 个平面称为主平面，与主平面平行的平面为从平面。对于主、从平面上的两个对应网格节点(见图中 $O-O'$，$P-P'$，$Q-Q'$)，建立上述约束方程组，就可以施加周期性边界条件。

2. 边节点

单胞模型的边和角点处于平面的交线和交点处，节点间需要满足下述约束方程。对于单胞模型的 12 条边，可以分为以下 3 类：平行于 x 轴的 AD、BC、FG 和 EH；平行于 y 轴的 CD、BA、FE 和 GH；平行于 z 轴的 HD、EA、FB 和 GC。下面仅给出以 HD 为基准边，平行于 z 轴的 4 条边间 3 组线性约束方程：

$$\left.\begin{array}{l} u_{EA} - u_{HD} = W_x \varepsilon_x^0 \\ v_{EA} - v_{HD} = 0 \\ w_{EA} - w_{HD} = 0 \end{array}\right\} \tag{4.90}$$

$$\left.\begin{array}{l} u_{FB} - u_{HD} = W_x \varepsilon_x^0 + W_y \gamma_{xy}^0 \\ v_{FB} - v_{HD} = W_y \varepsilon_y^0 \\ w_{GC} - w_{HD} = 0 \end{array}\right\} \tag{4.100}$$

$$\left.\begin{array}{l} u_{GC} - u_{HD} = W_y \gamma_{xy}^0 \\ v_{GC} - v_{HD} = W_y \varepsilon_y^0 \\ w_{GC} - w_{HD} = 0 \end{array}\right\} \tag{4.101}$$

3. 角节点

对于单胞模型的 8 个角点间的约束方程，以角节点 D 为基准点，以下分别给出 E、F 和 G 与基准点 D 之间的约束方程：

$$\left.\begin{array}{l} u_E - u_D = W_x \varepsilon_x^0 + h \gamma_{xz}^0 \\ v_E - v_D = h \gamma_{yz}^0 \\ w_E - w_D = h \varepsilon_z^0 \end{array}\right\} \tag{4.102}$$

$$\left.\begin{array}{l} u_F - u_D = W_x \varepsilon_x^0 + W_y \gamma_{xy}^0 + h \gamma_{xz}^0 \\ v_F - v_D = W_y \varepsilon_y^0 + h \gamma_{yz}^0 \\ w_F - w_D = h \varepsilon_z^0 \end{array}\right\} \tag{4.103}$$

$$
\left.
\begin{aligned}
u_G - u_D &= W_y \varepsilon_x^0 + W_y \gamma_{xy}^0 + h \gamma_{xz}^0 \\
v_G - v_D &= W_y \varepsilon_y^0 + h \gamma_{yz}^0 \\
w_G - w_D &= h \varepsilon_z^0
\end{aligned}
\right\}
\tag{4.104}
$$

对于其他角节点 A、B、C、H 与基准点 D 间的约束方程,同样可以参考以上各式得出。

4.8.3　一般周期性边界条件的实现

利用单胞模型进行有限元模拟时,对单胞模型施加式(4.95)的周期性位移边界条件的前提条件是单胞有限元模型采用周期性网格划分,即单胞 6 个对应面上的网格节点应该一一对应,即对于 x 方向上的两个面上的网格节点坐标(x,y,z),除了 x 不同外,y、z 均相同,对于 y、z 方向亦然。对于编织结构特别复杂的三维编织复合材料的单胞模型,进行周期性网格划分比较困难,需要较高的网格划分技巧。因此,对于非周期性网格划分的单胞模型,可以采取一般性周期性边界条件,降低网格划分难度。

如图 4.20 所示,在单胞非周期性网格划分的情况下,单胞模型主平面上某个单元节点 M' 在从平面上投影的点 M 并不是正好处于网格节点位置而是落在某个单元内。那么对应点 M 的位移可以由包围此对应点单元的节点位移插值获得,表达式为

$$
u = N\delta \tag{4.105}
$$

式中:u——M 点的位移向量;

N——从平面上对应点 M 处的单元形函数矩阵;

δ——包围点 M 的单元节点位移矩阵。

对于四节点四面体单元(C_3D_4),平面上对应点 M 被三角形单元 $S_1S_2S_3$ 包围,此时可以给出与式(4.94)相似的一般性周期性边界条件的表达式:

$$
u_i^{j+}(M') - \begin{bmatrix} N_1(M) & N_2(M) & N_3(M) \end{bmatrix} \begin{bmatrix} u_i^{j-}(s_1) \\ u_i^{j-}(s_2) \\ u_i^{j-}(s_3) \end{bmatrix} = \bar{\varepsilon}_{iR} \Delta \chi_R^j \quad (i,j=1,2,3)
$$

$$\tag{4.106}$$

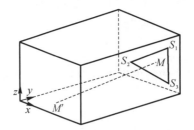

图 4.20　一般周期性边界条件

4.9　随机孔隙缺陷模型

三维编织复合材料的力学性能和制备工艺具有很大的相关性,制备过程中的温度场、压力、基体流动、固化度等的非均匀性会引起各种类型的制造缺陷(孔隙、微裂纹、分层等),这

些制造缺陷会显著降低复合材料的力学性能。孔隙缺陷是一种最常见的制造缺陷,孔隙形成的机理是十分复杂的,它在复合材料中的形态取决于材料的性质和制造过程,孔隙缺陷会降低三维编织复合材料的刚度和强度,特别是强度。

一般来说形成孔隙的原因有两种:一种原因是材料制造过程中基体材料未完全浸润纤维束或纤维束间的空气未完全排除,会分别在纤维束和基体中产生孔隙缺陷,纤维束中的孔隙缺陷称为干斑,基体中的孔隙缺陷称为孔洞,基于这种原因形成的孔隙一般数量较多,形状通常为椭圆形;另一种原因是材料制备工艺过程中产生挥发性物质,这类孔隙一般为圆形,孔隙的数量和尺寸一般较小,直径为几微米到几百微米。此外,由于纤维和基体热失配,还会在纤维束/基体之间的界面产生微孔缺陷,如图 4.21 所示。孔隙率是表征材料孔隙程度和数量的定量指标,有两种定义孔隙率的方法,即面积孔隙率和体积孔隙率。面积孔隙率是指单位面积所含孔隙的面积的百分率,体积孔隙率是指单位体积所含孔隙的体积分数。根据研究人员对三维编织 C/C 复合材料孔隙结构的研究,三维编织 C/C 复合材料的孔隙根据等效孔径可以分为直径小于 $10~\mu m$ 的微孔、孔径在 $10 \sim 90~\mu m$ 之间的中孔,以及孔径大于 $90~\mu m$ 的大孔。其中以大孔占比最多,主要分布在基体内部,孔隙体积分数为 70% 左右,中孔主要分布在界面层,体积分数为 15%～25%,微孔主要分布在纤维束内,体积分数在 3%～5%。

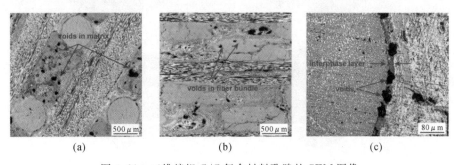

图 4.21　三维编织 C/C 复合材料孔隙的 SEM 图像

目前,三维编织复合材料中孔隙缺陷的数值模拟方法可以分为两类:直接法和间接法。直接法是根据复合材料中孔隙缺陷的实际尺寸、形态和分布,利用高精度 CT 扫描技术直接进行二维或者三维几何建模,然后利用有限元等数值方法进行模拟。间接法是不考虑孔隙缺陷的实际形状和尺寸等几何特征,只考虑孔隙的体积含量,通过弱化材料性能反映孔隙缺陷的影响。二维编织复合材料中孔隙缺陷的形状、尺寸和分布具有随机性特点,利用直接法在三维有限元模型中对这些孔隙缺陷进行精细化建模的难度很大,通常需要数量庞大的微米尺度的单元网格才能准确刻画这些孔隙缺陷的形态,导致数值计算的效率很低。因此,通常采用间接法进行模拟,其中"气孔单元法"和非均匀单元法是两个典型的方法。研究人员利用"气孔单元法"分别研究了基体中孔隙缺陷对单层板复合材料、平纹机织复合材料、二维和三维编织陶瓷基复合材料有效弹性性能的影响。研究人员分别研究了纤维束和界面孔隙以及孔隙的随机分布对三维编织 C/C 复合材料热物理性能的影响。

4.8.1　气孔单元法

下面引入岩土力学中"气孔单元"的概念，并考虑到孔隙缺陷分布的随机性特点，采用蒙特卡罗（Mento-Carlo）方法在有限元模型的网格单元中随机抽取 N 个整数，让随机整数对应"气孔单元"的编号，以此表征相应单元成为孔隙的概率，将孔隙单元的弹性模量设置为零刚度（为了数值收敛性，通常设置为一个极小数）。假设抽取的孔隙单元体积为 V_i^e，有限元模型中组分相体积为 V_I（I 代表纤维增强相、基体相或界面相），则模型中不同组分的体积孔隙率 P_I 可由下式进行计算得到：

$$P_I = \frac{\sum_{i=1}^{N} V_i^e}{V_I} \tag{4.106}$$

含孔隙的单胞有限元模型如图 4.22 所示。

图 4.22　含孔隙的单胞有限元模型

4.8.2　非均匀单元法

传统有限元方法中一个单元内只能有一种材料，而非均匀单元是指单个有限元单元可以包含两种或者两种以上的材料，在单元内通过积分点进行材料属性区分，相比传统有限元方法，应用这种方法可以便捷地划分有限元网格，避免了含有孔隙缺陷的三维编织复合材料复杂结构的有限元建模。一般商业有限元软件中没有提供非均匀单元的类型，通常要编写专门的有限元程序。

在三维编织复合材料有限元建模和计算时，首先在商业软件中进行三维编织复合材料几何建模并划分网格，形成纤维束、基体和界面单元，以及单元节点的相关信息；然

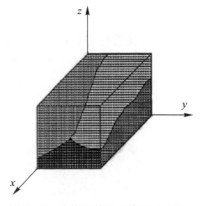

图 4.23　非均匀单元示意图（深浅不同的颜色表示不同材料）

后根据孔隙缺陷的几何位置,判断孔隙缺陷所在单元和单元高斯积分点,确定含有孔隙的非均匀单元和正常单元,获得各类单元的材料属性、刚度矩阵和载荷向量,最终形成整体刚度矩阵和载荷向量;最后计算所有单元的节点位移和应力应变等。

4.10　数值算例

采用均匀化方法对三维四向编织 C/C 复合材料进行有效性能预报,采用的单胞有限元模型如图 4.24 所示。三维四向编织 C/C 复合材料预制体由 T300 软碳纤维束和硬质纤维棒编织而成,硬质纤维棒采用 T300 纤维丝和环氧树脂通过拉挤工艺成型,在 XOY 平面内成正三角形排列构成轴向增强网络,T300 软纤维束穿过轴向纤维棒之间的通道,围绕纤维棒以成 0°、60° 和 120° 的角度逐层循环排布,直到形成具有一定轴向高度的预制体,预制体在高压环境下通过沥青反复浸渍。将基体碳引入纤维预制体中,之后经过高温碳化、石墨化等处理后,最终制备形成高密度三维编织 C/C 复合材料。

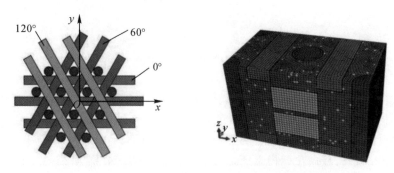

图 4.24　三维四向编织 C/C 复合材料单胞模型

4.9.1　弹性性能预报

表 4.1 给出了采用均匀化方法预报得到的三维四向编织复合材料的有效弹性性能,由表可见,预报的单胞模型拉伸模量 E_x 和拉伸模量 E_y 非常接近,剪切模量 G_{xz} 和 G_{yz} 也非常接近,说明此三维四向编织 C/C 复合材料弹性性能近似满足横观各向同性。此外,与实验值相比,径向拉伸模量 E_x、E_y 的平均值和实验值的最大误差为 9.64%,轴向拉伸模量 E_z 与实验值的误差为 1.09%,说明有效弹性常数的预报是有效的,误差的主要来源是组分材料参数输入偏差以及实验测试偏差。

表 4.1　三维四向编织 C/C 复合材料有效弹性常数预报值与实验值对比

	E_x	E_y	E_z	G_{xy}	G_{xz}	G_{yz}	μ_{xy}	μ_{xz}	μ_{yz}
预报值	35.3	35.3	51.0	12.7	6.42	6.42	0.30	0.08	0.08
实验值	39.07	39.07	50.45	—	—	—	—	—	—

图 4.25 给出了利用均匀化方法获得的单胞模型的 6 个特征位移场 χ_i^{11},χ_i^{22},χ_i^{33},χ_i^{44},χ_i^{55},χ_i^{66},可以看出特征位移场具有周期性。

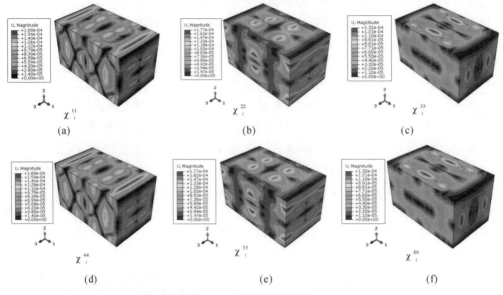

图 4.25　单胞特征位移场

采用"气孔单元法"研究孔隙含量对三维四向编织 C/C 复合材料有效性能的影响,图 4.26 给出了基体相孔隙率对有效弹性常数的影响曲线。由图可知,随着基体相孔隙率的增大,材料弹性模量迅速降低,且总体呈线性递减。当孔隙率为 10% 时,轴向拉伸模量 E_{33}^c 的减小幅度约为 3.91%,径向拉伸模量 E_{11}^c 和 E_{22}^c 的减小幅度分别为 5.37% 和 5.33%,面内剪切模量 G_{12}^c 的减小幅度约为 5%,而面外剪切模量 G_{13}^c 和 G_{23}^c 的减小幅度分别达 14.7% 和 14.31%,可见,基体相孔隙率对面外剪切模量影响幅度最大,对轴向拉伸模量影响幅度最小。

图 4.27 给出了纤维束孔隙率对有效弹性模量的影响曲线。由图可知,随着孔隙率增大,材料有效弹性模量呈非线性递减,当纤维增强相空隙率为 8% 时,轴向拉伸模量 E_{33}^c 减小了 6.28%,径向拉伸模量 E_{11}^c 和 E_{22}^c 分别减小了 5.82% 和 6.0%,面内剪切模量 G_{12}^c 减小了 5.87%,而面外剪切模量 G_{13}^c 和 G_{23}^c 减小幅度分别达 11.55% 和 11.49%,由此可见,纤维增强相孔隙率对面外剪切模量影响幅度最大,对其余弹性模量的影响幅度相近。

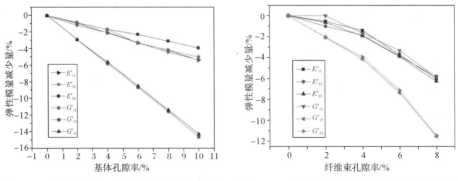

图 4.26　基体孔隙率对有效弹性模量的影响　　图 4.27　纤维束孔隙率对有效弹性模量影响

4.9.2　热膨胀性能预报

下面利用均匀化方法预报三维四向编织 C/C 复合材料的有效热膨胀系数,见表 4.2。由表 4.2 可见,单胞模型 x 方向和 y 方向的预报值基本相同,说明此三维四向编织复合材料有效热膨胀性能基本满足横观各向同性规律,预报值与实验数据基本吻合,径向热膨胀系数预报值与实验平均值的最小误差为 9.40%,轴向热膨胀系数预报值与实验平均值的最小误差为 14.41%。由于热膨胀系数本身很小,从而相对误差较大,但是数值结果与实验结果的绝对误差值很小,说明有效热膨胀系数预报是有效的。

表 4.2　三维四向编织 C/C 复合材料热膨胀系数预报值与实验值

	径向 / K^{-1}		轴向/K^{-1}
	α_x	α_y	α_z
预报值	1.734×10^{-6}	1.753×10^{-6}	1.228×10^{-6}
实验平均值	1.571×10^{-6}		1.406×10^{-6}
误差/%	9.40		14.41

图 4.28 给出了纤维束孔隙率对三维四向编织 C/C 复合材料有效热膨胀系数的影响。由图可知,孔隙率对三维编织复合材料有效热膨胀系数有着明显的影响,随着纤维增强相孔隙率的增大,有效热膨胀系数明显减小,且总体上呈线性趋势递减,当纤维增强相孔隙率为 8% 时,三维编织 C/C 复合材料径向有效热膨胀系数 α_x 和轴向有效热膨胀系数 α_z 减小幅度分别为 8.23% 和 7.97%。

图 4.29 给出了基体相孔隙率对三维四向编织 C/C 复合材料有效热膨胀系数的影响曲线。由图可知,基体相孔隙率对三维编织 C/C 复合材料有效热膨胀系数有着明显的影响,随着基体相孔隙率的增大,三维编织 C/C 复合材料有效热膨胀系数呈线性规律迅速降低,当孔隙率为 10% 时,径向有效热膨胀系数 α_x 减小幅度为 14.11%,轴向有效热膨胀系数 α_z 减小幅度约为 12.27%。由于孔隙在受热过程中可以吸收一部分膨胀量,因而材料的热膨胀系数减小。

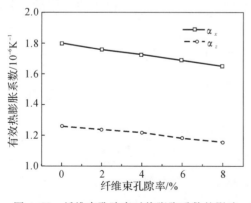

图 4.28　纤维束孔隙率对热膨胀系数的影响

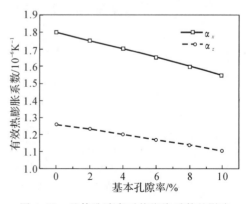

图 4.29　基体孔隙率对热膨胀系数的影响

图 4.30 给出了界面孔隙率对三维四向编织 C/C 复合材料有效热膨胀系数的影响。由图可见,三维四向编织 C/C 复合材料有效热膨胀系数随界面孔隙率增大呈非线性减小,当界面孔隙率从 0 增大至 50% 时,材料径向有效热膨胀系数 α_x 和轴向有效热膨胀系数 α_z 分别减小 5.24% 和 5.94%。

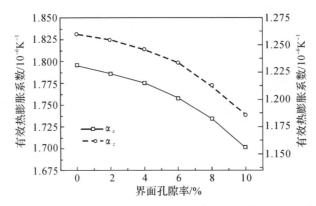

图 4.30　界面孔隙率对三维四向编织 C/C 复合材料有效热膨胀系数的影响

图 4.31 给出了三维四向编织 C/C 复合材料有效热膨胀系数随界面模量的变化曲线。其中界面模量在 $0.1C \sim 2C$ 之间变化(C 为基体模量)。由图可见,随着界面模量的增大,三维编织 C/C 复合材料有效热膨胀系数也增大:当界面模量小于 0.5 倍基体模量时,材料有效热膨胀系数随界面模量迅速增大,当界面模量大于 0.5 倍基体模量时,材料有效热膨胀系数随界面模量缓慢增大。同时,随着界面孔隙率的增大,材料有效热膨胀系数也减小:在界面模量是 0.1 倍基体模量的情况下,当界面孔隙率从 0 增大至 50% 时,材料径向有效热膨胀系数和轴向有效热膨胀系数分别减小 14.8% 和 23.2%,然而,在界面模量是 2 倍基体模量的情况下,当界面孔隙率从 0 增大至 50% 时,材料径向有效热膨胀系数和轴向有效热膨胀系数分别减小 4.7% 和 6.9%,因此,随着界面模量的增大,界面孔隙率对三维四向编织 C/C 复合材料有效热膨胀系数的影响幅度逐渐降低。

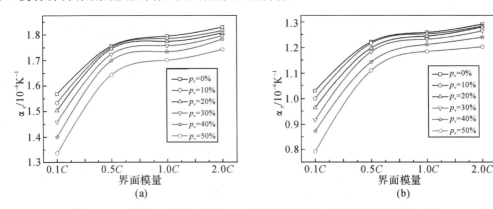

图 4.31　三维四向编织 C/C 复合材料有效热膨胀系数随界面模量的变化

(a)径向;(b)轴向

4.9.3 热传导性能预报

下面利用均匀化方法预报三维四向编织 C/C 复合材料的有效热传导性能,见表 4.3。研究了孔隙随机分布对预报结果的影响,利用 6 种随机单胞模型(R1~R6)预报得到的材料有效热传导系数非常接近,说明孔隙分布位置对有效热传导系数的影响较小。单胞模型 x 方向和 y 方向的有效热传导系数预报值十分接近,有效热传导系数与实验值基本一致,轴向热传导系数和径向热传导系数的相对误差分别为 0.59% 和 4.13%,说明了有效热传导系数的预报模型是有效的。

表 4.3　三维四向编织 C/C 复合材料有效热传导系数预报值和实验值

	随机模型	径向/$(W \cdot K^{-1} \cdot m^{-1})$		轴向/$(W \cdot K^{-1} \cdot m^{-1})$
		x 方向	y 方向	z 方向
预报值	R1	72.096	71.837	58.079
	R2	72.099	71.819	58.052
	R3	72.103	71.808	58.055
	R4	72.074	71.792	58.029
	R5	72.083	71.802	58.054
	R6	72.094	71.803	58.054
	平均值	72.092	71.81	59.082
实验值		75.20		58.73
相对误差/%		4.13		0.59

图 4.32 给出了利用均匀化方法获得的三维四向编织 C/C 复合材料单胞模型的 3 个特征温度场 $\Phi^{(x)}$,$\Phi^{(y)}$,$\Phi^{(z)}$,由图可见,单胞温度场分布具有周期性。

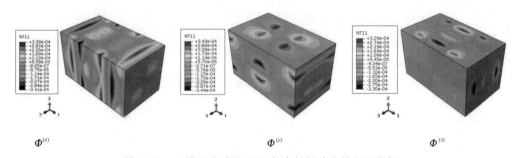

$\Phi^{(x)}$　　　　　$\Phi^{(y)}$　　　　　$\Phi^{(z)}$

图 4.32　三维四向编织 C/C 复合材料单胞特征温度场

图 4.33 给出了三维四向编织 C/C 复合材料有效热传导系数随基体相孔隙率的变化曲线。由图可见,基体相孔隙率对三维四向编织 C/C 复合材料的有效热传导系数具有显著影响,随着基体相孔隙率的增大,材料热传导系数呈线性快速减小,当孔隙率增大至 10% 时,径向和轴向有效热传导系数分别减小 14.22% 和 14.55%。

图 4.34 给出了有效热传导系数随纤维束孔隙率变化的曲线。由图可见,随着纤维增强相空隙率的增加,材料径向有效热传导系数基本呈线性递减,轴向热传导系数呈非线性递减,当纤维增强相空隙率为 8% 时,径向和轴向有效热传导系数分别减小 6.32% 和 3.01%,轴向热传导系数的减小幅度明显小于径向热传导系数的减小幅度。

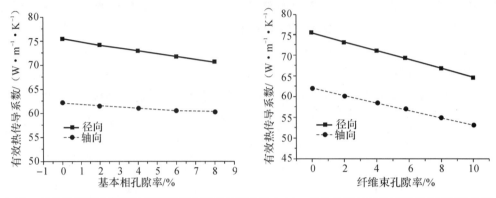

图 4.33　有效热传导系数随纤维增强相空隙率的变化 图 4.34　有效热传导系数随基体空隙率的变化

图 4.35 给出了三维四向编织 C/C 复合材料有效热传导系数随界面热导率的变化曲线。由图可见,三维四向编织 C/C 复合材料有效热传导系数随着界面热导率的增大近似呈线性增大,当界面热导率增大 20 倍($10\sim200\mathrm{W}\cdot\mathrm{K}^{-1}\cdot\mathrm{m}^{-1}$)时,径向和轴向有效热传导系数分别增加了 8.19% 和 9.0%,可见,界面热导率对材料有效热传导系数的影响幅度很小。

图 4.36 给出了三维四向编织 C/C 复合材料径向和轴向有效热传导系数随界面孔隙率的变化曲线。由图可见,随着界面孔隙率的增大,三维四向编织 C/C 复合材料有效热传导系数基本呈线性减小,但是减小幅度不大,在界面热导率为 $50\mathrm{W}\cdot\mathrm{K}^{-1}\cdot\mathrm{m}^{-1}$ 的情况下,当界面空隙率从 0 增大至 50% 时,径向和轴向热传导系数分别只减小 1.33% 和 1.54%。

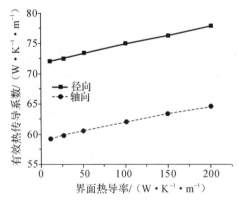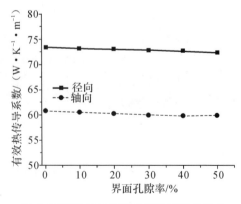

图 4.35 有效热导率随界面热导率的变化　　图 4.36 有效热导率随界面孔隙率的变化

参 考 文 献

［1］　YANG J M, CHOU T W. Fiber inclination model of three dimensional textile structural composites[J]. Journal of Composite Material，1989(23)：890 - 911.

［2］　KREGERS A F, MELBARDIS Y G. Determination of the deformability of three-dimensionally reinforced composites by the stiffness averaging method[J]. Polymer Mechanics，1978,14(1)：3 - 7 .

［3］　WU D L. Three-cell model and 5D braided structural composites [J]. Composites Science and Technology, 1996(56)：225 - 233.

［4］　杨振宇,卢子兴. 三维四向编织复合材料弹性性能的理论预测[J]. 复合材料学报，2004，21(2)：134 - 141.

［5］　燕瑛.编织复合材料弹性性能的细观力学模型[J].力学学报,1997,29(4):429 - 438.

［6］　梁军,杜善义,韩杰才. 一种含特定微裂纹缺陷三维编织复合材料弹性常数预报方法[J]. 复合材料学报, 1997, 14(1)：101 - 107.

［7］　梁军,杜善义,韩杰才,等. 含缺陷三维编织复合材料热膨胀系数计算[J].宇航学报, 1998, 19(1):4.

［8］　KONG C Y, SUN Z G, NIU X M, et al. Analytical model of elastic modulus and coefficient of thermal expansion for 2. 5D C/SiC composite[J]. J Wuhan Univ Technol Mater Sci Ed, 2013,28 (3):494 - 499.

［9］　HATTA H, TAKEI T, TAYA M. Effects of dispersed micro voids on thermal expansion behavior of composite materials[J]. Mater Sci Eng A, 2000(285):99 - 110.

［10］　PANG B J, ZENG T, DU S Y, et al. Micromechanical analysis of thermal expansion coefficients of three dimensional composites with micro cracks[J]. J Harbin Inst Technol, 2001,33(2):155 - 157.

［11］　张卫红,汪雷,孙士平. 基于导热性能的复合材料微结构拓扑优化设计[J]. 航空学报, 2006, 27(6)：1229 - 1233.

［12］　ZHANG W H ,DAI G M,WANG F W,et. al. Topology optimization of material microstruetures using strain energy-based prediction of effective elastic properties [J]. Acta Mechanica Sinica,2007,23(1):77 - 89.

［13］　许英杰,张卫红,杨军刚,等. 平纹机织多元多层碳化硅陶瓷基复合材料的等效弹性模量预测[J]. 航空学报,2008, 29(5):1350 - 1355.

［14］　孔春元,孙志刚,高希光,等. 2.5 维 C/SiC 复合材料单胞模型及刚度预测[J]. 航空动力学报,2011, 26(11):2459 - 2467.

［15］　燕瑛,韩凤宇,杨东升,等. 缝合复合材料弹性性能的三维有限元细观分析与试验验证[J].航空学报,2004,25(3):267 - 269.

［16］　李书良,顾靖伟,李国才,等.编织参数对轴编 C/C 复合材料热膨胀系数的影响[J]. 固体火箭技术,2012(5):665 - 669.

[17]　卢子兴,徐强,王伯平,等.含缺陷平纹机织复合材料拉伸力学行为数值模拟[J].复合材料学报,2011,28(6):200-207.

[18]　石多奇,牛宏伟,景鑫.考虑孔隙的三维编织陶瓷基复合材料弹性常数预测方法[J].航空动力学报,2014,29(12):2891-2897.

[19]　SHEN X,GONG L. RVE model with porosity for 2D woven SiC/SiC composites [J].Journal of Materials Engineering Performance,2016,25(12):5138-5144.

[20]　徐焜,钱小妹.随机孔隙缺陷对3D编织复合材料力学性能的影响研究[J].固体力学学报,2013,34(4):396-400.

[21]　齐泽文,胡殿印,张龙,等.含孔隙三维四向编织复合材料力学性能的双尺度分析[J].推进技术,2018,39(8):1873-1879.

[22]　CHEN L,TAO X M. Mechanical analysis of 3-d braided composites by the finite multiphase element method[J]. Composites Science and Technology, 1999(59):2383-2391.

[23]　庞宝君,杜善义,韩杰才.三维四向编织复合材料细观组织及分析模型[J].复合材料学报,1999,16(3):135-139.

[24]　HASSANI B,HINTON E. A review of homogenization and topology optimization Ⅰ:homogenization theory for media with periodic structures[J]. Computers and Structures,1998,69:707-717.

[25]　HASSANI B,HINTON E. A review of homogenization and topology optimization Ⅱ:analytical and numerical solution of homogenization equations[J]. Computers and Structures,1998,69:719-738.

[26]　HASSANI B,HINTON E. A review of homogenization and topology optimization Ⅲ:topology optimization using optimality criteria[J]. Computers and Structures,1998,69:739-756.

[27]　刘书田.复合材料应力分析的均匀化方法[J].力学学报,1997,29(3):306-313.

[28]　刘书田,程耿东.基于均匀化理论的复合材料热膨胀系数预测方法[J].大连理工大学学报,1995,35(5):451-457.

[29]　CHENG G D,CAI Y W,XU L. Novel implementation of homogenization method to predict effective properties of periodic materials[J].Acta Mechanica Sinica,2013(4):550-556.

[30]　冯淼林,吴长春,孙慧玉.三维均匀化方法预测编织复合材料等效弹性模量[J].材料科学与工程,2001(3):37-40.

[31]　董纪伟,孙良新,洪平.基于均匀化理论的三维编织复合材料等效弹性性能预测[J].宇航学报,2005,26(4):482-486.

[32]　董其伍,王哲,刘敏珊.渐进均匀化理论研究复合材料有效力学性能[J].材料科学与工程学报,2008(1):76-79.

[33]　唐敏,高波,史宏斌,等.基于均匀化方法的轴编C/C复合材料性能预测[J].固体火箭技术,2011,34(1):110-113.

[34] NASUTION M R E.，WATANABE N，K A，et al. Thermomechanical properties and stress analysis of 3D textile composites by asymptotic expansion homogenization method[J]. Compos. Part B,2014,60:378 - 391.

[35] ZHAI J，CHENG S，ZENG T,et al. Thermo-mechanical behavior analysis of 3D braided composites by multiscale finite element method[J]. Compos Struct 2017, 176：664 - 672.

[36] WEI K L，LI J，SHI H B，et al. Two-scale prediction of effective thermal conductivity of 3D braided C/C composites considering void defects by asymptotic homogenization method[J]. Applied Composite Material，2019，26(5/6)：1367 - 1387.

[37] WEI K L，LI J，SHI H B，et al. Numerical evaluation on the influence of void defects and interphase on thermal expansion coefficients of three-dimensional woven carbon/carbon composites[J]. Composite Interfaces，2020，27(9)：873 - 892.

[38] 汪海滨，张卫红，杨军刚，等. 考虑孔隙和微裂纹缺陷的 C/C - SiC 编织复合材料等效模量计算[J]. 复合材料学报，2008，25(3)：182 - 189.

[39] DONG J，HUO N. A two-scale method for predicting the mechanical properties of 3D braided composites with internal defects [J]. Composite Structures，2016，152 (9)：1 - 10.

[40] HUANG T，GONG Y. A multiscale analysis for predicting the elastic properties of 3D woven composites containing void defects [J]. Composite Structures，2018，185 (2)：401 - 410.

[41] 齐泽文，胡殿印，张龙，等. 含孔隙三维四向编织复合材料力学性能的双尺度分析 [J]. 推进技术，2018，39(8)：1873 - 1879.

[42] 魏坤龙，史宏斌，李江，等. 孔隙缺陷对三维编织 C/C 复合材料等效弹性性能的影响 [J],材料科学与工程学报,2021,39(2)：186 - 192.

[43] LU Z，ZHOU Y，YANG Z，et al. Multi-scale finite element analysis of 2.5D woven fabric composites under on-axis and off-axis tension[J]. Computational Materials Science，2013，79:485 - 494.

[44] 曾翔龙，王奇志，苏飞. 含缺陷 C/SiC 平纹机织复合材料拉伸力学行为数值模拟 [J]. 航空材料学报，2017，37(4)：61 - 68.

[45] 惠新育，许英杰，张卫红，等. 平纹编织 SiC/SiC 复合材料多尺度建模及强度预测 [J]. 复合材料学报，2018,36(10)：2380 - 2388.

[46] HE C W，GE J R，QI D X，et al. A multiscale elasto-plastic damage model for the nonlinear behavior of 3D braided composites[J]. Composites Science and Technology，2019,171：21 - 33.

[47] 张洁皓，段晨，侯玉亮，等. 基于渐进均匀化的平纹编织复合材料低速冲击多尺度方法[J]. 力学学报，2019，5:23 - 29.

[48] 李典森，卢子兴，蔺晓明，等. 三维四向编织复合材料弹性性能的有限元预报[J]. 北京航空航天大学学报,2006,32(7)：828 - 832.

[49] 卢子兴,夏彪,王成禹. 三维六向编织复合材料渐进损伤模拟及强度预测[J]. 复合材料学报,2013,30(5):166 - 173.

[50] ZHANG C, XU X W. Finite element analysis of 3D braided composites based on three unit-cells models[J]. Composite Structures,2013,98:130 - 142.

[51] 张超. 三维多向编织复合材料宏细观力学性能及高冲击损伤研究[D]. 南京:南京航空航天大学,2013.

[52] ZHANG C, XU X W, CHEN K. Application of three unit-cells models on mechanical analysis of five directional and full five directional braidedcomposites[J]. Applied Composite Materials, 2013,20:803 - 825.

[53] FANG G D, LIANG J, WANG Y, et al. The effect of yarn distortion on the mechanical properties of 3D four-diredictional braided composites[J]. Composites Part A,2009,40(40):343 - 350.

[54] YUSHANOV S P, BOGDANOVICH A E. Stochastic theory of composite materials with random Waviness of the Reinforcements[J]. International Journal of Solids and Structures, 1998, 35(22):2901 - 2930.

[55] YUSHANOV S, BOGDANOVICH A. Fiber waviness in textile composites and its stochastic modeling [J]. Mechanics of Composite Materials, 2000, 36 (4): 297 - 318.

[56] VORECHOVSKY M, CHUDOBA R. Stochastic modeling of multi-filament yarns: II. random properties over the length and size effect[J]. International Journal of Solids and Structures, 2006, 43:435 - 458.

[57] FANG G D, LIANG J, WANG Y, et al. The effect of yarn distortion on the mechanical properties of 3D four-diredictional braided composites[J]. Composites Part A,2009,40(40):343 - 350.

[58] XU K , QIAN X. Analytical prediction of the elastic properties of 3D braided composites based on a new multiunit cell model with consideration of yarn distortion [J]. Mechanics of Materials, 2016, 92(1):139 - 154.

[59] BALE H, BLACKLOCK M, BEGLEY M R, et al. Characterizing three-dimensional textile ceramic composites using synchrotron X-ray micro-computed-tomography[J]. J Am Ceram Soc, 2012,95(1):392 - 402.

[60] BLACKLOCK M, BALE H, BEGLEY M, et al. Generating virtual textile composite specimens using statistical data from micro-computed tomography: 1D tow representations for the Binary Model[J]. J Mech Phys Solids, 2012,60:451 - 70.

[61] RINALDI R G, BLACKLOCK M, BALE H, et al. Generating virtual textile composite specimens using statistical data from micro-computed tomography: 3D tow representations[J]. J Mech Phys Solids,2012,60:1561 - 81.

[62] FARD M Y, SADAT S M, RAJI B B, et al. A Damage characterization of surface

and sub-surface defects in stitch-bonded biaxial carbon/epoxy composites[J]. Composites: Part B, 2014,56:821 - 9.

[63] DESPLENTERE F, LOMOV S V, WOERDEMAN D L, et al. Micro-CT characterization of variability in 3D textile architecture[J]. Compos Sci Technol,2005, 65:1920 - 30.

[64] AI S G, ZHU X L, MAO Y Q, et al. Finite element modeling of 3D orthogonal woven C/C composite based on micro-computed tomography experiment[J]. Appl Compos Mater, 2014,21(4):603 - 614.

[65] YUAN Z, FISH J. Toward realization of computational homogenization in practice [J]. International Journal for Numerical Methods in Engineering, 2008, 73: 361 - 380.

[66] HORI M, NEMAT N S. On two micromechanics theories for determining micro-macro relations in heterogeneous solids[J]. Mechanics of Materials, 1999, 31(10): 667 - 682.

[67] WHITCOMB J D, CHAPMAN C D, TANG, X D. Derivation of boundary conditions for micromechanics analysis of plain and satin weave composites[J]. Journal of Composite Materials, 2000, 34(9): 724 - 747.

[68] XIA Z H, ZHANG Y F, ELLYIN F. A unified periodical boundary conditions for representative volume elements of composites and applications[J]. International Journal of Solids and Structures, 2003, 40(8): 1907 - 1921.

[69] LI S G. Boundary conditions for unit cells from periodic microstructures and their implications[J]. Composites Science and Technology, 2008, 68(9): 1962 - 1974.

[70] XIA Z H, ZHOU C W, YONG Q L, et al. On selection of repeated unit cell model and application of unified periodic boundary conditions in micro-mechanical analysis of composites[J]. International Journal of Solids and Structures, 2006, 43(2): 266 - 278.

[71] SONG Y Z, WANG J S. Pore structure of 3D carbon/carbon composites [J]. Carbon techniques,2016, 35: 32 - 35.

[72] 任明法,常鑫. 基于两尺度代表体元的含孔隙复合材料单层板弹性常数预测[J]. 复合材料学报,2016, 33(5): 1111 - 1118.

[73] 卢子兴,徐强,王伯平,等. 含缺陷平纹机织复合材料拉伸力学行为数值模拟[J]. 复合材料学报,2011, 28(6): 200 - 207.

[74] 石多奇,牛宏伟,景鑫. 考虑孔隙的三维编织陶瓷基复合材料弹性常数预测方法[J]. 航空动力学报, 2014, 29(12):2891 - 2897.

[75] SHEN X,GONG L. RVE model with porosity for 2D woven SiC/SiC Composites [J]. Journal of Materials Engineering Performance,2016,25(12):5138 - 5144.

[76] 徐焜,钱小妹. 随机孔隙缺陷对 3D 编织复合材料力学性能的影响研究[J]. 固体力学

学报，2013，34(4)：396－400.

[77] 齐泽文，胡殿印，张龙，等.含孔隙三维四向编织复合材料力学性能的双尺度分析[J].
推进技术，2018，39(8)：1873－1879.

[78] 仲苏洋，果立成，解维华，等.含随机空隙三维机织复合材料有效力学性能预报[J].
复合材料学报，2013，30(增刊)：189－192.

[79] 张锐，文立华，杨淋雅，等.复合材料热传导系数均匀化计算的实现方法[J].复合材料
学报，2014，31(6)：1581－1587.

[80] 梁军，黄富华，杜善义.周期性单胞复合材料有效弹性性能的边界力方法[J].复合材
料学报，2010，27(2)：108－112.

[81] 张超，许希武，严雪.纺织复合材料细观力学分析的一般性周期性边界条件及其有限
元实现[J].航空学报，2013，34(7)：1636－1645.

[82] SHI H B, TANG M, GAO B, et al. Effect of graphitizing parameters on 4D－in-
plain carbon/carbon composite[J]. New Carbon Material,2011,26(4)：287－292.

[83] HATTA H, TAKEI T, TAYA M. Effects of dispersed micro voids on thermal ex-
pansion behavior of composite materials［J］. Mater Sci Eng A，2000(285)：
99－110.

[84] WEI K L, LI J, SHI H B, et al. Numerical evaluation on the influence of void de-
fects and interphase on thermal expansion coefficients of three-dimensional woven
carbon/carbon composites[J]. Composite Interfaces，2020，27(9)：873－892.

[85] GUEDES J M,KIKUCHI N. Preprocessing and postprocessing for materials based
on the homogenization method with adaptive finite element methods[J]. Computer
Methods in Applied Mechanics and Engineering，1990,83(2)：143－198.

第5章 单向纤维增强复合材料多尺度分析的细观模型

5.1 引 言

纤维增强复合材料具有多层级、多尺度的特点,宏观尺度(结构尺度)上通常将其看作均匀材料,细观尺度(纤维/基体尺度)上看,则是由增强纤维、基体以及两者之间的界面过渡区等构成的多组分、非均质材料,其宏观力学性能必然受到细观结构的影响,宏观上的失效过程是由细观结构的损伤发展所致。因此,要获得纤维增强复合材料的宏观力学性能,必须要确定细观尺度上的应力、应变分布。

目前,研究纤维增强复合材料的方法主要分为宏观力学方法和细观力学方法。复合材料宏观力学方法是从唯象学的观点出发,基于均匀化假设和连续介质理论,将复合材料当作宏观均匀介质,将纤维增强体和基体作为一体,不考虑组分材料的相互影响,仅仅考虑复合材料的平均性能。宏观力学方法中的应力、应变不是基体和增强相的真实应力、应变,而是在宏观尺度上的某种平均值。

复合材料细观力学的目的是建立复合材料宏观性能和组分材料性能及细观结构之间的定量关系,是将细观结构特征与宏观力学分析相结合,建立两个尺度之间的联系。围绕纤维增强复合材料宏细观力学性能之间的关联以及细观应力-应变场的计算,国内外学者们研究并提出了很多的理论和数值模型,主要分为理论分析法、数值法和半解析半数值方法。

理论分析法用来研究复合材料处于弹性范围时的弹性性能。采用理论分析法只能根据组分材料的性能获得复合材料的宏观弹性性能,常见的理论分析法包括 Voigt – Reuss 混合律、Hashin-Shtrikman 界限法、自洽法、广义自洽法、Mor-Tanaka 法、微分法等,由这些解析模型很难获得内部结构的应力-应变场,它们主要用于预测复合材料的宏观等效性能。

数值法的典型代表是有限元方法,通过有限元方法可以建立反映材料细观结构的数值模型,可以获得细观结构的应力-应变分布,结合细观力学的细观有限元方法,不仅可以获得复合材料的宏观等效性能,还可以实现复合材料的损伤和破坏分析。Dvorak 和 Teply 等人假设纤维在基体中呈六角形周期性分布,对代表性体积元划分网格,建立类似于有限元法的方程组,通过求解方程可获得宏-细观物理量。Ghosh 以纤维为中心将基体划分成 n 边凸状的多边形单元,以此为基础建立有限元方程,研究具有任意分布增强相的非均匀材料,该方法后来发展为 n 边多边形体胞的有限元模型。细观有限元方法的最大优点在于它能够获得纤维直径尺度下的完整的应力-应变场,以反映复合材料宏观应力-应变响应特征,进而能够分析宏观有效性能对细观结构的依赖关系。但是,对于结构尺度较大的复合材料宏观结构,组分材料的尺度通常很小,采用传统的有限元建模,将复合材料细观结构全部考虑,直接进行应力-应变场的计算以及非线性损伤模拟分析会非常复杂,尽管高性能计算机已出现,但是处理此类问题的成本依然很高。

为了获得复合材料的内部应力-应变场,Aboudi 等于 1989 年提出了求解复合材料内部应力-应变场的半解析法,称为胞元法(Method Of Cell,MOC)。在胞元法中,假设纤维截面为方形,纤维呈方形排列的胞元被离散为 4 个子胞,其中 1 个子胞代表纤维,其余 3 个子胞元代表基体,如图 5.1 所示。假设子胞的位移是局部坐标的线性函数,根据相邻子胞与单胞边界之间位移和力的连续性条件,得到关于单胞局部应变和全局应变之间的一系列方程组,求解方程组就可以在已知全局应变场的情况下得到局部应变场,再利用均匀化理论获得复合材料宏观应力-应变关系。Kwon 等、B. A. Bednarcyk 等 应用单胞模型研究了纤维增强复合材料的损伤破坏分析和蠕变问题。张博明等利用胞元法求解纤维丝和基体应力-应变场,构建了单向纤维复合材料层合板宏-细观多尺度分析模型,研究了开孔单向板复合材料的拉伸强度。胞元法中 1 个单胞只能划分为 4 个子胞元,无法反映纤维丝形状和排布方式,对于纤维束局部应力-应变场的计算精度较低。

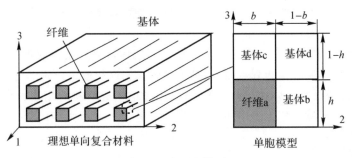

图 5.1　胞元法模型

Paley 和 Aboudi 在 1992 年将胞元法扩展为通用单胞法(General Method of Cell,GMC)(见图 5.2),允许将胞元离散为任意数量的子胞,从而可以近似拟合纤维形状和排布方式。通用单胞法成为 NASA 先进复合材料结构分析的主要方法,他们还开发了相应的分析软件。Arnold 等结合 NASA 通用胞元微观力学分析软件(MAC/GMC)和有限元分析(FEA)软件发展了有限元微观力学分析软件(FEAMAC),利用通用单胞模型求解有限单元的每个高斯积分点,进而实现了复合材料多尺度有限元计算。利用通用单胞法,高希光等、沈明等分别研究了单向纤维增强复合材料的有效弹性性能。Naghipour 等利用通用胞元法对有缺口的复合材料层合板在拉伸和压缩载荷下的失效过程进行了多尺度分析。Borkowski 等利用通用单胞法对平纹编织 C/SiC 复合材料进行了多尺度渐进损伤预测。张博明等采用子胞应力为未知量进行算法改进,提高了单胞模型网格细化程度。在通用单胞法中,子胞位移通常采用线性位移函数和应力边界条件,不能反映正应力与剪应力的耦合,从而无法得到准确的应力-应变场。为了提高局部应力-应变场的计算精度,Aboudi 等于 2001 年进一步发展了高精度通用单胞法(High-Fidelity Generalized Method of Cells,HFG-MC),将子胞位移场采用二阶多项式近似,获得了更为准确的细观应力-应变场。随后,

Aboudi 等将高精度通用单胞法成功用于复合材料非线性分析,Pineda 等采用高精度通用单胞法和单胞模型模拟了纤维增强复合材料的横向开裂行为。此外,高精度通用单胞法也应用于复合材料微结构拓扑优化和宏细观本构模型方面。通过引入细观强度准则和损伤模型,Bednarcyk 等利用高精度通用单胞法分析了纤维增强复合材料界面脱黏、基体开裂以及渐进损伤。刘长喜等基于高精度通用单胞法建立了复合材料层合板和螺栓连接结构的多尺度损伤分析模型,分析了几何参数对螺栓连接结构强度的影响。通过通用单胞法(GMC),可以获得组分材料应力应变的空间分布,但是在涉及复合材料渐进损伤非线性数值模拟中,需要同时进行多个未知量的求解,所以计算时间就显得较长。

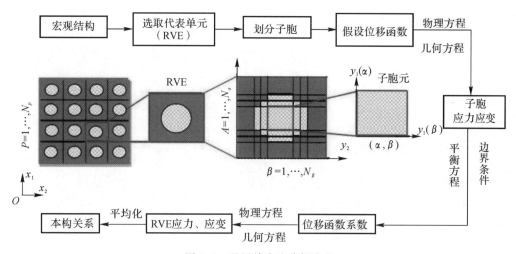

图 5.2　通用单胞法分析流程

针对宏观应力-应变场与微观应力-应变场之间的关联,Sung 等通过对单向复合材料代表性体积单胞模型施加 6 组单位应力载荷并进行有限元数值计算,然后提取纤维丝和基体在特征点处的平均应力-应变响应,构建宏观应力到细观应力的应力放大因子。李星等通过对单向复合材料代表性体积单胞模型施加 6 组单位应力载荷,然后提取纤维丝和基体在特征点处的平均应力-应变响应,构建了宏观应力到细观应力的机械应力放大因子和热应力放大系数,开展了树脂基复合材料层合板在拉伸载荷作用下的宏细观跨尺度数值模拟。Wang 等采用类似的方法构建了纤维束和纤维丝/基体应力之间的跨尺度关联因子。显然,应力放大因子直接与特征点的选取有关,而且采用特征点处的平均应力-应变计算得到的应力放大因子为固定值,无法反映组分材料应力应变的空间变化。

黄争鸣等建立了复合材料桥联模型(bridging model),以预报复合材料的宏观弹性模量,并将该模型用于复合材料结构的有限元分析,得到了组分材料应力的近似分布情况。桥联模型仅需要组分材料的性能参数,即可完成复合材料应力的计算,不仅可以计算线弹性应力,还可以计算弹塑性应力。近年来,桥联模型在复合材料破坏分析方面取得重要进展,导出了基体应力集中系数,预报精度不断提高。

20 世纪 70 年代出现的多尺度渐进展开均匀化理论(asymptotic homogenization theory),通过摄动技术将宏观物理量展开成关于宏观坐标和细观坐标的函数,根据几何方程、物理方程以及平衡方程建立展开量之间的关系,再利用细观结构的周期性以及边值条件求解各展开量以及宏观物理量,不但可以给出复合材料的宏观有效性能,还可以获得非均匀性扰动引起的局部细观应力应变。Matsui 等基于渐近展开均匀化理论,提出了均匀化理论的数值方法,实现了材料等效弹性常数和细观尺度物理量的求解。Ghosh 等基于多尺度渐近展开均匀化,考虑了复合材料的塑性和损伤效应,利用有限元方法得到了材料的均匀化本构关系。Fish 等基于渐进展开均匀化理论,提出了复合材料细观损伤的双尺度有限元模型。刘书田、程耿东利用双尺度渐进展开理论推导了单向纤维增强复合材料在单轴拉伸时的一阶细观位移场和应力场。与通用单胞法等相比,渐进展开均匀化理论可以较好地处理具有复杂微结构的复合材料多尺度关联。

复合材料的多尺度分析是当前力学研究的国际前沿问题,发展简单、高效和高精度的细观力学计算模型,是进行复合材料多尺度分析的前提和基础,也是一直以来复合材料细观力学研究者们研究的热点,目前仍处于不断发展和完善之中。

5.2　通用单胞模型

5.2.1　通用单胞(GMC)模型假设

(1)纤维周期性分布假设。

对于单向纤维增强复合材料而言,纤维在基体中的分布通常具有一定的规律性和统计均匀性。因此,可以选取具有代表性的单胞来研究材料的性能,如图 5.3 所示。

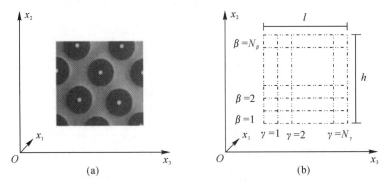

图 5.3　代表性单胞及其子胞
(a)RVE;(b)Subcells

为单胞建立坐标轴系并对其进行子胞划分。其中,局部坐标轴 x_1 方向代表纤维纵向,x_2,x_3 方向分别代表纤维的横向,l,h 是 RVE 的几何尺寸。将 RVE 划分成 $N_\beta \times N_\gamma$ 个若干子胞($\beta = 1, \cdots, N_\beta$,$\gamma = 1, \cdots, N_\gamma$)每个子胞可以单独赋予相应的材料属性。

(2)RVE 内一阶线性位移假设。

GMC 模型理论认为,在 RVE 内各点位移呈一阶线性形式分布。基于这一假设,RVE 内各个子胞的位移可以表示为如下形式:

$$u_i^{(\beta\gamma)} = \omega_i^{(\beta\gamma)} + x_2^{(\beta)} \varphi_i^{(\beta\gamma)} + x_3^{(\gamma)} \psi_i^{(\beta\gamma)} \tag{5.1}$$

式中:下标 i——坐标轴方向,$i = 1, 2, 3$;

上标$(\beta\gamma)$——子胞的编号，$\beta=1,\cdots,N_\beta$，$\gamma=1,\cdots,N_\gamma$；

$\omega_i^{\beta\gamma}$——第$(\beta\gamma)$子胞中心的位移量；

$\varphi_i^{(\beta\gamma)}$，$\psi_i^{(\beta\gamma)}$——与子胞应变有关的微变量。

（3）应力与应变的体积平均假设。

均匀化理论认为，复合材料宏观结构中的一点具有该点的一个微小邻近区域所拥有的细观结构特征。根据均匀化理论，细观量和宏观量之间存在着平均关系，宏观力学量可以表示成细观力学量的叠加性函数。因此，RVE 的应力和应变可以定义为各子胞应力和应变的体积平均值。RVE 的应力、应变可以表示为

$$\boldsymbol{\sigma} = \frac{1}{hl} \sum_{\beta=1}^{N_\beta} \sum_{\gamma=1}^{N_\gamma} h_\beta l_\gamma \boldsymbol{\sigma}^{(\beta\gamma)} \tag{5.2}$$

$$\boldsymbol{\varepsilon} = \frac{1}{hl} \sum_{\beta=1}^{N_\beta} \sum_{\gamma=1}^{N_\gamma} h_\beta l_\gamma \boldsymbol{\varepsilon}^{(\beta\gamma)} \tag{5.3}$$

（4）子胞界面位移、应力连续假设。

假设 RVE 中各子胞之间在界面上处于完好黏结状态。由连续介质力学的知识可知，各子胞之间在界面处的变形应为连续的。然而，使子胞位移在界面上的各个点都满足连续性要求是十分困难的。因此，需要对子胞界面位移的连续性条件进行适当弱化，只要求子胞界面处位移的平均值满足连续性要求，即子胞界面位移在平均意义上是连续的。位移连续条件可以表示为

$$\varepsilon_{11}^{(\beta\gamma)} = \varepsilon_{11}, \beta=1,\cdots,N_\beta; \gamma=1,\cdots,N_\gamma \tag{5.4a}$$

$$\sum_{\beta=1}^{N_\beta} h_\beta \varepsilon_{22}^{(\beta\gamma)} = h\varepsilon_{22}, \gamma=1,\cdots,N_\gamma \tag{5.4b}$$

$$\sum_{\beta=1}^{N_\beta} h_\beta \varepsilon_{12}^{(\beta\gamma)} = h\varepsilon_{12}, \gamma=1,\cdots,N_\gamma \tag{5.4c}$$

$$\sum_{\gamma=1}^{N_\gamma} l_\gamma \varepsilon_{33}^{(\beta\gamma)} = l\varepsilon_{33}, \beta=1,\cdots,N_\beta \tag{5.4d}$$

$$\sum_{\gamma=1}^{N_\gamma} l_\gamma \varepsilon_{13}^{(\beta\gamma)} = l\varepsilon_{13}, \beta=1,\cdots,N_\beta \tag{5.4e}$$

$$\sum_{\beta=1}^{N_\beta} \sum_{\gamma=1}^{N_\gamma} h_\beta l_\gamma \varepsilon_{23}^{(\beta\gamma)} = hl\varepsilon_{23} \tag{5.4f}$$

对于子胞界面应力的连续条件，可以利用应力张量的对称性表示为如下形式：

$$\sigma_{22}^{(1\gamma)} = \sigma_{22}^{(2\gamma)} = \cdots = \sigma_{22}^{(N_\beta\gamma)} = T_{22}^{(\gamma)}, \gamma=1,\cdots,N_\gamma \tag{5.5a}$$

$$\sigma_{33}^{(\beta1)} = \sigma_{33}^{(\beta2)} = \cdots = \sigma_{33}^{(\beta N_\gamma)} = T_{33}^{(\beta)}, \beta=1,\cdots,N_\beta \tag{5.5b}$$

$$\sigma_{21}^{(1\gamma)} = \sigma_{21}^{(2\gamma)} = \cdots = \sigma_{21}^{(N_\beta\gamma)} = T_{21}^{(\gamma)}, \beta=1,\cdots,N_\beta \tag{5.5c}$$

$$\sigma_{31}^{(\beta1)} = \sigma_{31}^{(\beta2)} = \cdots = \sigma_{31}^{(\beta N_\gamma)} = T_{31}^{(\beta)} = T_{13}^{(\beta)}, \beta=1,\cdots,N_\beta \tag{5.5d}$$

$$\sigma_{23}^{(1\gamma)} = \sigma_{23}^{(2\gamma)} = \cdots = \sigma_{23}^{(N_\beta\gamma)} = T_{23}^{(\gamma)} = \sigma_{32}^{(\beta1)} = \sigma_{32}^{(\beta2)} = \cdots = \sigma_{32}^{(\beta N_\gamma)} = T_{32}^{(\beta)} = T_{23} \tag{5.5e}$$

式中：T_{22}^γ——第 γ 列子胞的界面正应力；

T_{21}^γ，T_{23}^γ——分别为第 γ 列子胞的界面剪切应力；

T_{33}^{β}——第 β 行子胞的界面正应力;

T_{31}^{β},T_{32}^{β}——分别为 β 行子胞的界面剪切应力。

5.2.2 传统的 GMC 模型

传统的 GMC 模型以子胞应变为基本的细观未知量,结合上述假设条件进行求解,可建立宏-细观本构方程,现简述如下。

首先,将子胞单元界面位移连续条件,即方程式(5.4)表达成矩阵形式:

$$A_G \boldsymbol{\varepsilon}_s = J \boldsymbol{\varepsilon} \tag{5.6}$$

式中:矩阵 A_G 包括各个子胞的几何尺寸;

$\boldsymbol{\varepsilon}_s = [\boldsymbol{\varepsilon}^{(11)}, \cdots, \boldsymbol{\varepsilon}^{(N_\beta N_\gamma)}]$——各个子胞应变向量矩阵(其中,任意一个子胞应变 $\boldsymbol{\varepsilon}^{(N_\beta N_\gamma)}$ 包含 6 个应变向量,即 $\boldsymbol{\varepsilon}_s$ 是 $6N_\beta N_\gamma$ 维向量);

矩阵 J 包含 RVE 的几何尺寸;

$\boldsymbol{\varepsilon}$——宏观应变向量矩阵。

其次,将子胞界面应力连续条件,即式(5.5a)~式(5.5e)表达成矩阵形式:

$$A_M \boldsymbol{\varepsilon}_s = 0 \tag{5.7}$$

其中,矩阵 A_M 包含各子胞材料性能的弹性常数。

将式(5.6)和式(5.7)合并可得

$$A \boldsymbol{\varepsilon}_s = K \boldsymbol{\varepsilon} \tag{5.8}$$

其中,$A = \begin{bmatrix} A_M \\ A_G \end{bmatrix}$,$K = \begin{bmatrix} 0 \\ J \end{bmatrix}$。

将式(5.8)写成由宏观应变求解子胞应变的形式,即

$$\boldsymbol{\varepsilon}_s = \mathcal{A} \boldsymbol{\varepsilon} \tag{5.9}$$

其中,$\mathcal{A} = A^{-1} K$。

最后,利用应力和应变的体积平均假设,建立单向复合材料宏观刚度矩阵与细观结构中纤维、基体、界面相组分材料性能及体积分数的关系,等效宏观刚度矩阵形式为

$$C^* = \frac{1}{hl} \sum_{\beta=1}^{N_\beta} \sum_{\gamma=1}^{N_\gamma} h_\beta l_\gamma C^{(\beta\gamma)} \mathcal{A}^{(\beta\gamma)} \tag{5.10}$$

式中:$C^{(\beta\gamma)}$——子胞材料性能刚度矩阵。

传统的 GMC 模型中,矩阵 A 的维数是 $6N_{\beta\gamma} \times 6N_{\beta\gamma}$,当 RVE 中子胞划分数目大于 10×10 时,模型的求解效率急速降低,这严重限制了该模型的实际应用。因此,Pindera 和 Bednarcyk 于 1999 年提出了具有高效求解效率的改进 GMC 模型。

5.2.3 改进的 GMC 模型

由子胞界面应力连续条件,即式(5.5a)~式(5.5e)可知:对于任意 γ 列(或者 β 行)子胞,其应力在同一个方向上是相等的。因此,如果以子胞应力作为基本的细观未知量进行求解,建立宏-细观本构方程,则待求解未知量的数量大大减少,模型的求解效率也将得到极大的提高。宏观本构方程的建立过程如下:

根据子胞的本构关系,将子胞主应变表示为子胞主应力的函数形式,即

$$\boldsymbol{\varepsilon}_{11}{}^{(\beta\gamma)} = S_{11}^{(\beta\gamma)}\boldsymbol{\sigma}_{11}{}^{(\beta\gamma)} + S_{12}^{(\beta\gamma)}\boldsymbol{\sigma}_{22}{}^{(\beta\gamma)} + S_{13}^{(\beta\gamma)}\boldsymbol{\sigma}_{33}{}^{(\beta\gamma)} \tag{5.11a}$$

$$\boldsymbol{\varepsilon}_{22}{}^{(\beta\gamma)} = S_{12}^{(\beta\gamma)}\boldsymbol{\sigma}_{11}{}^{(\beta\gamma)} + S_{22}^{(\beta\gamma)}\boldsymbol{\sigma}_{22}{}^{(\beta\gamma)} + S_{23}^{(\beta\gamma)}\boldsymbol{\sigma}_{33}{}^{(\beta\gamma)} \tag{5.11b}$$

$$\boldsymbol{\varepsilon}_{33}{}^{(\beta\gamma)} = S_{13}^{(\beta\gamma)}\boldsymbol{\sigma}_{11}{}^{(\beta\gamma)} + S_{23}^{(\beta\gamma)}\boldsymbol{\sigma}_{22}{}^{(\beta\gamma)} + S_{33}^{(\beta\gamma)}\boldsymbol{\sigma}_{33}{}^{(\beta\gamma)} \tag{5.11c}$$

将式(5.4a),即各子胞轴向变形相等的边界条件代入式(5.11a),即可得到子胞轴向应力:

$$\boldsymbol{\sigma}_{11}{}^{(\beta\gamma)} = \frac{1}{S_{11}^{(\beta\gamma)}}\left[\boldsymbol{\varepsilon}_{11} - S_{12}^{(\beta\gamma)}\boldsymbol{\sigma}_{22}{}^{(\beta\gamma)} + S_{13}^{(\beta\gamma)}\boldsymbol{\sigma}_{33}{}^{(\beta\gamma)}\right] \tag{5.12}$$

将式(5.12)代入式(5.11b)和式(5.11c)中并消去 $\boldsymbol{\sigma}_{11}^{(\beta\gamma)}$,得到子胞正应变 $\boldsymbol{\varepsilon}_{22}^{(\beta\gamma)}$,$\boldsymbol{\varepsilon}_{33}^{(\beta\gamma)}$ 关于 $\boldsymbol{\sigma}_{22}^{(\beta\gamma)}$,$\boldsymbol{\sigma}_{33}^{(\beta\gamma)}$ 及宏观应变 $\boldsymbol{\varepsilon}_{11}$ 的关系式如下:

$$\boldsymbol{\varepsilon}_{22}{}^{(\beta\gamma)} = \frac{S_{12}^{(\beta\gamma)}}{S_{11}^{(\beta\gamma)}}\boldsymbol{\varepsilon}_{11} + \left\{S_{22}^{(\beta\gamma)} - \frac{[S_{12}^{(\beta\gamma)}]^2}{S_{11}^{(\beta\gamma)}}\right\}\boldsymbol{\sigma}_{22}{}^{(\beta\gamma)} + \left\{S_{23}^{(\beta\gamma)} - \frac{S_{12}^{(\beta\gamma)}S_{13}^{(\beta\gamma)}}{S_{11}^{(\beta\gamma)}}\right\}\boldsymbol{\sigma}_{33}{}^{(\beta\gamma)} \tag{5.13a}$$

$$\boldsymbol{\varepsilon}_{33}{}^{(\beta\gamma)} = \frac{S_{12}^{(\beta\gamma)}}{S_{11}^{(\beta\gamma)}}\boldsymbol{\varepsilon}_{11} + \left\{S_{23}^{(\beta\gamma)} - \frac{[S_{12}^{(\beta\gamma)}]^2}{S_{11}^{(\beta\gamma)}}\right\}\boldsymbol{\sigma}_{22}{}^{(\beta\gamma)} + \left\{S_{33}^{(\beta\gamma)} - \frac{[S_{13}^{(\beta\gamma)}]^2}{S_{11}^{(\beta\gamma)}}\right\}\boldsymbol{\sigma}_{33}{}^{(\beta\gamma)} \tag{5.13b}$$

结合应力连续条件,将式(5.13a)和式(5.13b)共同代入位移连续条件,即式(5.14b)和式(5.14c),得到改进的界面位移连续条件如下:

$$\sum_{\beta=1}^{\beta=N_\beta} h_\beta\left(\frac{S_{12}^{(\beta\gamma)}}{S_{11}^{(\beta\gamma)}}\boldsymbol{\varepsilon}_{11} + \left\{S_{22}^{(\beta\gamma)} - \frac{[S_{12}^{(\beta\gamma)}]^2}{S_{11}^{(\beta\gamma)}}\right\}T_{22} + \left[S_{23}^{(\beta\gamma)} - \frac{S_{12}^{(\beta\gamma)}S_{13}^{(\beta\gamma)}}{S_{11}^{(\beta\gamma)}}\right]T_{33}\right) = h\boldsymbol{\varepsilon}_{22} \tag{5.14a}$$

$$\sum_{\gamma=1}^{\gamma=N_\gamma} l_\gamma\left(\frac{S_{13}^{(\beta\gamma)}}{S_{11}^{(\beta\gamma)}}\boldsymbol{\varepsilon}_{11} + \left[S_{23}^{(\beta\gamma)} - \frac{S_{12}^{(\beta\gamma)}S_{13}^{(\beta\gamma)}}{S_{11}^{(\beta\gamma)}}\right]T_{22} + \left\{S_{33}^{(\beta\gamma)} - \frac{[S_{13}^{(\beta\gamma)}]^2}{S_{11}^{(\beta\gamma)}}\right\}T_{33}\right) = l\boldsymbol{\varepsilon}_{33} \tag{5.14b}$$

整理成矩阵形式如下:

$$\begin{bmatrix} \boldsymbol{A} & \boldsymbol{B} \\ \boldsymbol{B}' & \boldsymbol{D} \end{bmatrix}\begin{bmatrix} \boldsymbol{T}_2 \\ \boldsymbol{T}_3 \end{bmatrix} = \begin{bmatrix} \boldsymbol{c} \\ \boldsymbol{e} \end{bmatrix}\boldsymbol{\varepsilon}_{11} + \begin{bmatrix} \boldsymbol{H} \\ \boldsymbol{0} \end{bmatrix}\boldsymbol{\varepsilon}_{22} + \begin{bmatrix} \boldsymbol{0} \\ \boldsymbol{L} \end{bmatrix}\boldsymbol{\varepsilon}_{33} \tag{5.15}$$

式中: $\boldsymbol{A}$,$\boldsymbol{B}$,$\boldsymbol{B}'$,$\boldsymbol{D}$——$N_\gamma\times N_\gamma$,$N_\gamma\times N_\beta$,$N_\beta\times N_\gamma$,$N_\beta\times N_\beta$ 阶矩阵;

$$\boldsymbol{T}_2 = [T_{22}^{(1)} \quad \cdots \quad T_{22}^{(N_\gamma)}];\ \boldsymbol{T}_3 = [T_{33}^{(1)} \quad \cdots \quad T_{33}^{(N_\beta)}];$$

$\boldsymbol{c}$,$\boldsymbol{e}$——由子胞几何尺寸和柔度组成的 N_β 和 N_γ 列向量;

$$\boldsymbol{H} = [h \quad \cdots \quad h]_{N_\gamma\times 1}^{\mathrm{T}};\ \boldsymbol{L} = [l \quad \cdots \quad l]_{N_\beta\times 1}^{\mathrm{T}}。$$

由式(5.15)可以求得横向上的任意子胞正应力 $\sigma_{22}^{(\beta\gamma)}$ 和 $\sigma_{33}^{(\beta\gamma)}$,再根据式(5.12)可以求得任意子胞正应力 $\sigma_{11}^{(\beta\gamma)}$。

剪切应力和剪切应变之间的关系推导同上,将式(5.11)结合子胞剪切本构关系代入位移连续条件[式(5.4d)和式(5.4e)]中即可得到改进的界面位移连续条件为

$$\frac{1}{2}\left[\sum_{\beta=1}^{N_\beta} h_\beta S_{66}^{(\beta\gamma)}\right]T_{12}^{(\gamma)} = h\boldsymbol{\varepsilon}_{12} \tag{5.16a}$$

$$\frac{1}{2}\left[\sum_{\gamma=1}^{N_\gamma} l_\gamma S_{55}^{(\beta\gamma)}\right]T_{13}^{(\beta)} = l\boldsymbol{\varepsilon}_{13} \tag{5.16b}$$

$$\frac{1}{2}\left[\sum_{\beta=1}^{N_\beta}\sum_{\gamma=1}^{N_\gamma} h_\beta l_\gamma S_{44}^{(\beta\gamma)}\right]T_{23} = hl\boldsymbol{\varepsilon}_{23} \tag{5.16c}$$

由式(5.16a)~式(5.16c)即可求得任意子胞的剪切应力分量。

至此,将式(5.2)即宏观平均应力方程及上述的推导结果共同代入宏观本构方程($\boldsymbol{\sigma} = \boldsymbol{C}^* \boldsymbol{\varepsilon}$),经过整理就可以得到细观子胞应力与宏观单胞应变的关系式,其中矩阵 $\boldsymbol{C}^*$ 就是等效宏观刚度矩阵。

由上述推导过程可以看出,以子胞应力为未知量时,改进的 GMC 模型中未知量的个数为 $2(N_\beta + N_\gamma) + 1$,而传统 GMC 模型中未知量个数为 $6N_\beta N_\gamma$。传统的 GMC 模型中未知量个数将随子胞数量的增加呈级数增加,这样就限制了 GMC 模型只能进行粗糙的子胞划分,而改进的 GMC 模型在计算效率上得到了提高,使得改进的单胞模型能充分表示真实微结构。

5.3 特征因子法

2007 年,Sung 等提出了一种基于微观力学分析复合材料失效的理论。该理论通过建立周期性的微观力学模型——代表性体积单元,来研究纤维、基体以及界面失效对复合材料力学性能的影响,提出了从微观力学模型提取分析数据从而反映材料的宏观力学属性,并通过有限元计算实现的复合材料多尺度分析方法。

5.3.1 微观力学模型

复合材料层合板结构可以看作由单向层板按照一定的组合方式叠加而成的,基于单层板的力学分析,先将单向层板纤维分布进行合理简化,从而建立微观力学代表性体积单元,如通过微观力学分析建立纤维、基体、界面与单向层板的联系,这样再根据组分材料的性能就可以计算出单向层板的性能,同样通过单向层板的宏观应力就可以计算出组分的微观应力,从而实现复合材料由组分到结构的多尺度分析,如图 5.4 所示。

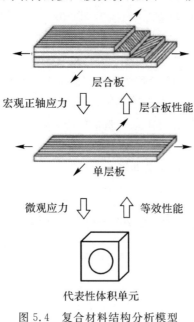

图 5.4　复合材料结构分析模型

图 5.5 为复合材料中纤维的实际分布情况,可以看出纤维处于随机分布状态,并无明显分布规律。然而要建立如此复杂的实际纤维分布模型是不可行的。Jin 等人的研究表明,将实际复合材料截面上纤维分布等效为六边形分布(见图 5.6),可以很好地表征复合材料的力学性能。因此,选取基于六边形分布模型的微观力学模型(RVE),其中模型几何尺寸一般设为单位长度,即 $a=b=1$,对于六边形分布 $c=\sqrt{3}$,纤维部分半径由下式确定:

$$\frac{2\pi r_{\mathrm{f}}^{2}}{bc}V_{\mathrm{f}} \tag{5.17}$$

式中:V_{f}——纤维体积分数。

复合材料层板可以等效离散为无数个 RVE 模型,基于这种周期性和对称性的分布特征,可以假定在宏观均匀外力作用下,各个 RVE 的力学响应一致。因此,通过对单个 RVE 施加合适的边界条件,就可以模拟整个单层板的力学响应。

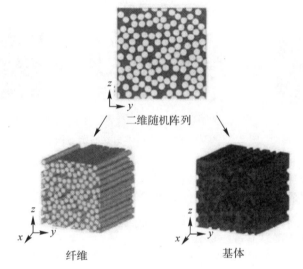

二维随机阵列

纤维　　　　　　　　　基体

图 5.5　纤维和基体实际分布状态

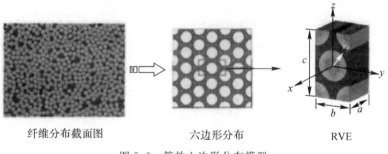

纤维分布截面图　　　　六边形分布　　　　RVE

图 5.6　等效六边形分布模型

5.3.2　应力放大因子

(1)纤维和基体应力放大因子。

微观力学理论将复合材料分为纤维、基体以及纤维-基体界面 3 个区域,如图 5.7 所示。层合板结构宏观应力和各区域微观应力通过应力放大因子进行关联,而应力放大因子可以应用包含纤维、基体和界面的微观力学模型(RVE),通过三维有限元分析计算得到。单层板宏观应力和组分(纤维、基体)微观应力之间的关系可以表达为

$$\sigma = M_\sigma \sigma + A_\sigma \Delta T \tag{5.18}$$

式中:M_σ,A_σ——与外力载荷和温度载荷相对应的组分应力放大因子。

$$M_\sigma = \begin{bmatrix} M_{11} & M_{12} & M_{13} & M_{14} & M_{15} & M_{16} \\ M_{21} & M_{22} & M_{23} & M_{24} & M_{25} & M_{26} \\ M_{31} & M_{32} & M_{33} & M_{34} & M_{35} & M_{36} \\ M_{41} & M_{42} & M_{43} & M_{44} & M_{45} & M_{46} \\ M_{51} & M_{52} & M_{53} & M_{54} & M_{55} & M_{56} \\ M_{61} & M_{62} & M_{63} & M_{64} & M_{65} & M_{66} \end{bmatrix} \tag{5.19}$$

$$A_\sigma = \begin{bmatrix} A_1 A_2 A_3 A_4 A_5 A_6 \end{bmatrix}_\sigma^{\mathrm{T}} \tag{5.20}$$

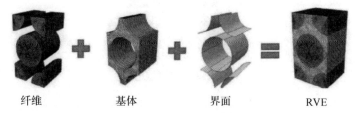

纤维   基体   界面   RVE

图 5.7   RVE 中纤维、基体和界面示意图

(2)界面应力放大因子。

纤维和基体界面处的微观应力可以分解为 3 个方向的应力分量,如图 5.8 所示:垂直于界面的正应力 t_n,沿着界面环向的切应力 t_t,沿着界面纤维方向的切应力 t_x。而界面处任意角度的微观应力分量可以通过坐标转化得到,即

$$t = \begin{bmatrix} t_x \\ t_n \\ t_t \end{bmatrix} = T\sigma = TM_\sigma \sigma + TA_\sigma \Delta T = M_f \sigma + A_t \Delta T \tag{5.21}$$

式中:M_t,A_t——与外力载荷和温度载荷相对应的界面应力放大因子;

    T——界面处的坐标转换矩阵,其表达式为:

$$T = \begin{bmatrix} 0 & 0 & 0 & 0 & \sin\theta & \cos\theta \\ 0 & \cos^2\theta & \sin^2\theta & 2\sin\theta\cos\theta & 0 & 0 \\ 0 & -\sin\theta\cos\theta & \sin\theta\cos\theta & \cos^2\theta - \sin^2\theta & 0 & 0 \end{bmatrix} \tag{5.22}$$

由此,式(5.21)可以进一步表示为

$$\begin{bmatrix} t_x \\ t_n \\ t_t \end{bmatrix} = \begin{bmatrix} 0 & 0 & 0 & 0 & M_{15} & M_{16} \\ M_{21} & M_{22} & M_{23} & M_{24} & 0 & 0 \\ M_{31} & M_{32} & M_{33} & M_{34} & 0 & 0 \end{bmatrix}_t \begin{bmatrix} \sigma_1 \\ \sigma_2 \\ \sigma_3 \\ \sigma_4 \\ \sigma_5 \\ \sigma_6 \end{bmatrix} + \begin{bmatrix} A_1 \\ A_2 \\ A_3 \end{bmatrix}_t \Delta T \tag{5.23}$$

由式(5.18)～式(5.23)可知,纤维和基体的组分微观应力和界面处的微观应力可以通过相应的应力放大因子,由层合板宏观应力求得。从而建立起复合材料宏观结构与微观组分之间的联系,将复合材料结构分析从宏观尺度转换到微观尺度。

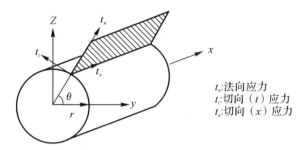

图 5.8　纤维/基体界面应力分量示意图

(3)关键点的选取。根据微观失效理论,在纤维、基体和界面不同区域内选取尽可能多的代表性关键点来提取应力放大因子。在进行失效判断时,可以对比各区域不同关键点处的微观应力状态,从而选取最危险点来判断各自的失效情况。各部分选取的代表性关键点如图 5.9 所示,纤维部分选取 13 个点(F1～F13),基体部分选取 17 个点(M1～M17),其中点 M1～M9 为纤维基体界面处关键点。

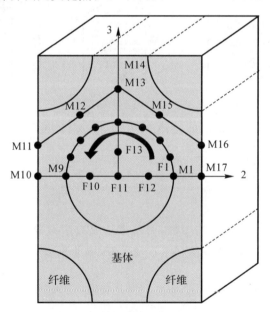

图 5.9　各部分选取的代表性关键点

5.3.3　有限元微观力学分析

通过对 RVE 施加不同状态的单位应力载荷(3 个正应力、3 个切应力和温度载荷),即可以得到相应的组分微观力学响应,从而提取纤维和基体的应力放大因子 $M_j^{(i)}$,$A_j^{(i)}$。施加单位载荷时,在受力面上施加单位应力的平均载荷,受力面在加载过程中保持为平面,横向的自由面在保持平面的情况下可以自由伸缩,以满足周期性变形协调条件。

例如:为了得到横向剪切载荷作用下的应力放大因子,可以在 RVE 横向对称侧面上施加单位应力载荷 $\tau_{23}=1$,在前后面则施加对称约束,同时耦合各个面上的节点,使得其保持为平面变形,这样可以得到纤维和基体上的应力分布状态。

图 5.10 为各单位应力载荷施加示意图,按照前述方法在 RVE 内部设置关键点,并在纤维和基体组分关键点处提取相应的应力放大因子,所选取的关键点既有各组分内部点也有边界点,以提高各组分应力分析的代表性和精确性。对于给定的复合材料结构,应力放大因子是唯一的,故只需进行一次有限元分析即可,并将其值存储在有限元分析的用户子程序中,以便在后续的结构渐进失效分析中用于纤维和基体微观应力的计算。

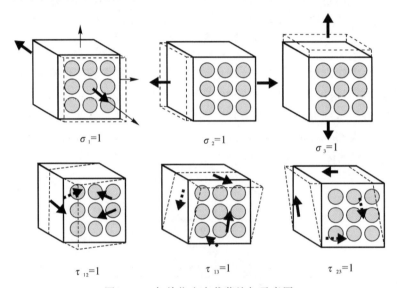

$$\sigma_1=1 \qquad \sigma_2=1 \qquad \sigma_3=1$$

$$\tau_{12}=1 \qquad \tau_{13}=1 \qquad \tau_{23}=1$$

图 5.10　各单位应力载荷施加示意图

5.4　桥联矩阵模型

实际上所有的材料均具有非均匀性,需要将其应力相对单元体取平均值后进行定义。复合材料中的单元体为代表性单元(RVE),将应力、应变相对于代表性单元均质化处理,便得到应力应变的基本方程:

$$\{\sigma_i\}=V_f\{\sigma_i^f\}+V_m\{\sigma_i^m\} \tag{5.24}$$

$$\{\varepsilon_i\}=V_f\{\varepsilon_i^f\}+V_m\{\varepsilon_i^m\} \tag{5.25}$$

$$\{\varepsilon_i^f\}=[S_{ij}^f]\{\sigma_j^f\} \tag{5.26}$$

$$\{\varepsilon_i^f\}=[S_{ij}^m]\{\sigma_j^m\} \tag{5.27}$$

$$\{\varepsilon_i\}=[S_{ij}]\{\sigma_j\} \tag{5.28}$$

式中:上、下标 f,m——纤维和基体,无上、下标的表示复合材料;

　　　V_f,V_m——纤维和基体体积分数,$V_f+V_m=1$;

　　　$[S_{ij}]$——柔度矩阵。

假定存在一个非奇异的桥联矩阵 $[A_{ij}]$，使

$$[\sigma_i^{\mathrm{m}}] = [A_{ij}]\{\sigma_j^{\mathrm{f}}\} \tag{5.29}$$

将式(5.29)代入式(5.24)，求解得到纤维中的内应力：

$$[\sigma_i^{\mathrm{f}}] = (V_{\mathrm{f}}\boldsymbol{I} + V_{\mathrm{m}}[A_{ij}])^{-1}\{\sigma_j\} \tag{5.30}$$

式中：$\boldsymbol{I}$——单位矩阵。

再将式(5.30)代入式(5.29)中，得到基体的内应力：

$$[\sigma_i^{\mathrm{m}}] = [A_{ij}](V_{\mathrm{f}}\boldsymbol{I} + V_{\mathrm{m}}[A_{ij}])^{-1}\{\sigma_j\} \tag{5.31}$$

进一步，将式(5.30)和式(5.31)代入式(5.26)和式(5.27)，再代入式(5.25)，与式(5.28)对比，得到单向复合材料柔度矩阵：

$$[S_{ij}] = (V_{\mathrm{f}}[S_{ij}^{\mathrm{f}}] + V_{\mathrm{m}}[S_{ij}^{\mathrm{m}}][A_{ij}])(V_{\mathrm{f}}\boldsymbol{I} + V_{\mathrm{m}}[A_{ij}])^{-1} \tag{5.32}$$

在弹性范围内，正应力和剪应力互不耦合，桥联矩阵具有如下形式：

$$[A_{ij}] = \begin{bmatrix} A_{11} & A_{12} & A_{13} & 0 & 0 & 0 \\ A_{21} & A_{22} & A_{23} & 0 & 0 & 0 \\ A_{31} & A_{32} & A_{33} & 0 & 0 & 0 \\ 0 & 0 & 0 & A_{44} & A_{45} & A_{46} \\ 0 & 0 & 0 & A_{54} & A_{55} & A_{56} \\ 0 & 0 & 0 & A_{64} & A_{65} & A_{66} \end{bmatrix} \tag{5.33}$$

由于式(5.29)对任意载荷引起的基体和纤维均值应力场皆成立，只需要选择 6 组线性无关外载荷，依次求出纤维和基体相对各自的体积平均后的内应力，再令它们满足式(5.29)，即可解出桥联矩阵 $[A_{ij}]$。

5.4.1　纤维和基体应力及均值化

选取横向剪切、轴向剪切 y（垂直于 y 轴的截面施加载荷）、轴向剪切 x（垂直于 x 轴的截面施加载荷）、轴向拉伸、双轴横向拉伸、单轴横向拉伸 6 组加载方式，求出纤维和基体中对应的应力。6 组加载方式示意图如图 5.11 所示。

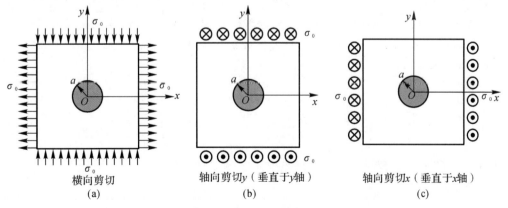

横向剪切　　　　　轴向剪切 y（垂直于 y 轴）　　　轴向剪切 x（垂直于 x 轴）
　　(a)　　　　　　　　　(b)　　　　　　　　　　(c)

图 5.11　纤维和基体应力计算的 6 组加载方式

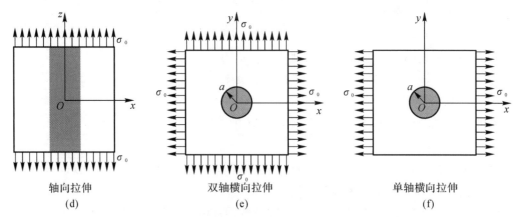

轴向拉伸 (d)   双轴横向拉伸 (e)   单轴横向拉伸 (f)

续图 5.11 纤维和基体应力计算的 6 组加载方式

分别提取无限大基体和单根无限长圆柱纤维模型下的横向剪切、轴向剪切 y（垂直于 y 轴的截面施加载荷）、轴向拉伸、双轴横向拉伸的纤维和基体位移场函数。位移场中的待定系数，通过纤维和基体径向应力和径向位移连续性条件以及无穷大远处的应力边界条件确定。利用弹性力学的几何方程和物理方程，求得相应的纤维和基体的应力场。

经过坐标变化，将柱坐标系下的应力场转换到直角坐标系下的应力场，并将纤维和基体应力场相对各自的体积积分，再除以体积得到平均应力。纤维圆柱体和基体为无限大空心圆柱。由于纤维和基体横截面面积以及各自应力场均不随 z 坐标变化，平均应力的公式如下：

$$\sigma_i^m = \frac{1}{\pi(b^2-a^2)}\int_a^b\int_0^{2\pi}\sigma_i^m r\,\mathrm{d}r\,\mathrm{d}\theta \tag{5.34}$$

$$\sigma_i^f = \frac{1}{\pi a^2}\int_a^b\int_0^{2\pi}\sigma_i^f r\,\mathrm{d}r\,\mathrm{d}\theta \tag{5.35}$$

式中：i——应力分量的下标，分别代表对应的正应力和剪应力，$i=x,y,z,xy,xz,yz$；

a——纤维的半径；

b——基体的半径，且 $b\to\infty$。

（1）横向剪切。

横向剪切可由 x 向的均匀拉伸和 y 向的等值均匀压缩产生。但若按图 5.11(a) 计算，所得纤维和基体剪切应力 $\sigma_{xy},\sigma_{xz},\sigma_{yz}$ 均为 0，无法用来计算桥联矩阵元素。因此，将坐标旋转 45° 得最大剪应力。

纤维平均应力：

$$\sigma_{xy}^f = \frac{4(C_{22}^f-C_{23}^f)C_{22}^m\sigma_0}{C_{22}^m(3C_{22}^f-3C_{23}^f+C_{22}^m)-C_{23}^m(C_{22}^f-C_{23}^f+C_{23}^m)} \tag{5.36}$$

$$\sigma_{xy}^f = \sigma_{yz}^f = 0 \tag{5.37}$$

式中：C_{ij}^f 和 C_{ij}^m——纤维和基体的刚度矩阵元素。

基体平均应力：

$$\sigma_{xy}^m = \sigma_0 \tag{5.38}$$

$$\sigma_{xz}^m = \sigma_{yz}^m = 0 \tag{5.39}$$

(2)轴向剪切(y 截面)。

纤维平均应力：

$$\sigma_{xy}^{f}=\sigma_{xz}^{f}=0 \tag{5.40}$$

$$\sigma_{yz}^{f}=\frac{2G_{12}^{f}\sigma_{0}}{G_{12}^{f}+G_{12}^{m}} \tag{5.41}$$

基体平均应力：

$$\sigma_{xy}^{m}=\sigma_{xz}^{m}=0 \tag{5.42}$$

$$\sigma_{yz}^{m}=\sigma_{0} \tag{5.43}$$

(3)轴向剪切(x 截面)。

纤维平均应力：

$$\sigma_{xy}^{f}=\sigma_{yz}^{f}=0 \tag{5.44}$$

$$\sigma_{xz}^{f}=\frac{2G_{12}^{f}\sigma_{0}}{G_{12}^{f}+G_{12}^{m}} \tag{5.45}$$

基体平均应力：

$$\sigma_{xy}^{m}=\sigma_{yz}^{m}=0 \tag{5.46}$$

$$\sigma_{xz}^{m}=\sigma_{0} \tag{5.47}$$

(4)轴向拉伸。

纤维平均应力：

$$
\begin{aligned}
\sigma_{z}^{f}=&\frac{\left[2C_{12}^{f}C_{12}^{m}(C_{23}^{m}-C_{22}^{m})-2C_{12}^{f^{2}}(C_{22}^{m}+C_{23}^{m})\right]\sigma_{0}}{(C_{22}^{f}+C_{23}^{f}+C_{22}^{m}-C_{23}^{m})\left[C_{11}^{m}(C_{22}^{m}+C_{23}^{m})-2(C_{12}^{m})^{2}\right]}+\\
&\frac{C_{11}^{f}\sigma_{0}(C_{22}^{f}+C_{23}^{f}+C_{22}^{m}-C_{23}^{m})(C_{22}^{m}+C_{23}^{m})}{(C_{22}^{f}+C_{23}^{f}+C_{22}^{m}-C_{23}^{m})\left[C_{11}^{m}(C_{22}^{m}+C_{23}^{m})-2(C_{12}^{m})^{2}\right]}
\end{aligned} \tag{5.48}
$$

$$
\begin{aligned}
\sigma_{x}^{f}=&\frac{C_{12}^{f}\sigma_{0}(C_{23}^{m}-C_{22}^{m})(C_{22}^{m}+C_{23}^{m})}{\left[C_{22}^{f}+C_{23}^{f}+C_{22}^{m}-C_{23}^{m}\right](C_{11}^{m}(C_{22}^{m}+C_{23}^{m})-2(C_{12}^{m})^{2})}+\\
&\frac{C_{12}^{m}\sigma_{0}(C_{22}^{f}+C_{23}^{f})(C_{22}^{m}-C_{23}^{m})}{(C_{22}^{f}+C_{23}^{f}+C_{22}^{m}-C_{23}^{m})(C_{11}^{m}(C_{22}^{m}+C_{23}^{m})-2(C_{12}^{m})^{2})}
\end{aligned} \tag{5.49}
$$

$$
\begin{aligned}
\sigma_{y}^{f}=&\frac{C_{12}^{f}\sigma_{0}(C_{22}^{m}-C_{23}^{m})(C_{22}^{m}+C_{23}^{m})}{\left[C_{22}^{f}+C_{23}^{f}+C_{22}^{m}-C_{23}^{m}\right](C_{11}^{m}(C_{22}^{m}+C_{23}^{m})-2(C_{12}^{m})^{2})}-\\
&\frac{C_{12}^{m}\sigma_{0}(C_{22}^{f}+C_{23}^{f})(C_{22}^{m}-C_{23}^{m})}{\left[C_{22}^{f}+C_{23}^{f}+C_{22}^{m}-C_{23}^{m}\right](C_{11}^{m}(C_{22}^{m}+C_{23}^{m})-2(C_{12}^{m})^{2})}
\end{aligned} \tag{5.50}
$$

基体平均应力：

$$\sigma_{z}^{m}=\sigma_{0} \tag{5.51}$$

$$\sigma_{x}^{m}=0 \tag{5.52}$$

$$\sigma_{y}^{m}=0 \tag{5.53}$$

(5)双横向拉伸。

纤维平均应力：

$$\sigma_{z}^{f}=\frac{4C_{12}^{f}C_{22}^{m}\sigma_{0}}{(C_{22}^{f}+C_{23}^{f}+C_{22}^{m}-C_{23}^{m})(C_{22}^{m}+C_{23}^{m})} \tag{5.54}$$

$$\sigma_x^f = \frac{(C_{22}^f + C_{23}^f + C_{32}^f + C_{33}^f)C_{22}^m\sigma_0}{(C_{22}^f + C_{23}^f + C_{22}^m - C_{23}^m)(C_{22}^m + C_{23}^m)} \tag{5.55}$$

$$\sigma_y^f = \frac{(C_{22}^f + C_{23}^f + C_{32}^f + C_{33}^f)C_{22}^m\sigma_0}{(C_{22}^f + C_{23}^f + C_{22}^m - C_{23}^m)(C_{22}^m + C_{23}^m)} \tag{5.56}$$

基体平均应力：

$$\sigma_z^m = \frac{2C_{12}^m\sigma_0}{C_{22}^m + C_{23}^m} \tag{5.57}$$

$$\sigma_x^m = \sigma_0 \tag{5.58}$$

$$\sigma_y^m = \sigma_0 \tag{5.59}$$

(6)单轴横向拉伸。

纤维平均应力：

$$\sigma_z^f = \frac{2C_{12}^f C_{22}^m\sigma_0}{(C_{22}^f + C_{23}^f + C_{22}^m - C_{23}^m)(C_{22}^m + C_{23}^m)} \tag{5.60}$$

$$\sigma_x^f = \frac{1}{2}\frac{4(C_{22}^f - C_{23}^f)C_{22}^m\sigma_0}{[(C_{22}^m)^2 + 6C_{22}^m G_{23}^m - C_{23}^m](C_{23}^m + 2G_{23}^f)} \tag{5.61}$$

$$\sigma_y^f = \frac{1}{2}\left\{\frac{4(C_{23}^f - C_{22}^f)C_{22}^m\sigma_0}{[(C_{22}^m)^2 + 6C_{22}^m G_{23}^m - C_{23}^m](C_{23}^m + 2G_{23}^f)} + \right.$$
$$\left. \frac{(C_{22}^f + C_{23}^f + C_{32}^f + C_{33}^f)C_{22}^m\sigma_0}{(C_{22}^f + C_{23}^f + C_{22}^m - C_{23}^m)(C_{22}^m + C_{23}^m)}\right\} \tag{5.62}$$

基体平均应力：

$$\sigma_z^m = \frac{2C_{12}^m\sigma_0}{C_{22}^m + C_{23}^m} \tag{5.63}$$

$$\sigma_x^m = \sigma_0 \tag{5.64}$$

$$\sigma_y^m = 0 \tag{5.65}$$

5.4.2 桥联矩阵

矩阵求解：桥联矩阵可以分成两个互不耦合的子块，每个子块只与正应力或剪应力有关，据此对两个子块分别求解。

(1)正应力相关的矩阵。

该子块只与正应力相关，略去剪应力分量，将单轴横向拉伸、双轴横向拉伸以及轴向拉伸的应力场代入桥联方程：

$$\begin{bmatrix} \sigma_{z1}^m & \sigma_{z2}^m & \sigma_{z3}^m \\ \sigma_{x1}^m & \sigma_{x2}^m & \sigma_{x3}^m \\ \sigma_{y1}^m & \sigma_{y2}^m & \sigma_{y3}^m \end{bmatrix} = \begin{bmatrix} A_{11} & A_{12} & A_{13} \\ A_{21} & A_{22} & A_{23} \\ A_{31} & A_{32} & A_{33} \end{bmatrix} \begin{bmatrix} \sigma_{z1}^f \\ \sigma_{x1}^f \\ \sigma_{y1}^f \end{bmatrix} \tag{5.66}$$

经符号运算和化简，得桥联矩阵元素为

$$A_{11} = \frac{E_{11}^m(E_{11}^f - E_{22}^m\mu_{12}^f\mu_{12}^m)}{E_{11}^f[E_{11}^m - E_{22}^m(\mu_{12}^m)^2]} \tag{5.67}$$

$$A_{12} = A_{13} = \frac{E_{11}^m[E_{11}^f\mu_{12}^m(1+\mu_{23}^m) - 2E_{11}^m\mu_{12}^f]}{2E_{11}^f[E_{11}^m - E_{22}^m(\mu_{12}^m)^2]} + \frac{E_{11}^m E_{22}^m\mu_{12}^m(1-\mu_{23}^f)}{2E_{22}^f[E_{11}^m - E_{22}^m(\mu_{12}^m)^2]} \tag{5.68}$$

$$A_{21}=A_{31}=\frac{E_{11}^{m}E_{22}^{m}(\mu_{12}^{m}-\mu_{12}^{f})}{2E_{11}^{f}[E_{11}^{m}-E_{22}^{m}(\mu_{12}^{m})^{2}]} \tag{5.69}$$

$$A_{22}=A_{33}=\frac{E_{11}^{m}(5E_{22}^{f}+3E_{22}^{m}+E_{22}^{m}\mu_{23}^{m}-E_{22}^{m}\mu_{23}^{f})}{8E_{22}^{f}[E_{11}^{m}-E_{22}^{m}(\mu_{12}^{m})^{2}]}+$$

$$\frac{E_{22}^{m}[-4E_{11}^{m}\mu_{12}^{f}\mu_{12}^{m}-4E_{11}^{f}(\mu_{12}^{m})^{2}]}{8E_{11}^{f}[E_{11}^{m}-E_{22}^{m}(\mu_{12}^{m})^{2}]} \tag{5.70}$$

$$A_{23}=A_{32}=\frac{E_{11}^{m}(-E_{22}^{f}+E_{22}^{m}-3E_{22}^{m}\mu_{23}^{f}+3E_{22}^{m}\mu_{23}^{m})}{8E_{22}^{f}[E_{11}^{m}-E_{22}^{m}(\mu_{12}^{m})^{2}]}+$$

$$\frac{E_{22}^{m}[-4E_{11}^{m}\mu_{12}^{f}\mu_{12}^{m}+4E_{11}^{f}(\mu_{12}^{m})^{2}]}{8E_{11}^{f}[E_{11}^{m}-E_{22}^{m}(\mu_{12}^{m})^{2}]} \tag{5.71}$$

式中：E_{11}^{f}，E_{22}^{f}，μ_{12}^{f}，μ_{23}^{f} 和 E_{11}^{m}，E_{22}^{m}，μ_{12}^{m}，μ_{23}^{m}——纤维和基体的轴向（沿纤维轴向）模量、横向模量、轴向泊松比、横向泊松比。

（2）剪应力相关的矩阵。

同理，只需要考虑纤维和基体中的剪应力项，对应的加载分别为横向剪切和两个方向的轴向剪切。代入桥联方程，得到

$$\begin{bmatrix} \sigma_{xy1}^{m} & \sigma_{xy2}^{m} & \sigma_{xy3}^{m} \\ \sigma_{xz1}^{m} & \sigma_{xz2}^{m} & \sigma_{xz3}^{m} \\ \sigma_{yz1}^{m} & \sigma_{yz2}^{m} & \sigma_{yz3}^{m} \end{bmatrix} = \begin{bmatrix} A_{44} & A_{45} & A_{46} \\ A_{54} & A_{55} & A_{56} \\ A_{64} & A_{65} & A_{66} \end{bmatrix} \begin{bmatrix} \sigma_{xy1}^{f} & \sigma_{xy2}^{f} & \sigma_{xy3}^{f} \\ \sigma_{xz1}^{f} & \sigma_{xz2}^{f} & \sigma_{xz3}^{f} \\ \sigma_{yz1}^{f} & \sigma_{yz2}^{f} & \sigma_{yz3}^{f} \end{bmatrix} \tag{5.72}$$

解出各桥联矩阵元素：

$$A_{44}=\frac{E_{22}^{f}[3E_{11}^{m}-4E_{22}^{m}(\mu_{12}^{m})^{2}-E_{11}^{m}\mu_{23}^{m}]+E_{11}^{m}E_{22}^{m}(1+\mu_{23}^{f})}{4E_{22}^{f}[E_{11}^{m}-E_{22}^{m}(\mu_{12}^{m})^{2}]} \tag{5.73}$$

$$A_{55}=A_{66}=\frac{G_{12}^{f}+G_{12}^{m}}{2G_{12}^{f}} \tag{5.74}$$

$$A_{45}=A_{46}=A_{54}=A_{56}=A_{64}=A_{65}=0 \tag{5.75}$$

式中：G_{12}^{f}、G_{12}^{m}——纤维和基体的轴向剪切模量。

至此获得了桥联矩阵$[A_{ij}]$的全部元素，则根据式（5.30）和（5.31）可以得到纤维和基体的内应力。

5.5　渐进展开均匀化方法

渐进展开均匀化理论于 20 世纪 70 年代由法国科学家提出，并被应用到具有周期性结构的材料分析中。20 世纪 90 年代初，欧美的应用数学家们奠定了均匀化理论的理论基础，Guedes 等将其真正引入工程应用当中，B. Hassani 等在文献中通过周期性结构的细观均匀化过程、解析和数值解的均匀化方程及均匀化理论解决拓扑优化问题，得到了许多非常有价值的计算公式和结论。Matsui 等基于渐近展开均匀化理论提出了计算均匀化方法，每个宏观有限元模型的材料点，均对应一个细观模型，如图 5.12 所示。近年来，该方法已经成为分析夹杂、纤维增强复合材料、混凝土材料等效模量和材料的细观结构拓扑优化常用的手段之一。均匀化方法是目前国际上分析复合材料宏-细观力学性能较为流行的方法。

均匀化方法是一种分析周期性微结构材料性能的具有严格数学依据的方法,是一种既能分析复合材料的宏观特性,又能反映其细观结构特性并建立二者之间的联系及相互作用的方法。它从构成材料的微观结构的"单胞"出发,将单胞均匀化理论同时引入宏观尺度和微观尺度中,利用渐进分析方法,有效建立起宏观和细观之间的联系。均匀化方法是用均质的宏观结构和非均质的具有周期性分布的微结构描述原结构,将材料微观结构力学量表示成关于宏观坐标和细观坐标的函数,并用细观尺度和宏观尺度之比作为小参数展开,用摄动技术建立一些列的控制方程,再依据这些方程求解平均化的材料参数、细观应力和细观位移等的一种方法。

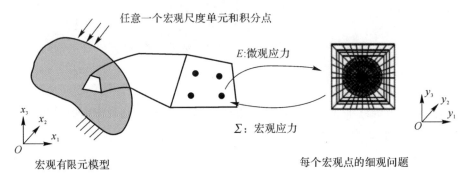

图 5.12　渐进均匀化方法计算示意图

5.5.1　位移场的双尺度展开

如图 5.13 所示,复合材料细观结构具有高度非均质性和周期性,使得结构场变量 $\varphi(x)$ 在宏观位置 x 的非常小的邻域 ε 内也有很大变化,并且呈现周期性,即

$$\varphi^{\varepsilon}(x)=\varphi(x,y+kY),y=x/\varepsilon\ \text{且}\ \frac{\partial \varphi^{\varepsilon}}{\partial x}=\frac{\partial \varphi}{\partial x}+\frac{1}{\varepsilon}\frac{\partial \varphi}{\partial y} \tag{5.76}$$

式中:x——宏观尺度;

$\quad y$——细观尺度;

$\quad \varepsilon$——两种尺度之比;

$\quad Y$——周期函数的周期;

$\quad k$——整数。

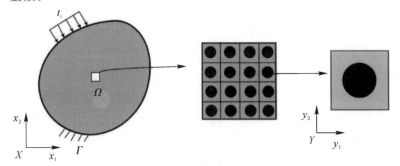

图 5.13　周期性细观结构示意图

将宏观尺度下的位移 $u(x)$ 展开成关于小参数 ε 的渐近展开式：

$$u^{\varepsilon}(x)=u(x,y)=u^{(0)}(x,y)+\varepsilon u^{(1)}(x,y)+\varepsilon^{2}u^{(2)}(x,y)+\cdots \quad (5.77)$$

同理,可将应变 e_{ij} 展开成关于小参数 ε 的渐进展开式：

$$e_{ij}(u^{\varepsilon})=\frac{1}{\varepsilon}e_{ij}^{(-1)}(x,y)+e_{ij}^{(0)}(x,y)+\varepsilon e_{ij}^{(1)}(x,y)+\varepsilon^{2}\cdots \quad (5.78)$$

式中

$$e_{ij}^{(-1)}(x,y)=\frac{1}{2}\left[\frac{\partial u_{i}^{(0)}}{\partial y_{j}}+\frac{\partial u_{i}^{(0)}}{\partial y_{i}}\right] \quad (5.79)$$

$$e_{ij}^{(0)}(x,y)=\frac{1}{2}\left[\frac{\partial u_{i}^{(0)}}{\partial x_{j}}+\frac{\partial u_{i}^{(0)}}{\partial x_{i}}\right]+\frac{1}{2}\left[\frac{\partial u_{i}^{(1)}}{\partial y_{j}}+\frac{\partial u_{i}^{(1)}}{\partial y_{i}}\right] \quad (5.80)$$

$$e_{ij}^{(1)}(x,y)=\frac{1}{2}\left[\frac{\partial u_{i}^{(1)}}{\partial x_{j}}+\frac{\partial u_{i}^{(1)}}{\partial x_{i}}\right]+\frac{1}{2}\left[\frac{\partial u_{i}^{(2)}}{\partial y_{j}}+\frac{\partial u_{i}^{(2)}}{\partial y_{i}}\right] \quad (5.81)$$

由本构关系得应力为

$$\begin{aligned}
\sigma_{ij}^{(\varepsilon)}&=C_{ijkl}^{(\varepsilon)}e_{kl}\\
&=\frac{1}{\varepsilon}C_{ijkl}^{(\varepsilon)}e_{kl}^{(-1)}(x,y)+C_{ijkl}^{(\varepsilon)}e_{kl}^{(0)}(x,y)+\varepsilon C_{ijkl}^{(\varepsilon)}e_{kl}^{(1)}(x,y)+\cdots\\
&=\frac{1}{\varepsilon}\sigma_{ij}^{(-1)}(x,y)+\sigma_{ij}^{(0)}(x,y)+\varepsilon\sigma_{ij}^{(1)}(x,y)+\cdots
\end{aligned} \quad (5.82)$$

则应力-应变关系可以表示为

$$\sigma_{ij}^{(n)}(x,y)=C_{ijkl}^{\varepsilon}e_{kl}^{(n)},\ n=-1,0,1 \quad (5.83)$$

由式(5.79)～式(5.81)和式(5.83),得到

$$\sigma_{ij}^{(-1)}(x,y)=C_{ijkl}^{\varepsilon}\frac{\partial u_{k}^{(0)}}{\partial y_{l}} \quad (5.84\text{a})$$

$$\sigma_{ij}^{(0)}(x,y)=C_{ijkl}^{\varepsilon}\left[\frac{\partial u_{k}^{(0)}}{\partial x_{l}}+\frac{\partial u_{k}^{(1)}}{\partial y_{l}}\right] \quad (5.84\text{b})$$

$$\sigma_{ij}^{(1)}(x,y)=C_{ijkl}^{\varepsilon}\left[\frac{\partial u_{k}^{(1)}}{\partial x_{l}}+\frac{\partial u_{k}^{(2)}}{\partial y_{l}}\right] \quad (5.84\text{c})$$

考虑到三维线弹性问题的控制方程：

$$\left.\begin{aligned}
\sigma_{ij,j}+f_{i}&=0,&&\text{在 }\Omega\text{ 域内}\\
\sigma_{ij}n_{j}&=T_{i},&&\text{在 }\Gamma_{\sigma}\text{ 边界}\\
u_{i}&=u_{t},&&\text{在 }\Gamma_{u}\text{ 边界}
\end{aligned}\right\} \quad (5.85)$$

将式(5.83)代入控制方程,得到关于 ε 幂的方程

$$\varepsilon^{(-2)}\frac{\partial\sigma_{ij}^{(-1)}}{\partial y_{j}}+\varepsilon^{(-1)}\left[\frac{\partial\sigma_{ij}^{(-1)}}{\partial x_{j}}+\frac{\partial\sigma_{ij}^{(0)}}{\partial y_{j}}\right]+\varepsilon^{(0)}\left[\frac{\partial\sigma_{ij}^{(0)}}{\partial x_{j}}+\frac{\partial\sigma_{ij}^{(1)}}{\partial y_{j}}+f_{i}\right]+$$

$$\varepsilon^{(1)}\left[\frac{\partial\sigma_{ij}^{(1)}}{\partial x_{j}}+\frac{\partial\sigma_{ij}^{(2)}}{\partial y_{j}}\right]+\varepsilon^{(2)}+\cdots=0 \quad (5.86)$$

当 $\varepsilon\to0$ 时,式(5.86)成立,所以关于 ε 幂的各阶系数必须为零,得到一系列摄动方程,即

$$\varepsilon^{-2} \text{系数:} \quad \frac{\partial \sigma_{ij}^{(-1)}}{\partial y_j} = 0$$

$$\varepsilon^{-1} \text{系数:} \quad \frac{\partial \sigma_{ij}^{(-1)}}{\partial x_j} + \frac{\partial \sigma_{ij}^{(0)}}{\partial y_j} = 0$$

$$\varepsilon^{0} \text{系数:} \quad \frac{\partial \sigma_{ij}^{(0)}}{\partial x_j} + \frac{\partial \sigma_{ij}^{(1)}}{\partial y_j} + f_i = 0$$

$$\varepsilon^{1} \text{系数:} \quad \frac{\partial \sigma_{ij}^{(1)}}{\partial x_j} + \frac{\partial \sigma_{ij}^{(2)}}{\partial y_j} = 0$$

(5.87)

将式(5.84)代入式(5.87),得

$$\frac{\partial}{\partial y_j} C_{ijkl} \frac{\partial u_k^{(0)}}{\partial y_l} = 0 \tag{5.88a}$$

$$\frac{\partial}{\partial x_j} C_{ijkl} \frac{\partial u_k^{(0)}}{\partial y_l} + \frac{\partial}{\partial y_j} C_{ijkl} \left[\frac{\partial u_k^{(0)}}{\partial y_l} + \frac{\partial u_k^{(1)}}{\partial y_l} \right] = 0 \tag{5.88b}$$

$$\frac{\partial}{\partial x_j} C_{ijkl} \left[\frac{\partial u_k^{(0)}}{\partial y_l} + \frac{\partial u_k^{(1)}}{\partial y_l} \right] + \frac{\partial}{\partial y_j} C_{ijkl} \left[\frac{\partial u_k^{(1)}}{\partial y_l} + \frac{\partial u_k^{(2)}}{\partial y_l} \right] + f_i = 0 \tag{5.88c}$$

$$\frac{\partial}{\partial x_j} C_{ijkl} \left[\frac{\partial u_k^{(1)}}{\partial y_l} + \frac{\partial u_k^{(2)}}{\partial y_l} \right] + \frac{\partial}{\partial y_j} C_{ijkl} \left[\frac{\partial u_k^{(2)}}{\partial y_l} + \frac{\partial u_k^{(3)}}{\partial y_l} \right] = 0 \tag{5.88d}$$

对于一个 Y-周期性函数 $\varphi(y)$,有极限关系:

$$\lim_{\varepsilon \to 0^+} \int_{\Omega^\varepsilon} \varphi(x/\varepsilon) \mathrm{d}V = \frac{1}{|Y|} \int_{\Omega} \left[\int_Y \varphi(y) \mathrm{d}Y \right] \mathrm{d}V \tag{5.89}$$

式中:$|Y|$——单胞放大 $\frac{1}{\varepsilon}$ 后的体积。

将式(5.84)两边同乘以 $\delta u_i^{(0)}$,并在整个区域 Ω^ε 上积分,当 $\varepsilon \to 0^+$ 时,利用式(5.88)并考虑本构关系得到

$$\lim_{\varepsilon \to 0^+} \int_{\Omega^\varepsilon} \frac{\partial}{\partial y_j} \left[C_{ijkl}^\varepsilon \frac{\partial u_k^{(0)}}{\partial y_l} \right] \delta u_i^{(0)} \mathrm{d}V$$

$$= \frac{1}{|Y|} \int_{\Omega} \int_Y \frac{\partial}{\partial y_j} \left[C_{ijkl}^\varepsilon \frac{\partial u_k^{(0)}}{\partial y_l} \right] \delta u_i^{(0)} \mathrm{d}Y \mathrm{d}V \tag{5.90}$$

将式(5.90)分步积分,并利用高斯定理,得

$$\frac{1}{|Y|} \int_{\Omega} \int_Y \frac{\partial}{\partial y_j} \left[C_{ijkl}^\varepsilon \frac{\partial u_k^{(0)}}{\partial y_l} \right] \delta u_i^{(0)} \mathrm{d}Y \mathrm{d}V =$$

$$- \frac{1}{|Y|} \int_{\Omega} \int_Y C_{ijkl} \frac{\partial u_k^{(0)}}{\partial y_l} \frac{\partial \delta u_i^{(0)}}{\partial y_j} \mathrm{d}Y \mathrm{d}V + \frac{1}{|Y|} \int_{\Omega} \oint_s C_{ijkl} \frac{\partial u_k^{(0)}}{\partial y_l} n_j \delta u_i^{(0)} \mathrm{d}S \mathrm{d}V$$

(5.91)

其中,S 是 Y 的边界,即 $S = \partial Y$,n_j 是边界 S 的单位外法线向量 $\boldsymbol{n}$ 在 j 向的分量。由于在边界上 $\delta u_i^{(0)} = 0$,式(5.91 等号右边)第二项为零,所以式(5.91)变为

$$\frac{1}{|Y|} \int_{\Omega} \int_Y \frac{\partial}{\partial y_j} \left[C_{ijkl}^\varepsilon \frac{\partial u_k^{(0)}}{\partial y_l} \right] \delta u_i^{(0)} \mathrm{d}Y \mathrm{d}V =$$

$$- \frac{1}{|Y|} \int_{\Omega} \int_Y C_{ijkl} \frac{\partial u_k^{(0)}}{\partial y_l} \frac{\partial \delta u_i^{(0)}}{\partial y_j} \mathrm{d}Y \mathrm{d}V \tag{5.92}$$

考虑到式(5.95)、式(5.97),并由式(5.92),得

$$\frac{\partial u_k^{(0)}}{\partial y_l} = 0 \tag{5.93}$$

可以看出,$u_k^{(0)}$ 只是宏观坐标 x 的函数,所以式(5.79)可写为

$$u_i^\varepsilon(x) = u_i^{(0)}(x) + \varepsilon u_i^{(1)}(x, y) + \varepsilon^2 u_i^{(2)}(x, y) + \cdots \tag{5.94}$$

式(5.94)中 $u_i^{(0)}$ 可以认为是宏观位移,$u_i^{(1)},u_i^{(2)},\cdots$ 是各阶细观位移。其物理意义可解释为:由于复合材料结构的不均匀性,真实位移 $u_i^{(\varepsilon)}$ 在宏观位移 $u_i^{(0)}$ 附近振荡,$u_i^{(1)},u_i^{(2)}$,$\cdots$ 和小参数 ε 构成了细观结构的扰动位移。

5.5.2 均匀化系数和细观应力

将式(5.93)代入式(5.88b)得到

$$\frac{\partial}{\partial y_j} C_{ijkl} \left(\frac{\partial u_k^{(0)}}{\partial y_l} + \frac{\partial u_k^{(1)}}{\partial y_l} \right) = 0 \tag{5.95}$$

式(5.95)联系着宏观位移($u_i^{(0)}$)和一阶细观位移($u_i^{(1)}$),在宏观位移已知的条件下,可以由下式得到一阶细观位移:

$$\frac{\partial}{\partial y_j} \left(C_{ijkl} \frac{\partial u_k^{(0)}}{\partial y_l} \right) = -\frac{\partial C_{ijkl}}{\partial y_j} \frac{\partial u_k^{(1)}}{\partial y_l} \tag{5.96}$$

引入特征函数 $\chi_i^{mn}(y)$ 联系宏观位移与一阶细观位移:

$$u_i^{(1)} = \chi_i^{kl} \frac{\partial u_k^{(0)}}{\partial x_l} \tag{5.97}$$

可以证明,特征函数满足:

$$\frac{\partial}{\partial y_j} \left(C_{ijkl} \frac{\partial \chi_k^{mn}}{\partial y_l} \right) = -\frac{\partial C_{ijmn}}{\partial y_j} \tag{5.98}$$

将(5.97)式代入(5.88c)得

$$\frac{\partial}{\partial x_j} C_{ijkl} \left(\frac{\partial u_k^{(0)}}{\partial x_l} + \frac{\chi_k^{mn}}{\partial y_l} \frac{\partial u_m^{(0)}}{\partial x_n} \right) + $$
$$\frac{\partial}{\partial y_j} C_{ijkl} \left[\frac{\partial}{\partial x_l} \left(\chi_k^{mn} \frac{\partial u_m^{(0)}}{\partial x_n} \right) + \frac{\partial u_k^{(2)}}{\partial y_l} \right] + f_i = 0 \tag{5.99}$$

考虑到 $u_i^{(2)}$ 是 Y 周期函数,如果 $u_i^{(2)}$ 有唯一解的话,应该满足如下关系:

$$\int_Y \frac{\partial}{\partial y_j} C_{ijkl} \frac{\partial u_k^{(2)}}{\partial y_l} dY = 0 \tag{5.100}$$

将式(5.98)代入式(5.99),整理得到

$$\frac{\partial}{\partial x_j} \left[\frac{1}{|Y|} \int_Y C_{ijkl} \left(\delta_{km}\delta_{ln} + \frac{\partial \chi_k^{mn}}{\partial y_l} \right) dY \frac{\partial u_m^{(0)}}{\partial x_n} \right] + f_i = 0 \tag{5.101}$$

在单胞内定义均匀化的刚度系数 C_{ijmn}^{H} 如下:

$$C_{ijmn}^{H} = \frac{1}{|Y|} \int_Y C_{ijkl} \left(\delta_{km}\delta_{ln} + \frac{\partial \chi_k^{mn}}{\partial y_l} \right) dY \tag{5.102}$$

将式(5.101)代入式(5.100),得到求解均匀化宏观位移场 $u_i^{(0)}$ 的控制方程:

$$\frac{\partial}{\partial x_j} \left\{ C_{ijmn}^{H} \frac{1}{2} \left[\frac{\partial u_m^{(0)}}{\partial x_n} + \frac{\partial u_n^{(0)}}{\partial x_m} \right] \right\} + f_i = 0 \tag{5.103}$$

可以看出在单胞内通过求解特征函数 χ_i^{kl} 可以得到均匀化系数 C_{ijmn}^{H} ，从均匀化系数的定义可以看出均匀化系数就是宏观结构的有效弹性性能。同时，应力展开式中常数项 $\sigma_{ij}^{(0)}$ (x,y) 可以通过下式获得：

$$\delta_{ij}^{(0)}(x,y)=(C_{ijkl}^{\varepsilon}+C_{ijkl}^{\varepsilon}\frac{\partial \chi_i^{kl}}{\partial y_l})\frac{\partial u_k^{(0)}}{\partial x_l} \tag{5.104}$$

从式(5.104)可以看出，细观应力场表达式中包括宏观参数 x 和细观参数 y ，因此，它反映了应力在单胞尺度内的波动情况。

对式(5.104)的等号左右两边在单胞区域内取平均值，可得

$$\sigma_{ij}^{(0)}(x,y)=C_{ijkl}^{H}\frac{\partial u_k^{(0)}}{\partial x_l} \tag{5.105}$$

其中

$$C_{ijmn}^{H}=\frac{1}{|Y|}\int_Y C_{ijkl}\left(\delta_{km}\delta_{ln}+\frac{\partial \chi_k^{nm}}{\partial y_l}\right)\mathrm{d}Y \tag{5.106}$$

式(5.105)反映了单胞尺度内的平均应力和平均应变的关系，C_{ijmn}^{H} 被称为材料的等效刚度。

参 考 文 献

[1] VOIGT W. Über die Beziehung zwischen den beiden elastizitätskonstanten isotroper Körper[J]. Wiedemanns Annalen，1889，38：573－578.

[2] REUSS A. Berechnung der fliessgrenze von mischkristallen auf grund der plastizitätsbedingung für einkristalle [J]. Zeitschrift fur Angewandte Mathematik und Mechanik，1929，9：49－58.

[3] HASHIN Z，SHTRIKMAN S. On some variational pr in ciplesin a nisotropicand nonhomogeneous elasticity[J]. Journal of the Mechanicsand Physicsof Solids，1962，10：335－342.

[4] HASHIN Z，SHTRIKMAN S. A variation alapproach to the elastic behavior of multiphase materials[J]. Journal of the Mechanics and Physics of Solids，1963，11：127－140.

[5] HSHIN Z, ROSEN B W. The elastic moduli of fiber-reinforced materials[J]. ASME Journal of Applied Mechanics，1964，31：223－232.

[6] KRöNER E. Berechnung der elastischen konstanten des vielkristalls aus den konstanten des einkristalls[J]. Zeitschrift für Physik，1958，151：504－518.

[7] HILL R. A self-consistent mechanics of composite materials[J]. Journal of the Mechanics and Physics of Solids，1965，13(4)：213－212.

[8] MORI T, TANAKA K. Average stress in matrix and average elastic energy of materials with misfitting inclusions[J]. Acta Metallurgica，1973，21(5)：571－574.

[9] ROSCOE R. The viscosity of suspensions of rigid spheres[J]. British Journal of Applied Physics，1952，3(8)：267－269.

[10] MCLAUGHLIN R. A study of the differential scheme for composite materials[J].

International Journal of Engineering Science，1977，15：237－244.

[11]　NORRIS A N. A differential scheme for effective moduli of composites[J]. Mechanics of Materials，1985，4：1－16.

[12]　HASHIN Z. The differential scheme and its application to cracked materials[J]. Journal of the Mechanics and Physics of Solids，1988，36：719－734.

[13]　DVORAK G J，BAHEI-EL-DIN Y A. Elastic-plastic behavior of fibrous composites[J]. Journal of the Mechanics and Physics of Solids，1979，27：51－72.

[14]　TEPLY J L，DVORAK G J. Bounds on overall instantaneous properties of elastic-plastic composites[J]. Journal of the Mechanics and Physics of Solids，1988，36：28－29.

[15]　GHOSH S. A material based finite element analysis of heterogeneous media involving dirichlet tessellations[J]. Computer Methods in Mechanics and Engineering，1993，104：211－247

[16]　GHOSH S，NOWAK Z，LEE K. Quantative characterization and modeling of composite micromechanics by voronoi cells[J]. Acta Materials，1997，45(6)：2215－2234.

[17]　ABOUDI J. Mechanics of composite materials：a unified micromechanical approach[M]. Elsevier：Amsterdam，1991.

[18]　KWON Y W，BERNER J M. Micromechanics model for damage and failure analyses of laminated fibrous composites[J]. Engineering Fracture Mechanics，1995，52(2)：231－242.

[19]　赵琳，张博明. 基于单胞解析模型的单向复合材料强度预报方法[J]. 复合材料学报，2010，27(5)：86－92.

[20]　张博明，赵琳. 基于单胞解析模型的复合材料层合板渐进损伤数值分析[J]. 工程力学，2012，29(4)，36－42.

[21]　PALEY M，ABOUDI J. Micromechanical analysis of composites by the generalized cells model [J]. Mechanics of Materials，1992，14(2)：127－139.

[22]　高希光，宋迎东，孙志刚. 纤维尺寸随机引起的复合材料性能分散性研究[J]. 材料科学与工程学报，2015，3：23－28.

[23]　沈明，魏大盛. 孔隙形状及孔隙率对多孔材料弹性性能的影响[J]. 复合材料学报，2014，31(5)：1277－1283.

[24]　胡殿印，杨尧，郭小军，等. 一种平纹编织复合材料的三维通用单胞模型[J]. 航空动力学报，2019，34(3)：608－615.

[25]　NAGHIPOUR P，ARNOLD S M，PINEDA E J. et al. Multiscalestatic analysis of notched and unnotched laminates using the generalized method of cells[J]. Journal of Composite Materials，2017，51(10)：1433－1454.

[26]　BORKOWSKI L，CHATTOPADHYAY A. Multiscale model of woven ceramic matrix composites considering manufacturing induced damage [J]. Composite Structures，2015，126(8)：62－71.

[27] 张博明,唐占文,刘长喜. 基于细化单胞模型的复合材料层合板强度预报方法[J]. 复合材料学报, 2012, 30(1):201-209.

[28] ABOUDI J. The generalized method of cells and high-fidelity generalized method of cells micromechanical models: A review[J]. Mechanics of Advanced Materials & Structures, 2004, 11(4/5):329-366.

[29] ABOUDI J, PINDERA M J, ARNOLD S M. Linear thermoelastic higher-order theory for periodic multiphase materials[J]. J. Appl Mech, 2001, 68: 697-707.

[30] ABOUDI J, PINDERA M J, ARNOLD S M. Higher-order theory for periodic multiphase materials with inelastic phases[J]. International Journal of Plasticity, 2003, 19(6): 805-847.

[31] HAJ-ALI, R, ABOUDI J. Nonlinear micromechanical formulation of the high fidelity generalized method of cells [J]. International Journal of Solids and Structures, 2009, 46(13): 2577-2592.

[32] PINEDA, E J, WAAS A M, BEDNARCYK B A, et al. An efficient semi-analytical framework for micromechanical modeling of transverse cracks in fiber-reinforced composites[C] // Collection of Technical Papers-AIAA/ASME/ASCE/AHS/ASC Structures, Structural Dynamics and Materials Conference. Reston: AIAA Inc. , 2010.

[33] 孙杰,孙志刚,宋迎东,等. 基于高精度通用单胞模型的材料细观结构拓扑优化设计[J]. 航空学报, 2009(11): 110-116.

[34] 高希光,宋迎东,孙志刚. 陶瓷基复合材料高精度宏细观统一本构模型研究[J]. 航空动力学报, 2008, 23(9): 1617-1622.

[35] PINEDA E J, BEDNARCYK B A, WAAS A M, et al. Progressive failure of a unidirectional fiber-reinforcedcomposite using the method of cells: discretization objective computational results[J]. International Journal of Solids andStructures, 2013, 50(9): 1203-1216.

[36] BEDNARCYK B A, ARNOLD S M, ABOUDI J, et al. Local field effects in titanium matrix composites subjectto fiber-matrix debonding[J]. International Journal of Plasticity, 2004, 20(8/9): 1707-1737.

[37] BEDNARCYK B A, ABOUDI J, ARNOLD S M. Micromechanics modeling of composites subjected to multiaxialprogressive damage in the constituents [J]. AIAA Journal, 2010, 48(7): 1367-1378.

[38] HAJ A R, ABOUDI J. Formulation of the high-fidelity generalized method of cells with arbitrary cell geometry forrefined micromechanics and damage in composites [J]. International Journal of Solids and Structures, 2010, 47(25):3447-3461.

[39] 刘长喜,周振功,王晓宏,等. 结合改进单胞模型的单钉双剪层合板螺栓连接结构

挤压性能的多尺度表征分析[J]. 复合材料学报，2016，33(3)：650 - 656.

[40] HA S K, JIN K K, HUANG Y. Micro-mechanics of failure for continuous fiber reinforced composites[J]. Journal of Composite Materials,2008,42(18):1873 - 95.

[41] JIN K K,OH J H, HA S K. Effect of fiber arrangement on residual thermal stress distribution in a unidirectional composite[J]. Journal of Composite Materials,2006, 41(5):591 - 611.

[42] GOSSE J H . Strain invariant failure criteria for fiber reinforced polymeric composite materials[C]//19th AIAA Applied Aerodynamics Conference, Anaheim：AIAA Inc. ,2001.

[43] 李星，关志东，刘璐，等. 复合材料跨尺度失效准则及其损伤演化[J]. 复合材料学报，2013，2：158 - 164.

[44] WANG L, WU J, CHEN C, et al. Progressive failure analysis of 2D woven composites at the meso-micro scale[J]. Composite Structures, 2017,178：395 - 405.

[45] HUANG Z M. Simulation of the mechanical properties of fibrous composites by the bridging micromechanics model[J]. Compasite Part A,2001,32(2):143 - 172.

[46] HASSANI B, HINTON E. A review of homogenization and topology optimization Ⅱ：analytical and numerical solution of homogenization equations [J]. Comput Struct, 1998, 69:719 - 738.

[47] MATSUI K, TERADA K, YUGE K. Two-scale finite element analysis of heterogeneous solids with periodic microstructures[J]. Computers & Structures, 2004, 82 (7/8)：593 - 606.

[48] PAQUET D, GHOSH S. Microstructural effects on ductile fracture in heterogeneous materials. Part I：Sensitivity analysis with LE-VCFEM[J]. Engineering Fracture Mechanics, 2011, 78(2):205 - 225.

[49] FISH J, YU Q, SHEK K. Computational damage mechanics for composite materials based on mathematical homogenization[J]. Int J Num Methods in Engrg, 1999, 45:1657 - 1679.

[50] FISH J , YU Q. Two-scale damage modeling of brittle composites[J]. Composites Science & Technology, 2001, 61(15):2215 - 2222.

[51] FISH J , YU Q. Multiscale damage modelling for composite materials：theory and computational framework[J]. International Journal for Numerical Methods in Engineering, 2001, 52(1/2):161 - 191.

[52] 刘书田，程耿东. 复合材料应力分析的均匀化方法[J]. 力学学报，1997，29(3)： 306 - 313.

[53] WEI K L，LI J，SHI H B, et al. Two-scale prediction of effective thermal conductivity of 3D braided C/C composites considering void defects by asymptotic homoge-

nization method[J]. Applied Composite Material，2019，26(5/6)：1367 - 1387.

[54]　钟轶峰.变分渐进均匀化理论及其在复合材料细观力学中的应用[M].北京:科学出版社,2016.

[55]　杨庆生.复合材料力学 [M].北京:科学出版社,2020.

[56]　黄争鸣.桥联理论研究的最新进展[J].应用数学和力学,2005,36(6):563 - 581.

[57]　GUEDES J M，KIKUCHIN N．Preprocessing and postprocessing for materials based on the homogenization method with adaptive element methods[J]．Computer Methods in Applied Mechanics and Engineering，1990,83(2):143 - 198.

第6章 基于同心圆柱模型的多尺度分析方法

6.1 引　言

以通用单胞法(GMC)为代表的半解析半数值的方法可以获得复合材料内部的细观应力-应变场,但是随着胞元内部子胞划分数量的增大,求解线性方程组的数量也增加,特别是涉及材料损伤模拟等非线性分析时,整体的计算效率较低。针对通用单胞法在复合材料非线性模拟中效率较低的问题,ZHANG 等以 Hashin 和 Rosen 的同心圆柱模型(CCA)作为单向纤维增强复合材料的代表性单元,引入一个应变转换矩阵,建立复合材料宏观应变和组分材料内部微观应变之间的关联,应变转换矩阵可以通过对同心圆柱体施加 6 组单位应变载荷,利用同心圆柱模型以及 Christensen-Lo 的三相模型,再经过理论推导得到,且应变转换矩阵具有封闭的解析表达式,因此,计算效率大大增加。

首先,本章介绍复合材料纤维丝/基体同心圆柱解析模型,并通过有限元法验证解析模型的准确性。其次,根据纤维丝/基体同心圆柱解析模型,建立单向纤维增强复合材料多尺度损伤分析模型,并与基于代表性体积单胞模型的有限元法进行对比,为单向纤维增强复合材料多尺度分析提供一种高效的分析途径。

6.2　复合材料同心圆柱模型

同心圆柱模型假设单向纤维增强复合材料由许多纤维丝和基体组成的同心圆柱体构成,圆柱体的直径可以变化,使得单向复合材料可以由这些不同直径的圆柱体完全填充,但是每个圆柱体内纤维丝和基体的体积分数保持不变,均与复合材料整体体积分数相同,从而单向复合材料的力学性能可以选取其中一个纤维丝和基体所构成的同心圆柱体进行分析,如图 6.1 所示。假设纤维丝为横观各向同性材料,基体为各向同性材料,则相应单向复合材料性能满足横观各向同性,其等效刚度矩阵可以通过 5 个独立的弹性常数确定,这 5 个独立的弹性常数分别是纵向模量 E_1^c,纵向泊松比 ν_{12}^c,纵向剪切模量 G_{12}^c,平面应变体积模量 K_{23}^c,横向剪切模量 G_{23}^c,由它们获得的单向复合材料等效刚度矩阵的表达式如下:

$$\boldsymbol{C}^{c}=\begin{bmatrix} E_1^c+4\nu_{12}^{c\,2}K_{23}^c & 2\nu_{12}^cK_{23}^c & 2\nu_{12}^cK_{23}^c & 0 & 0 & 0 \\ 2\nu_{12}^cK_{23}^c & K_{23}^c+G_{23}^c & K_{23}^c-G_{23}^c & 0 & 0 & 0 \\ 2\nu_{12}^cK_{23}^c & K_{23}^c-G_{23}^c & K_{23}^c+G_{23}^c & 0 & 0 & 0 \\ 0 & 0 & 0 & G_{23}^c & 0 & 0 \\ 0 & 0 & 0 & 0 & G_{12}^c & 0 \\ 0 & 0 & 0 & 0 & 0 & G_{12}^c \end{bmatrix} \quad (6.1)$$

其余弹性常数,例如横向模量 E_2^c,横向泊松比 ν_{23}^c,均可以通过这 5 个弹性常数转换得到:

$$E_2^c=\frac{4G_{23}^cK_{23}^c}{K_{23}^c+\psi G_{23}^c} \quad (6.2)$$

$$\nu_{23}^c=\frac{K_{23}^c-\psi G_{23}^c}{K_{23}^c+\psi G_{23}^c} \quad (6.3)$$

其中

$$\psi=1+\frac{4K_{23}^c\nu_{12}^{c\,2}}{E_1^c}$$

为了区别纤维丝和复合材料性能,上述表达式中的上标"c"表示单向纤维增强复合材料,下标"1"表示纤维纵向,下标"2"表示纤维横向。

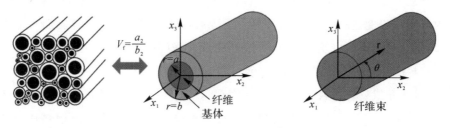

图 6.1 单向复合材料同心圆柱模型

6.3 基体微观应变解析模型

在外部载荷作用下,单向纤维增强复合材料基体首先产生微观损伤,引起宏观应力-应变曲线的非线性,反映在复合材料的力学性能上为刚度渐进衰减。为了能够准确预测单向纤维复合材料的损伤失效行为,就需要获得单向复合材料内部基体的微观应力、应变。采用 Wass 等最近提出的微观力学模型,通过引入一个 6×6 的应变转换矩阵 $\boldsymbol{F}$,见下式:

$$\begin{bmatrix} \boldsymbol{\varepsilon}_{11}^m \\ \boldsymbol{\varepsilon}_{22}^m \\ \boldsymbol{\varepsilon}_{33}^m \\ \boldsymbol{\gamma}_{12}^m \\ \boldsymbol{\gamma}_{13}^m \\ \boldsymbol{\gamma}_{23}^m \end{bmatrix}=\begin{bmatrix} F_{11} & F_{12} & F_{13} & F_{14} & F_{15} & F_{16} \\ F_{21} & F_{22} & F_{23} & F_{24} & F_{25} & F_{26} \\ F_{31} & F_{32} & F_{33} & F_{34} & F_{35} & F_{36} \\ F_{41} & F_{42} & F_{43} & F_{44} & F_{45} & F_{46} \\ F_{51} & F_{52} & F_{53} & F_{54} & F_{55} & F_{56} \\ F_{61} & F_{62} & F_{63} & F_{64} & F_{65} & F_{66} \end{bmatrix}\begin{bmatrix} \boldsymbol{\varepsilon}_{11}^c \\ \boldsymbol{\varepsilon}_{22}^c \\ \boldsymbol{\varepsilon}_{33}^c \\ \boldsymbol{\gamma}_{12}^c \\ \boldsymbol{\gamma}_{13}^c \\ \boldsymbol{\gamma}_{23}^c \end{bmatrix} \quad (6.4)$$

将单向纤维复合材料宏观尺度下的全局应变 $\boldsymbol{\varepsilon}^c$ 转换为微观尺度下基体的局部应变 $\boldsymbol{\varepsilon}^m$。应变转换矩阵 $\boldsymbol{F}$ 可以通过对单向纤维复合材料纤维丝/基体同心圆柱模型分别施加 6 组单位应变载荷向量,然后根据纤维丝/基体同心圆柱体中产生的基体微观应变,利用微观力学理论经过推导得到。

获得应变转换矩阵 $\boldsymbol{F}$ 的关键在于求解在 6 组单位应变载荷向量作用下,单向纤维增强复合材料内部基体的应变场 $\boldsymbol{\varepsilon}^m$。这 6 组单位应变载荷向量的表达式如下:

$$\boldsymbol{\varepsilon}_{11}^c = \begin{bmatrix} \varepsilon_{11}^c \\ 0 \\ 0 \\ 0 \\ 0 \\ 0 \end{bmatrix}, \boldsymbol{\varepsilon}_{22}^c = \begin{bmatrix} 0 \\ \varepsilon_{22}^c \\ 0 \\ 0 \\ 0 \\ 0 \end{bmatrix}, \boldsymbol{\varepsilon}_{33}^c = \begin{bmatrix} 0 \\ 0 \\ \varepsilon_{33}^c \\ 0 \\ 0 \\ 0 \end{bmatrix}, \boldsymbol{\gamma}_{12}^c = \begin{bmatrix} 0 \\ 0 \\ 0 \\ \gamma_{12}^c \\ 0 \\ 0 \end{bmatrix}, \boldsymbol{\gamma}_{13}^c = \begin{bmatrix} 0 \\ 0 \\ 0 \\ 0 \\ \gamma_{13}^c \\ 0 \end{bmatrix}, \boldsymbol{\gamma}_{23}^c = \begin{bmatrix} 0 \\ 0 \\ 0 \\ 0 \\ 0 \\ \gamma_{23}^c \end{bmatrix} \quad (6.5)$$

对于单向纤维增强复合材料受到纵向拉伸单位应变载荷向量 $\boldsymbol{\varepsilon}_{11}^c$ 和纵向剪切单位应变载荷向量 $\boldsymbol{\gamma}_{12}^c$ 的情况,可以利用两相复合材料同心圆柱模型进行推导获得,对于单向纤维增强复合材料受到横向拉伸单位应变载荷向量 $\boldsymbol{\varepsilon}_{22}^c$ 和横向剪切单位应变载荷向量 $\boldsymbol{\gamma}_{23}^c$ 的情况,可以通过三相复合材料广义自洽模型(general-self-consistent-method)推导获得。应变转换矩阵 $\boldsymbol{F}$ 中各个分量 F_{ij} 的详细推导见下文。

6.3.1 纵向载荷 $\boldsymbol{\varepsilon}_{11}^c$ 作用下 E_1^c、ν_{12}^c 和 F_{i1} 的计算

对单向纤维增强复合材料纵向施加宏观均匀应变载荷向量 $\boldsymbol{\varepsilon}_{11}^c$,纤维丝和基体的应力-应变场的解析表达式可以由同心圆柱模型获得。图 6.2 是纤维丝/基体两相复合材料同心圆柱模型的柱坐标系示意图,其中 a 为纤维丝半径,b 为基体外径,纤维体积分数为 $V_f = a^2/b^2$。

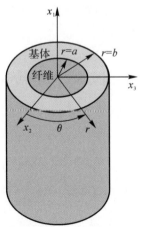

图 6.2　纤维丝/基体两相复合材料同心圆柱模型及柱坐标系

纤维/基体同心圆柱模型在纵向载荷作用下，应力-应变场呈轴对称分布，且没有剪切应力。如果忽略自由端效应，则应力-应变场与轴向位置无关，在柱坐标系下，纤维和基体的位移场为

$$U_r^{f}(x,r)=A^{f}r \quad (0 \leqslant r \leqslant a) \tag{6.6a}$$

$$U_r^{m}(x,r)=A^{m}r+\frac{B^{m}}{r} \quad (a \leqslant r \leqslant b) \tag{6.6b}$$

$$U_x^{f}(x,r)=\varepsilon_{11}^{f}x \quad (0 \leqslant r \leqslant a) \tag{6.6c}$$

$$U_x^{m}(x,r)=\varepsilon_{11}^{m}x \quad (a \leqslant r \leqslant b) \tag{6.6d}$$

式中：U_r 和 U_x 分别表示径向和轴向位移，A^{f}，A^{m} 和 B^{m} 是与边界条件相关的常量，ε_{11}^{f} 和 ε_{11}^{m} 分别是纤维和基体的轴向应变，根据圣维南（Saint-Venant）原理，轴向应变为常数。纤维丝和基体的应变可以通过位移-应变关系以及本构方程获得。根据纤维丝和基体界面处的位移连续性条件：

$$U_r^{f}(a)=U_r^{m}(a) \tag{6.7a}$$

$$U_x^{f}(a)=U_x^{m}(a) \tag{6.7b}$$

$$\sigma_r^{f}(a)=\sigma_r^{m}(a) \tag{6.7c}$$

根据轴向位移的连续性条件，有 $\varepsilon_{11}^{f}=\varepsilon_{11}^{m}=\varepsilon_{11}^{c}$。根据能量等效原理，单向复合材料的等效性能可以表示为

$$E_1^{c}=E_1^{f}V_f+E^{m}(1-V_f)+\frac{4V_f(1-V_f)(\nu_{12}^{f}-\nu^{m})^2G^{m}}{\dfrac{G^{m}(1-V_f)}{K_{23}^{f}}+\dfrac{G^{m}V_f}{K_{23}^{m}}+1} \tag{6.8}$$

$$\nu_{12}^{c}=\nu_{12}^{f}V_f+\nu^{m}(1-V_f)+\frac{V_f(1-V_f)(\nu_{12}^{f}-\nu^{m})\left(\dfrac{G^{m}}{K_{23}^{m}}-\dfrac{G^{m}}{K_{23}^{f}}\right)}{\dfrac{G^{m}(1-V_f)}{K_{23}^{f}}+\dfrac{G^{m}V_f}{K_{23}^{m}}+1} \tag{6.9}$$

为了获得应变转换矩阵 $\boldsymbol{F}$ 中第一列各分量 F_{i1}，给同心圆柱模型施加轴向均匀应变 ε_{11}^{c}，并令圆柱体外表面径向位移为零，即

$$U_r(b)=0 \tag{6.10}$$

联立求解式（6.7）和式（6.10），得到与 ε_{11}^{c} 的相关的常数 A^{f}，A^{m} 和 B^{m}，进一步推导可以得到

$$\varepsilon_{xx}^{m}=\varepsilon_{11}^{c} \tag{6.11a}$$

$$\varepsilon_{rr}^{m}=\frac{V_f(\nu_{12}^{f}/K_{23}^{m}-\nu^{m}/K_{23}^{f})}{V_f/K_{23}^{f}+(1-2\nu^{m})/K_{23}^{f}+(1-V_f)/K_{23}^{m}}\left(1+\frac{b^2}{r^2}\right)\varepsilon_{11}^{c} \tag{6.11b}$$

$$\varepsilon_{\theta\theta}^{m}=\frac{V_f(\nu_{12}^{f}/K_{23}^{m}-\nu^{m}/K_{23}^{f})}{V_f/K_{23}^{f}+(1-2\nu^{m})/K_{23}^{f}+(1-V_f)/K_{23}^{m}}\left(1-\frac{b^2}{r^2}\right)\varepsilon_{11}^{c} \tag{6.11c}$$

采用坐标转换矩阵将基体应变由柱坐标系转换到笛卡儿坐标系下，进一步推导整理可得应变转换矩阵 $\boldsymbol{F}$ 的第一列分量 F_{i1}，即

$$F_{11} = 1$$

$$F_{21} = \frac{V_f\left(\dfrac{\nu_{12}^f}{K_{23}^m} - \dfrac{\nu^m}{K_{23}^f}\right)}{\dfrac{V_f}{K_{23}^f} + \dfrac{1-2\nu^m}{K_{23}^f} + \dfrac{1-V_f}{K_{23}^m}}\left[1 + \left(\frac{b}{r}\right)^2\cos2\theta\right]$$

$$F_{31} = \frac{V_f\left(\dfrac{\nu_{12}^f}{K_{23}^m} - \dfrac{\nu^m}{K_{23}^f}\right)}{\dfrac{V_f}{K_{23}^f} + \dfrac{1-2\nu^m}{K_{23}^f} + \dfrac{1-V_f}{K_{23}^m}}\left[1 - \left(\frac{b}{r}\right)^2\cos2\theta\right] \qquad (6.12)$$

$$F_{61} = 2\,\frac{V_f\left(\dfrac{\nu_{12}^f}{K_{23}^m} - \dfrac{\nu^m}{K_{23}^f}\right)}{\dfrac{V_f}{K_{23}^f} + \dfrac{1-2\nu^m}{K_{23}^f} + \dfrac{1-V_f}{K_{23}^m}}\left(\frac{b}{r}\right)^2\sin2\theta$$

$$F_{41} = F_{51} = 0$$

6.3.2 纵向剪切载荷 γ_{12}^c 作用下 G_{12}^c、ν_{12}^c 和 F_{i4} 的计算

为了分析复合材料同心圆柱模型在纵向剪切载荷 γ_{12}^c 作用下的应力-应变场,将同心圆柱体投影到 x_1Ox_2 坐标平面内,如图 6.3 所示,在圆柱体的外表面施加一个位移场,使得其产生一个总的剪切应变 γ_{12}^c,则纤维丝的位移场在柱坐标系下可以表示为

$$U_x^f = (A^f r + B^f/r)\cos\theta \qquad (6.13a)$$

$$U_\theta^f = -C^f x\sin\theta \qquad (6.13b)$$

$$U_r^f = C^f x\cos\theta \qquad (6.13c)$$

基体的位移场在柱坐标系下可以表示为

$$U_x^m = (A^m r + B^m/r)\cos\theta \qquad (6.14a)$$

$$U_\theta^m = -C^m x\sin\theta \qquad (6.14b)$$

$$U_r^m = C^m x\cos\theta \qquad (6.14c)$$

式中:$A^f, B^f, C^f, A^m, B^m, C^m$ 是依据边界条件确定的未知常量。

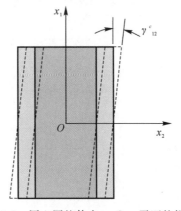

图 6.3 同心圆柱体在 x_1Ox_2 平面的投影

由位移产生的纤维丝非零项应力分量为

$$\tau_{xr}^{\mathrm{f}} = G_{12}^{\mathrm{f}}(A^{\mathrm{f}} + C^{\mathrm{f}} - \frac{B^{\mathrm{f}}}{r^2})\cos\theta \tag{6.15a}$$

$$\tau_{x\theta}^{\mathrm{f}} = -G_{12}^{\mathrm{f}}(A^{\mathrm{f}} + C^{\mathrm{f}} + \frac{B^{\mathrm{f}}}{r^2})\sin\theta \tag{6.15b}$$

基体应力为

$$\tau_{xr}^{\mathrm{m}} = G^{\mathrm{m}}(A^{m} + C^{\mathrm{m}} - \frac{B^{\mathrm{m}}}{r^2})\cos\theta \tag{6.16a}$$

$$\tau_{x\theta}^{\mathrm{m}} = -G^{\mathrm{m}}(A^{m} + C^{\mathrm{m}} + \frac{B^{\mathrm{m}}}{r^2})\sin\theta \tag{6.16b}$$

固定纤维丝中心位移，则有 $B^{\mathrm{f}} = 0$，根据纤维丝和基体界面处的位移和力的连续性条件，有

$$U_x^{\mathrm{f}}(x,\theta,a) = U_x^{\mathrm{m}}(x,\theta,a) \tag{6.17a}$$

$$U_\theta^{\mathrm{f}}(x,\theta,a) = U_\theta^{\mathrm{m}}(x,\theta,a) \tag{6.17b}$$

$$U_r^{\mathrm{f}}(x,\theta,a) = U_r^{\mathrm{m}}(x,\theta,a) \tag{6.17c}$$

$$\tau_{xr}^{\mathrm{f}}(x,\theta,a) = \tau_{xr}^{\mathrm{m}}(x,\theta,a) \tag{6.17d}$$

注意到式(6.17b)和式(6.17c)可以合并，且圆柱体的外表面位移必须满足以下方程：

$$U_x^{\mathrm{m}}(x,\theta,b) = 0 \tag{6.18a}$$

$$U_\theta^{\mathrm{m}}(x,\theta,b) = -\gamma_{12}^{\mathrm{c}}x\sin\theta \tag{6.18b}$$

$$U_r^{\mathrm{m}}(x,\theta,b) = \gamma_{12}^{\mathrm{c}}x\cos\theta \tag{6.18c}$$

同理，式(6.18)和式(6.18c)可以合并。通过式(6.17)和式(6.18)，联立求解得到未知常量 $A^{\mathrm{f}}, C^{\mathrm{f}}, A^{\mathrm{m}}, B^{\mathrm{m}}, C^{\mathrm{m}}$，它们与 γ_{12}^{c} 相关。将它们代入式(6.16)进一步获得基体应力和由于柱坐标系下 $r=b$ 和 $\theta=0$ 处的剪应力与笛卡儿坐标系下的剪应力重合，因此，单向复合材料纵向等效剪切模量 G_{12}^{c} 可以由应力除以应变得到：

$$G_{12}^{\mathrm{c}} = G^{\mathrm{m}}\frac{G_{12}^{\mathrm{f}}(1+V_{\mathrm{f}}) + G^{\mathrm{m}}(1-V_{\mathrm{f}})}{G_{12}^{\mathrm{f}}(1-V_{\mathrm{f}}) + G^{\mathrm{m}}(1+V_{\mathrm{f}})} \tag{6.19}$$

基体非零项应变为

$$\gamma_{x\theta}^{\mathrm{m}} = \frac{[r^2(G_{12}^{\mathrm{f}}+G^{\mathrm{m}}) + b^2(G_{12}^{\mathrm{f}}-G^{\mathrm{m}})V_{\mathrm{f}}]}{r^2[G_{12}^{\mathrm{f}}+G^{\mathrm{m}}-V_{\mathrm{f}}(G_{12}^{\mathrm{f}}-G^{\mathrm{m}})]}\sin\theta\gamma_{12}^{\mathrm{c}} \tag{6.20a}$$

$$\gamma_{xr}^{\mathrm{m}} = \frac{[r^2(G_{12}^{\mathrm{f}}+G^{\mathrm{m}}) - b^2(G_{12}^{\mathrm{f}}-G^{\mathrm{m}})V_{\mathrm{f}}]}{r^2[G_{12}^{\mathrm{f}}+G^{\mathrm{m}}-V_{\mathrm{f}}(G_{12}^{\mathrm{f}}-G^{\mathrm{m}})]}\cos\theta\gamma_{12}^{\mathrm{c}} \tag{6.20b}$$

则应变转换矩阵 $\boldsymbol{F}$ 的第4列分量 F_{i4} 可以通过柱坐标系和直角坐标系之间的坐标转换矩阵计算得到，有

$$\left.\begin{aligned} F_{44} &= \frac{G_{12}^{\mathrm{f}}+G^{\mathrm{m}}}{G_{12}^{\mathrm{f}}+G^{\mathrm{m}}-V_{\mathrm{f}}(G_{12}^{\mathrm{f}}-G^{\mathrm{m}})} + \frac{V_{\mathrm{f}}(G_{12}^{\mathrm{c}}-G^{\mathrm{m}})}{G_{12}^{\mathrm{f}}+G^{\mathrm{m}}-V_{\mathrm{f}}(G_{12}^{\mathrm{f}}-G^{\mathrm{m}})}\left(\frac{b}{r}\right)^2\cos2\theta \\ F_{54} &= \frac{V_{\mathrm{f}}(G_{12}^{\mathrm{f}}-G^{\mathrm{m}})}{G_{12}^{\mathrm{f}}+G^{\mathrm{m}}-V_{\mathrm{f}}(G_{12}^{\mathrm{f}}-G^{\mathrm{m}})}\left(\frac{b}{r}\right)^2\sin2\theta \\ F_{14} &= F_{24} = F_{34} = F_{64} = 0 \end{aligned}\right\} \tag{6.21}$$

同理,通过施加单位剪切应变载荷向量 $\boldsymbol{\gamma}_{13}^{c}$,可以推导得到应变转换矩阵 $\boldsymbol{F}$ 的第 5 列分量 F_{i5},有

$$
\left.
\begin{aligned}
F_{45} &= \frac{V_{f}(G_{12}^{f}-G^{m})}{G_{12}^{f}+G^{m}-V_{f}(G_{12}^{f}-G^{m})}\left(\frac{b}{r}\right)^{2}\sin 2\theta \\
F_{55} &= \frac{G_{12}^{f}+G^{m}}{G_{12}^{f}+G^{m}-V_{f}(G_{12}^{f}-G^{m})} - \frac{V_{f}(G_{12}^{c}-G^{m})}{G_{12}^{f}+G^{m}-V_{f}(G_{12}^{f}-G^{m})}\left(\frac{b}{r}\right)^{2}\cos 2\theta \\
F_{15} &= F_{25} = F_{35} = F_{65} = 0
\end{aligned}
\right\}
\tag{6.22}
$$

注意到 $F_{45}=F_{54}$,F_{44} 和 F_{55} 之间相差 $\pi/2$ 相角。

6.3.3 横向载荷作用下 K_{23}^{c}、G_{23}^{c} 的计算

与单向纤维增强复合材料纵向性能的推导不同,单向纤维增强复合材料横向性能的确定需要在纤维丝/基体同心圆柱体表面施加力的边界条件,然而,这种类型的边界条件常常难以获得横向性能的解析表达式,特别是横向剪切模量 G_{23}^{c},因此,Christensen 和 Lo 等提出采用广义自洽法(general-self-consistent-method)计算横向剪切模量 G_{23}^{c}。图 6.4 给出了广义自洽法所采用的复合材料三相圆柱模型。

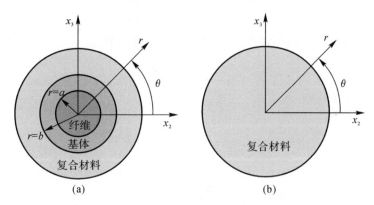

图 6.4　广义自洽法示意图

(a)复合材料三相圆柱模型;(b)复合材料等效介质

假设纤维丝和基体均处于无限大复合材料等效介质中,纤维丝半径为 a,基体外径为 b,由于只关注单向复合材料的横向性能,假设纤维丝纵向无限长,因此,可以将三相圆柱模型简化为平面应变问题,从而单向纤维增强复合材料的等效应力-应变关系可以简化为

$$
\begin{bmatrix}
\sigma_{22}^{c} \\
\sigma_{33}^{c} \\
\tau_{23}^{c}
\end{bmatrix} =
\begin{bmatrix}
K_{23}^{c}+G_{23}^{c} & K_{23}^{c}-G_{23}^{c} & 0 \\
K_{23}^{c}-G_{23}^{c} & K_{23}^{c}+G_{23}^{c} & 0 \\
0 & 0 & G_{23}^{c}
\end{bmatrix}
\begin{bmatrix}
\varepsilon_{22}^{c} \\
\varepsilon_{33}^{c} \\
\gamma_{23}^{c}
\end{bmatrix}
\tag{6.23}
$$

对应此问题的 Airy 应力函数在极坐标系下的表达式为

$$
\varphi_{i} = \frac{M_{i}}{2}b^{2}\ln r + \frac{N_{i}}{2}r^{2} + \left[\frac{A_{i}}{2}r^{2} + \frac{B_{i}}{2}\frac{r^{4}}{b^{2}} + \frac{C_{i}}{4}\frac{b^{4}}{r^{2}} + \frac{D_{i}}{2}b^{2}\right]\cos 2\theta
\tag{6.24}
$$

式中:$i=1,2,3$——纤维丝、基体和复合材料等效介质;

M_i, N_i, A_i, B_i, C_i 和 D_i 需要根据边界条件进行确定。

则纤维丝、基体和复合材料等效介质的应力、应变和位移可以通过应力函数、应力-应变关系和应变-位移关系推导获得。

利用单向复合材料三相圆柱模型计算单向纤维增强复合材料的横向性能的关键在于合理施加力的边界条件，使得在三相圆柱模型远场形成纯剪切或者横向拉伸应力状态。对于平面应变体积模量 K_{23}^c，可以通过施加双向拉伸应力 $\sigma_{22}^c = \sigma_{33}^c = \sigma$ 计算得到。对于横向剪切模量 G_{23}^c，可以通过施加双向拉压应力 $\sigma_{22}^c = -\sigma_{33}^c = \sigma$ 计算得到，需要指出的是，由于应变转换矩阵 F 的计算，需要在单向纤维增强复合材料同心圆柱模型上施加单个应变载荷，对于施加两个应力载荷的情况，需要根据应力-应变关系以及力的叠加原理，将其转换为单个应变载荷的情况。

(1) 双向应力 $\sigma_{22}^c = \sigma_{33}^c = \sigma$ 作用下体积模量 K_{23}^c 计算。

单向纤维增强复合材料平面应变体积模量 K_{23}^c 的计算需要满足轴对称条件，从而 $A_i = B_i = C_i = D_i = 0 (i = 1, 2, 3)$。令 $N_3 = \sigma$，当 $r \to \infty$ 时，形成静水应力状态，4 个未知量 N_1，M_2, N_2, M_3，可以通过力和位移连续性条件得到，即

$$\sigma_{rr}^f(r=a) = \sigma_{rr}^m(r=a) \tag{6.25a}$$

$$U_r^f(r=a) = U_r^m(r=a) \tag{6.25b}$$

$$\sigma_{rr}^m(r=b) = \sigma_{rr}^c(r=b) \tag{6.25c}$$

$$U_r^m(r=b) = U_r^c(r=b) \tag{6.25d}$$

经过推导，得到关于 N_1, M_2, N_2, M_3 的一组线性方程为

$$
\begin{bmatrix}
1 & -\dfrac{1}{2}\left(\dfrac{1}{V_f}\right) & -1 & 0 \\
2\dfrac{G_{23}^f}{K_{23}^f} & \dfrac{G_{23}^f}{G^m}\dfrac{1}{V_f} & -2\dfrac{G_{23}^f}{K_{23}^m} & 0 \\
0 & \dfrac{1}{2} & 1 & -\dfrac{1}{2} \\
0 & -\dfrac{G_{23}}{G^m} & 2\dfrac{G_{23}}{K_{23}^m} & 1
\end{bmatrix}
\begin{bmatrix}
N_1 \\ M_2 \\ N_2 \\ M_3
\end{bmatrix}
=
\begin{bmatrix}
0 \\ 0 \\ \sigma \\ 2\dfrac{G_{23}}{K_{23}}\sigma
\end{bmatrix}
\tag{6.26}
$$

根据 Eshelby 等的研究，三相圆柱模型的应变能与复合材料等效介质的应变能相等，对于包含夹杂的均匀介质，在位移载荷下的应变能为

$$U = U^o - \frac{1}{2}\int_s (T_i^o u_i - T_i u_i^o)\,\mathrm{d}S \tag{6.27}$$

式中：　　　S——夹杂表面；

　　U^o——不含夹杂的复合材料等效介质应变能；

　　T_i^o 和 u_i^o——不含夹杂的等效介质边界力和位移；

　　T_i 和 u_i——含夹杂的复合材料介质的边界力和位移。

显然，图 6.4(b) 中复合材料等效介质的应变能 U^{equiv} 和图 6.4(a) 中不含夹杂复合材料介质的应变能相等，即 $U^{equiv} = U^o$。结合应变能等效 $U^{equiv} = U$，采用柱坐标系下的应力和位移表达式，则式 (6.27) 变为

$$\int_0^{2\pi} \left[\sigma_{rr}^o U_r - \sigma_{rr} U_r^o\right]_{r=b} b\,\mathrm{d}\theta = 0 \tag{6.28}$$

式中：不含夹杂的复合材料等效介质的应力和位移分别是

$$\sigma_{rr}^o = \sigma \tag{6.29a}$$

$$U_r^{\text{o}} = \frac{r}{2K_{23}}\sigma \tag{6.29b}$$

将复合材料等效介质的应力、位移和式(6.29)代入式(6.28),有

$$M_3 = 0 \tag{6.30}$$

因此,通过求解式(6.26)中的边界条件,并令 $M_3 = 0$,则有效平面应变体积模量 K_{23}^{c} 为

$$K_{23}^{\text{c}} = K_{23}^{\text{m}} + \cfrac{V_{\text{f}}}{\cfrac{1}{K_{23}^{\text{f}} - K_{23}^{\text{m}}} + \cfrac{1 - V_{\text{f}}}{K_{23}^{\text{m}} + G^{\text{m}}}} \tag{6.31}$$

同时,可以获得复合材料等效介质边界处于双向拉伸应力状态下纤维丝与基体的应力、应变和位移场。

(2)双向应力 $\sigma_{22}^{\text{c}} = -\sigma_{33}^{\text{c}} = \sigma$ 作用下剪切模量 G_{23}^{c} 计算。

令 $M_i = N_i = 0(i=1,2,3)$,$A_3 = -\sigma$,当 $r \to \infty$ 时,则复合材料等效介质所处远场应力状态为 $\sigma_{22} = -\sigma_{33} = \sigma$,因此,根据两种材料界面处力和位移的连续性条件可以确定 A_1,B_1,A_2,B_2,C_2,D_2,C_3,D_3,见下式:

$$\left. \begin{aligned} \sigma_{rr}^{\text{f}}(r=a) &= \sigma_{rr}^{\text{m}}(r=a) \\ \sigma_{r\theta}^{\text{f}}(r=a) &= \sigma_{r\theta}^{\text{m}}(r=a) \\ U_r^{\text{f}}(r=a) &= U_r^{\text{m}}(r=a) \\ U_\theta^{\text{f}}(r=a) &= U_\theta^{\text{m}}(r=a) \\ \sigma_{rr}^{\text{m}}(r=b) &= \sigma_{rr}^{\text{c}}(r=b) \\ \sigma_{r\theta}^{\text{m}}(r=b) &= \sigma_{r\theta}^{\text{c}}(r=b) \\ U_r^{\text{m}}(r=b) &= U_r^{\text{c}}(r=b) \\ U_\theta^{\text{m}}(r=b) &= U_\theta^{\text{c}}(r=b) \end{aligned} \right\} \tag{6.32}$$

此边值问题的矩阵表达式为

$$\boldsymbol{Bd} = \boldsymbol{f} \tag{6.33}$$

式中

$$\boldsymbol{B} = \begin{bmatrix} 0 & 1 & 0 & \frac{3}{2}\left(\frac{1}{V_{\text{f}}}\right)^2 & 2\frac{1}{V_{\text{f}}} & 0 & 0 \\ 3V_{\text{f}} & -1 & -3V_{\text{f}} & \frac{3}{2}\left(\frac{1}{V_{\text{f}}}\right)^2 & \frac{1}{V_{\text{f}}} & 0 & 0 \\ 2\left(\frac{G_{23}^{\text{f}}}{K_{23}^{\text{f}}} - 1\right)V_{\text{f}} & 2\frac{G_{23}^{\text{f}}}{G^{\text{m}}} & -2\frac{G_{23}^{\text{f}}}{G^{\text{m}}}\left(\frac{G^{\text{m}}}{K_{23}^{\text{m}}} - 1\right)V_{\text{f}} & -\frac{G_{23}^{\text{f}}}{G^{\text{m}}}\left(\frac{1}{V_{\text{f}}}\right)^2 & -2\frac{G_{23}^{\text{f}}}{G^{\text{m}}}\left(\frac{G^{\text{m}}}{K_{23}^{\text{m}}} + 1\right)\frac{1}{V_{\text{f}}} & 0 & 0 \\ 2\left(\frac{G_{23}^{\text{f}}}{K_{23}^{\text{f}}} + 2\right)V_{\text{f}} & -2\frac{G_{23}^{\text{f}}}{G^{\text{m}}} & -2\frac{G_{23}^{\text{f}}}{G^{\text{m}}}\left(\frac{G^{\text{m}}}{K_{23}^{\text{m}}} + 2\right)V_{\text{f}} & -\frac{G_{23}^{\text{f}}}{G^{\text{m}}}\left(\frac{1}{V_{\text{f}}}\right)^2 & 2\frac{G_{23}^{\text{f}}}{K_{23}^{\text{m}}}\frac{1}{V_{\text{f}}} & 0 & 0 \\ 0 & 0 & -1 & 0 & -\frac{3}{2} & -2 & \frac{3}{2} \\ 0 & 0 & 1 & 3 & -\frac{3}{2} & -1 & \frac{3}{2} \\ 0 & 0 & -2\frac{G_{23}^{\text{f}}}{G^{\text{m}}} & 2\frac{G_{23}^{\text{f}}}{G^{\text{m}}}\left(\frac{G^{\text{m}}}{K_{23}^{\text{m}}} - 1\right) & \frac{G_{23}^{\text{f}}}{G^{\text{m}}} & 2\frac{G_{23}^{\text{f}}}{G^{\text{m}}}\left(\frac{G^{\text{m}}}{K_{23}^{\text{m}}} + 1\right) & -1 \\ 0 & 0 & 2\frac{G_{23}^{\text{f}}}{G^{\text{m}}} & 2\frac{G_{23}^{\text{f}}}{G^{\text{m}}}\left(\frac{G^{\text{m}}}{K_{23}^{\text{m}}} + 2\right) & \frac{G_{23}^{\text{f}}}{G^{\text{m}}} & -2\frac{G_{23}^{\text{c}}}{K_{23}^{\text{c}}} & -1 \end{bmatrix}$$

$$\boldsymbol{d} = \begin{bmatrix} A_1 & B_1 & A_2 & B_2 & C_2 & D_2 & C_3 & D_3 \end{bmatrix}^{\mathrm{T}}$$

$$\boldsymbol{f} = \begin{bmatrix} 0 & 0 & 0 & 0 & \sigma & -\sigma & 2\sigma & -2\sigma \end{bmatrix}^{\mathrm{T}}$$

由 Eshelby 应变能等效原理有

$$\int_0^{2\pi} \left[\sigma_{rr}^o U_r + \sigma_{r\theta}^o U_\theta - \sigma_{rr} U_r^o - \sigma_{r\theta} U_\theta^o \right]_{r=b} b\,\mathrm{d}\theta = 0 \tag{6.34}$$

式中,不含夹杂的等效介质的应力和位移分别是

$$\sigma_{rr}^o = \tau_{23}\cos 2\theta \tag{6.35a}$$

$$\sigma_{r\theta}^o = -\tau_{23}\sin 2\theta \tag{6.35b}$$

$$U_r^o = \frac{r}{2G_{23}}\tau_{23}\cos 2\theta \tag{6.35c}$$

$$U_\theta^o = -\frac{r}{2G_{23}}\tau_{23}\sin 2\theta \tag{6.35d}$$

同理,将复合材料应力、位移以及式(6.35)代入式(6.34),可得

$$D_3 = 0 \tag{6.36}$$

因此,联立求解式(6.32)和式(6.36),可得复合材料等效介质有效剪切模量 G_{23}^c 的表达式:

$$A\left(\frac{G_{23}^c}{G^m}\right) + B\left(\frac{G_{23}^c}{G^m}\right) + C = 0 \tag{6.37}$$

式中:

$A = a_0 + a_1 V_f + a_2 V_f^2 + a_3 V_f^3 + a_4 V_f^4$

$B = b_0 + b_1 V_f + b_2 V_f^2 + b_3 V_f^3 + b_4 V_f^4$

$C = c_0 + c_1 V_f + c_2 V_f^2 + c_3 V_f^3 + c_4 V_f^4$

$a_0 = -2G^{m^2}(2G^m + K_{23}^m)[2G_{23}^f G^m + K_{23}^f(G_{23}^f + G^m)][2G_{23}^f G^m + K_{23}^m(G_{23}^f + G^m)]$

$a_1 = 8G^{m^2}(G_{23}^f - G^m)[2G_{23}^f G^m + K_{23}^f(G_{23}^f + G^m)][G^{m^2} + G^m K_{23}^m + K_{23}^{m^2}]$

$a_2 = -12G^{m^2}K_{23}^{m^2}(G_{23}^f - G^m)[2G_{23}^f G^m + K_{23}^f(G_{23}^f + G^m)]$

$a_3 = 8G^{m^2}\Big\{(G_{23}^{f^2}G^{m^2}K_{23}^f + G_{23}^{f^2}G^m K_{23}^m(K_{23}^f - G^m) + K_{23}^{m^2}[G_{23}^f G^m(G_{23}^f - 2G^m) + K_{23}^f(G_{23}^f - G^m)(G_{23}^f + G^m)]\Big\}$

$a_4 = 2G^{m^2}(G_{23}^f - G^m)(2G^m + K_{23}^m)[K_{23}^f G^m K_{23}^m - G_{23}^f(2G^m(K_{23}^f - K_{23}^m) + K_{23}^f K_{23}^m)]$

$b_0 = 4G^{m^3}[2G_{23}^f G^m + K_{23}^f(G_{23}^f + G^m)][2G_{23}^f G^m + K_{23}^m(G_{23}^f + G^m)]$

$b_1 = 8G^{m^2}K_{23}^m(G_{23}^f - G^m)[2G_{23}^f G^m + K_{23}^f(G_{23}^f + G^m)][G^m - K_{23}^m]$

$b_2 = -2a_2$

$b_3 = -2a_3$

$b_4 = -4G^{m^3}(G_{23}^f - G^m)[K_{23}^f G^m K_{23}^m - G_{23}^f(2G^m(K_{23}^f - K_{23}^m) + K_{23}^f K_{23}^m)]$

$c_0 = 2G^{m^2}K_{23}^m[2G_{23}^f G^m + K_{23}^f(G_{23}^f + G^m)][2G_{23}^f G^m + K_{23}^m(G_{23}^f + G^m)]$

$$c_1 = 8G^{m^2} K_{23}^{m^2} (G_{23}^f - G^m) \left[2G_{23}^f G^m + K_{23}^f (G_{23}^f + G^m) \right]$$

$$c_2 = a_2$$

$$c_3 = a_3$$

$$b_4 = -2G^{m^2} K_{23}^m (G_{23}^f - G^m) \left[K_{23}^f G^m K_{23}^m - G_{23}^f (2G^m (K_{23}^f - K_{23}^m) + K_{23}^f K_{23}^m) \right]$$

同时,可以获得在横向剪切应力下复合材料组分的应力、应变和位移。

(3)应变转换矩阵 $\boldsymbol{F}_{i2}$、$\boldsymbol{F}_{i3}$ 和 $\boldsymbol{F}_{i6}$ 分量的计算。

至此,在双向应力状态 $\sigma_{22}^c = \sigma_{33}^c = \sigma$ 或者 $\sigma_{22}^c = -\sigma_{33}^c = \sigma$ 作用下,单向复合材料三相圆柱模型中组分材料的应力-应变场已经确定。对于单向应力状态 $\sigma_{22}^c = \sigma$ 或者 $\sigma_{33}^c = \sigma$,可以通过上述双向应力状态的叠加获得,对于纯剪切应力状态 $\tau_{23}^c = \sigma$ 可以在 G_{23}^c 应力状态下将环向坐标由 θ 转换到 $\theta + \pi/4$ 获得。

需要指出的是应变转换矩阵 $\boldsymbol{F}$ 的确定需要在复合材料等效介质上施加单个应变载荷。例如,为了确定应变转换矩阵中 $\boldsymbol{F}_{i2}$ 各分量,应该施加正应变 ε_{22}^c,并令其余应变为 0,在此种情况下,根据复合材料本构关系(式 6.23),产生应力状态为 $\sigma_{22}^c = (K_{23}^c + G_{23}^c) \varepsilon_{22}^c$,$\sigma_{33}^c = (K_{23}^c - G_{23}^c) \varepsilon_{22}^c$ 和 $\tau_{23}^c = 0$。由于在单个应力作用下组分材料的应力应变场已经获得,所以,在正应变 ε_{22}^c 作用下基体的应变场可以通过将 σ_{22}^c 和 σ_{22}^c 单独作用下的应变场叠加获得。因此,与 ε_{22}^c 相关的基体应变在柱坐标系下表示为

$$\varepsilon_{rr}^m = \frac{1}{4G^m \sigma} \left\{ K_{23}^c \left(M_2 \frac{b^2}{r^2} + 2 \frac{G^m}{K_{23}^m} N_2 \right) + G_{23}^c \left[-2A_2 + 6 \left(\frac{G^m}{K_{23}^m} - 1 \right) B_2 \frac{r^2}{b^2} - \right. \right.$$
$$\left. \left. 3C_2 \frac{b^4}{r^4} - 2 \left(\frac{G^m}{K_{23}^m} + 1 \right) D_2 \frac{b^2}{r^2} \right] \cos 2\theta \right\} \varepsilon_{22}^c \tag{6.38a}$$

$$\varepsilon_{\theta\theta}^m = \frac{1}{4G^m \sigma} \left\{ K_{23}^c \left(-M_2 \frac{b^2}{r^2} + 2 \frac{G^m}{K_{23}^m} N_2 \right) + G_{23}^c \left[2A_2 + 6 \left(\frac{G^m}{K_{23}^m} + 1 \right) B_2 \frac{r^2}{b^2} + \right. \right.$$
$$\left. \left. 3C_2 \frac{b^4}{r^4} - 2 \left(\frac{G^m}{K_{23}^m} - 1 \right) D_2 \frac{b^2}{r^2} \right] \cos 2\theta \right\} \varepsilon_{22}^c \tag{6.38b}$$

$$\gamma_{r\theta}^m = \frac{G_{23}^c}{2G^m \sigma} \left(2A_2 + 6B_2 \frac{r^2}{b^2} - 3C_2 \frac{b^4}{r^4} - 2D_2 \frac{b^2}{r^2} \right) \sin 2\theta \varepsilon_{22}^c \tag{6.38c}$$

将基体应变转换到笛卡儿坐标系下,可以得到 $\boldsymbol{F}_{i2}$ 各分量的表达式:

$$F_{22} = \frac{1}{4G^m \sigma} \left\{ \left[2K_{23}^c \frac{G^m}{K_{23}^m} N_2 - G_{23}^c (2A_2 + 6B_2 \frac{r^2}{b^2}) \right] + \left[K_{23}^c M_2 \frac{b^2}{r^2} + \right. \right.$$
$$\left. 2G_{23}^c \frac{G^m}{K_{23}^m} (3B_2 \frac{r^2}{b^2} - D_2 \frac{b^2}{r^2}) \right] \cos 2\theta - \left[G_{23}^c (3C_2 \frac{b^4}{r^4} + 2D_2 \frac{b^2}{r^2}) \right] \cos 4\theta \tag{6.39a}$$

$$F_{32} = \frac{1}{4G^m \sigma} \left\{ \left[2K_{23}^c \frac{G^m}{K_{23}^m} N_2 + G_{23}^c (2A_2 + 6B_2 \frac{r^2}{b^2}) \right] - \left[K_{23}^c M_2 \frac{b^2}{r^2} - \right. \right.$$
$$\left. 2G_{23}^c \frac{G^m}{K_{23}^m} (3B_2 \frac{r^2}{b^2} - D_2 \frac{b^2}{r^2}) \right] \cos 2\theta + \left[G_{23}^c (3C_2 \frac{b^4}{r^4} + 2D_2 \frac{b^2}{r^2}) \right] \cos 4\theta \right\} \tag{6.39b}$$

$$F_{62} = \frac{1}{4G^{\mathrm{m}}\sigma} \left[K_{23}^{\mathrm{c}} M_2 \frac{b^2}{r^2} \sin 2\theta - G_{23}^{\mathrm{c}} (3C_2 \frac{b^4}{r^4} + 2D_2 \frac{b^2}{r^2}) \sin 4\theta \right] \tag{6.39c}$$

同理,施加正应变 $\varepsilon_{33}^{\mathrm{c}}$ 可以求得 $\boldsymbol{F}_{i3}$ 各个分量:

$$F_{23} = \frac{1}{4G^{\mathrm{m}}\sigma} \left\{ \left[2K_{23}^{\mathrm{c}} \frac{G^{\mathrm{m}}}{K_{23}^{\mathrm{m}}} N_2 + G_{23}^{\mathrm{c}} (2A_2 + 6B_2 \frac{r^2}{b^2}) \right] + \left[K_{23}^{\mathrm{c}} M_2 \frac{b^2}{r^2} - \right. \right.$$

$$2G_{23}^{\mathrm{c}} \frac{G^{\mathrm{m}}}{K_{23}^{\mathrm{m}}} (3B_2 \frac{r^2}{b^2} - D_2 \frac{b^2}{r^2}) \right] \cos 2\theta + \left[G_{23}^{\mathrm{c}} (3C_2 \frac{b^4}{r^4} + 2D_2 \frac{b^2}{r^2}) \right] \cos 4\theta \Big\} \tag{6.40a}$$

$$F_{33} = \frac{1}{4G^{\mathrm{m}}\sigma} \left\{ \left[2K_{23}^{\mathrm{c}} \frac{G^{\mathrm{m}}}{K_{23}^{\mathrm{m}}} N_2 - G_{23}^{\mathrm{c}} (2A_2 + 6B_2 \frac{r^2}{b^2}) \right] - \left[K_{23}^{\mathrm{c}} M_2 \frac{b^2}{r^2} + \right. \right.$$

$$2G_{23}^{\mathrm{c}} \frac{G^{\mathrm{m}}}{K_{23}^{\mathrm{m}}} (3B_2 \frac{r^2}{b^2} - D_2 \frac{b^2}{r^2}) \right] \cos 2\theta - \left[G_{23}^{\mathrm{c}} (3C_2 \frac{b^4}{r^4} + 2D_2 \frac{b^2}{r^2}) \right] \cos 4\theta \Big\} \tag{6.40b}$$

$$F_{63} = \frac{1}{4G^{\mathrm{m}}\sigma} \left[K_{23}^{\mathrm{c}} M_2 \frac{b^2}{r^2} \sin 2\theta + G_{23}^{\mathrm{c}} (3C_2 \frac{b^4}{r^4} + 2D_2 \frac{b^2}{r^2}) \sin 4\theta \right] \tag{6.40c}$$

在横向剪切应变 γ_{23}^{c} 作用下,基体应变场的确定可以通过在三相圆柱模型远场施加横向剪切应力的方法,根据复合材料应力应变关系 $\tau_{23}^{\mathrm{c}} = G_{23}^{\mathrm{c}} \gamma_{23}^{\mathrm{c}}$ 获得,其中,$\tau_{23}^{\mathrm{c}} = \sigma$ 可以采取将应力状态 $\sigma_{22}^{\mathrm{c}} = -\sigma_{33}^{\mathrm{c}} = \sigma$ 中 θ 改变为 $\theta + \pi/4$,从而,转换矩阵 $\boldsymbol{F}_{i6}$ 分量可通过在剪切应变 $\boldsymbol{\gamma}_{23}^{\mathrm{c}}$ 作用下的基体应变确定,其表达式为

$$F_{26} = \frac{G_{23}^{\mathrm{c}}}{4G^{\mathrm{m}}\sigma} \left[(3C_2 \frac{b^4}{r^4} + 2D_2 \frac{b^2}{r^2}) \sin 4\theta + 2 \frac{G^{\mathrm{m}}}{K_{23}^{\mathrm{m}}} (3B_2 \frac{r^2}{b^2} - D_2 \frac{b^2}{r^2}) \sin 2\theta \right] \tag{6.41a}$$

$$F_{36} = \frac{G_{23}^{\mathrm{c}}}{4G^{\mathrm{m}}\sigma} \left[-(3C_2 \frac{b^4}{r^4} + 2D_2 \frac{b^2}{r^2}) \sin 4\theta + 2 \frac{G^{\mathrm{m}}}{K_{23}^{\mathrm{m}}} (3B_2 \frac{r^2}{b^2} - D_2 \frac{b^2}{r^2}) \sin 2\theta \right] \tag{6.41b}$$

$$F_{66} = \frac{G_{23}^{\mathrm{c}}}{4G^{\mathrm{m}}\sigma} \left[-(2A_2 + 6B_2 \frac{r^2}{b^2}) + (3C_2 \frac{b^4}{r^4} + 2D_2 \frac{b^2}{r^2}) \cos 4\theta \right] \tag{6.41c}$$

6.4 基体微观应变解析法与有限元法对比

在获得单向纤维复合材料基体微观应变转换矩阵 $\boldsymbol{F}$ 后,根据单向复合材料宏观应变和应变转换矩阵 $\boldsymbol{F}$ 就可以获得单向复合材料在任意载荷作用下基体中微观应变的解析解了。为了验证上述基体微观应变解析表达式的准确性,分别采用上述微观解析模型和有限元法计算单向复合材料中基体的微观应变分布,并对两者计算结果进行对比。

对于单向复合材料受到纵向拉伸和纵向剪切载荷作用的情况,可以采用三维两相同心圆柱有限元模型。如图 6.5 所示,有限元模型包括中心一根纤维丝和周围基体,纤维丝单元和基体单元为共节点连接。考虑到在纵向拉伸载荷作用下求解问题的轴对称性,令模型外表面环向位移 $u_\theta = 0$,固定模型一端面轴向位移 $u_1(x_1 = 0) = 0$,另一端面施加位移载荷 $u_1(x_1 = L) = \delta$,约束圆柱体最外层径向位移 $u_r = 0$,使得模型中仅产生轴向均匀应变,则轴向应变为 $\varepsilon_{11} = \delta/L$,其中 L 是模型沿着 x_1 方向的长度。

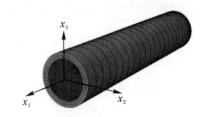

图 6.5　单向复合材料同心圆柱有限元模型

对于单向复合材料受到横向拉伸和横向剪切载荷作用的情况,采用三相同心圆柱有限元模型进行计算。如图 6.6 所示,假设纤维丝和基体均位于复合材料等效介质中,复合材料等效介质无限大,使得在三相圆柱体边界处产生均匀应力、应变。为了便于施加边界和载荷条件,将复合材料等效介质模型的边界处理为规则的长方体,其中 A、B、C、D、E、F、G、H 分别是几何模型的 8 个顶点。对于横向拉伸和横向剪切载荷作用下的有限元模型的边界条件施加见表 6-1 和表 6-2,其中 L_1,L_2 和 L_3 分别是有限元模型沿坐标轴 x_1,x_2 和 x_3 方向的长度。

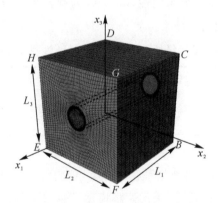

图 6.6　单向复合材料三相同心圆柱有限元模型

表 6-1　三相圆柱模型横向拉伸载荷的边界条件

模型自由面	施加位移($\varepsilon_{22}^c = \varepsilon$)
$ABCD$	$u_1 = 0$
$EFGH$	$u_1 = 0$
$AEHD$	$u_2 = 0$
$BFGC$	$u_2 = \varepsilon L_2$
$ABFE$	$u_3 = 0$
$DCGH$	$u_3 = 0$

表 6-2　三相圆柱模型剪切载荷的边界条件

模型自由面	施加位移($\gamma_{23}^c = \gamma$)
$ABCD$	$u_1 = 0$
$EFGH$	$u_1 = 0$
$AEHD$	$u_2 = 0, u_3 = 0$
$BFGC$	$u_2 = 0, u_3 = \gamma L_2$
$ABFE$	$u_3 = \gamma L_2$
$DCGH$	F

假设单向复合材料力学性能满足横观各向同性,故只考虑纵向拉伸、纵向剪切、横向拉伸和横向剪切等 4 种典型载荷作用的情况,每种载荷情况下所施加的宏观应变载荷均为 0.1%,其余应变分量则保持为 0,由于施加的应变载荷很小,因此纤维丝和基体变形均在线弹性范围内。上述模型计算中所涉及的纤维丝和基体的材料参数见表 6-3,基体材料性能为各向同性,纤维丝性能为横观各向同性,E_1 为纵向弹性模量,E_2、E_3 为横向模量,上述所有模型中纤维体积分数均取为 60%。

表 6-3　纤维丝和基体材料弹性性能参数

材料	E_1/GPa	$E_2(=E_3)$/GPa	ν_{12}	G_{12}/GPa	G_{23}/GPa
纤维丝	350	40	0.12	24	14.3
基体	$E = 12.3$		$\nu = 0.33$		

图 6.7~图 6.10 分别为 4 种典型载荷条件下,单向纤维复合材料同心圆柱模型中基体各应变分量的分布情况。由图可见,采用解析模型计算得到的基体微观应变分布和采用有限元法计算得到的基体微观应变分布总体规律和数值基本相符。在纵向应变 $\varepsilon_{11}^c = 0.1\%$ 的作用下,两种方法计算得到的基体微观应变分量 ε_{22}^m,ε_{33}^m 和 γ_{23}^m 的最大相对偏差分别为 6.54%,6.54% 和 3.85%;在横向应变 $\varepsilon_{22}^c = 0.1\%$ 作用下,两种方法计算得到的基体微观应变分量 ε_{22}^m、ε_{33}^m 和 γ_{23}^m 的最大相对偏差分别为 3.43%,10.61% 和 2.97%;在纵向剪切应变 $\gamma_{12}^c = 0.1\%$ 作用下,两种方法计算得到的基体微观应变分量 γ_{12}^m 和 γ_{13}^m 的最大相对偏差分别为 26.95% 和 3.51%;在横向剪切应变 $\gamma_{23}^c = 0.1\%$ 作用下,两种方法计算得到的基体微观应变分量 ε_{22}^m、ε_{33}^m 和 γ_{23}^m 的最大相对偏差分别为 10.94%、13.93% 和 6.6%。由此可以说明,基体微观应变解析模型能够较为准确地计算出不同载荷作用下单向纤维复合材料中基体微观应变的空间分布和大小。在获得了基体微观应变之后,再利用基体材料的应力-应变本构关系就可以计算得到基体的微观应力了。需要指出的是,基体微观应力、应变的分布是不均匀的,是空间坐标的函数。

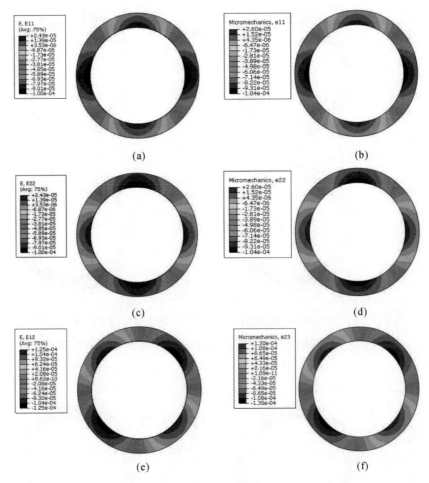

图 6.7　纵向应变 $\varepsilon_{11}^{c}=0.1\%$ 作用下基体微观应变分布

(a)有限元模型 ε_{22}^{m}；(b)微观解析模型 ε_{22}^{m}；(c)有限元模型 ε_{33}^{m}；(d)微观解析模型 ε_{33}^{m}；

(e)有限元模型 $N_{3}=\sigma$；(f)微观解析模型 $r\rightarrow\infty$

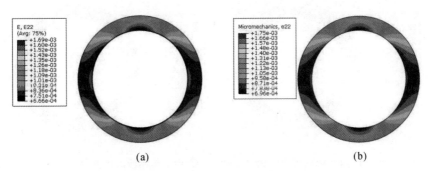

图 6.8　横向应变 $\varepsilon_{22}^{c}=0.1\%$ 作用下基体微观应变分布

(a)有限元模型 ε_{22}^{m}；(b)微观解析模型 ε_{22}^{m}

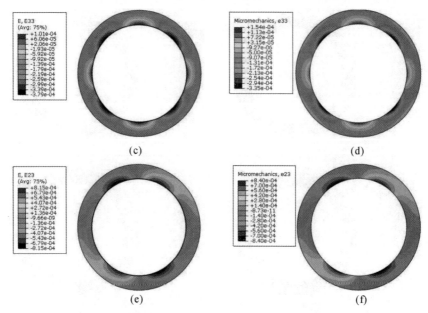

续图 6.8 横向应变 $\varepsilon_{22}^{c}=0.1\%$ 作用下基体微观应变分布

(c)有限元模型 ε_{33}^{m}；(d)微观解析模型 ε_{33}^{m}；(e)有限元模型 γ_{23}^{m}；(f)微观解析模型 γ_{23}^{m}

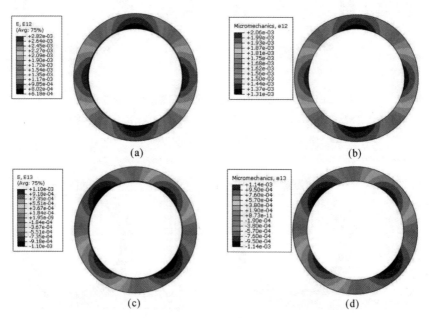

图 6.9 纵向剪切应变 $\gamma_{12}^{c}=0.1\%$ 作用下基体微观应变分布

(a)有限元模型 γ_{12}^{m}；(b)微观解析模型 γ_{12}^{m}；(c)有限元模型 γ_{13}^{m}；(d)微观解析模型 γ_{13}^{m}

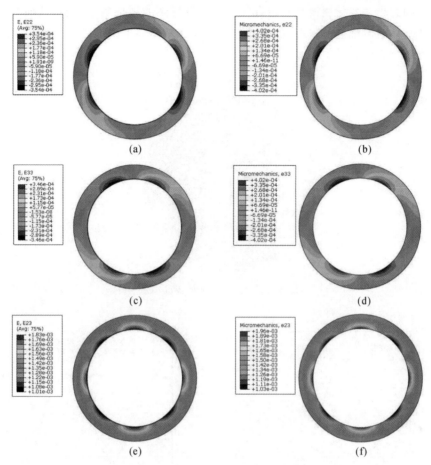

图 6.10 横向剪切应变 $\gamma_{23}^{c}=0.1\%$ 作用下基体微观应变分布

(a)有限元模型 ε_{22}^{m}；(b)微观解析模型 ε_{22}^{m} (c)有限元模型 ε_{33}^{m}；(d)微观解析模型 ε_{33}^{m}

(e)有限元模型 γ_{23}^{m}；(f)微观解析模型 γ_{23}^{m}

根据上述基体微观应变的解析模型,在已知单向复合材料宏观应变载荷和纤维体积分数的情况下,便可以计算出微观尺度下基体的应变分布。需要指出的是,基体微观应变分布在空间上是变化的(见图 6.7~图 6.10),即单向复合材料内部空间每一点处的基体微观应变状态均不相同,这也符合实际情况。理论上来讲,单向复合材料宏观力学行为和内部每一点的基体微观应力、应变状态均有关,要准确预测单向复合材料的宏观力学行为就要考虑每一点的基体微观应力、应变状态,考虑到计算效率问题,以及基体微观应力、应变通常在纤维丝和基体界面处最大的实际情况,本书选取纤维丝和基体界面附近处的应力、应变作为单向复合材料内部基体微观应力应变状态的表征,沿着单向复合材料纤维丝/基体同心圆柱模型选取 80 个位于纤维丝和基体界面处的基体微观应力、应变。这 80 个位置点的分布如图 6-11 所示,它们沿同心圆柱体环向均匀分布。

图 6.12 给出了采用微观解析模型和有限元法计算得到的纤维丝和基体界面处上述 80 个位置点处的基体微观应变。由图可见,采用微观解析模型获得的纤维丝/基体界面处的基

体微观应变的大小和变化规律与采用有限元法计算得到的结果基本一致,从而对于单向复合材料内部基体的微观损伤状态,可以通过纤维丝和基体界面处的这 80 个基体微观应力、应变状态点进行表征。

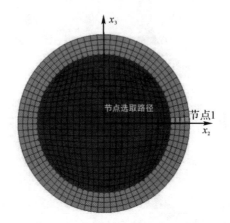

图 6.11　纤维丝/基体界面节点

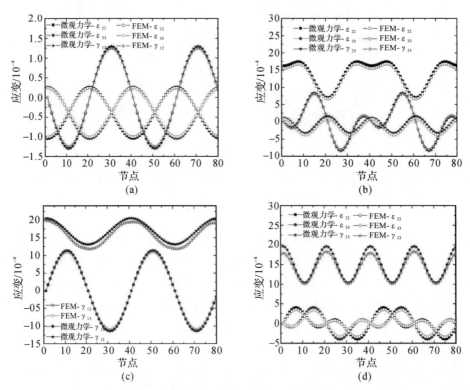

图 6.12　解析法和有限元法计算的纤维丝/基体界面处应变分布

(a)纵向应变 $\varepsilon_{11}^{c}=0.1\%$ 作用下;(b)横向应变 $\varepsilon_{22}^{c}=0.1\%$ 作用下;

(c)纵向剪切应变 $\gamma_{12}^{c}=0.1\%$ 作用下;(d)横向剪切应变 $\gamma_{23}^{c}=0.1\%$ 作用下

6.5 基于同心圆柱解析模型的单向复合材料多尺度分析方法

单向纤维复合材料多尺度分析涉及宏观尺度和微观尺度,宏观尺度是指复合材料单向板结构级尺度,微观尺度是指纤维丝和基体尺度。宏观尺度分析采用均匀化材料模型和有限元法计算宏观应力、应变场,根据宏观应力、应变场,在宏观均质材料的每一个积分点采用同心圆柱模型和基体微观应变解析模型进行应力、应变分析,获得微观尺度下基体应力、应变响应。通过引入纤维丝和基体组分材料微观损伤模型,对微观尺度下纤维丝和基体损伤状态进行判断,将组分材料的微观损伤状态反映到单向复合材料均质化等效性能上,实现宏观和微观之间的交换式信息传递和多尺度损伤协同分析。

6.5.1 基体微观损伤模型

假设单向纤维复合材料内部基体材料满足各向同性条件,采用 Von Mises 等效应力强度准则作为基体微观损伤判据,根据基体微观应变 ε^{m},以及基体材料应力、应变关系,可以获得基体微观应力为

$$\sigma^{\mathrm{m}} = \boldsymbol{D}^{\mathrm{m}} \varepsilon^{\mathrm{m}} \tag{6.42}$$

式中:$\boldsymbol{D}^{\mathrm{m}}$——基体材料刚度矩阵,且有

$$\boldsymbol{D}^{\mathrm{m}} = \begin{bmatrix} \lambda^{\mathrm{m}} + 2G^{\mathrm{m}} & \lambda^{\mathrm{m}} & \lambda^{\mathrm{m}} & 0 & 0 & 0 \\ & \lambda^{\mathrm{m}} + 2G^{\mathrm{m}} & \lambda^{\mathrm{m}} & 0 & 0 & 0 \\ & & \lambda^{\mathrm{m}} + 2G^{\mathrm{m}} & 0 & 0 & 0 \\ & \mathrm{sym} & & G^{\mathrm{m}} & 0 & 0 \\ & & & & G^{\mathrm{m}} & 0 \\ & & & & & G^{\mathrm{m}} \end{bmatrix} \tag{6.43}$$

式中:$\lambda^{\mathrm{m}} = \dfrac{\nu^{\mathrm{m}}(1-d_{\mathrm{m}})E^{\mathrm{m}}}{(1+\nu^{\mathrm{m}})(1-2\nu^{\mathrm{m}})}$;$G^{\mathrm{m}} = \dfrac{\nu^{\mathrm{m}}(1-d_{\mathrm{m}})E^{\mathrm{m}}}{(1+\nu^{\mathrm{m}})(1-2\nu^{\mathrm{m}})}$。

需要指出的是,微观尺度下基体应力、应变的空间分布是变化的,从而基体的 Von Mises 等效应力也是随空间位置变化的。简单起见,本书选取位于纤维丝/基体界面处 80 个位置点处基体等效应力的平均值作为基体初始损伤的依据,则当单向复合材料内基体的等效应力 $\sigma_{\mathrm{eq}}^{\mathrm{m}}$ 满足下式时,基体发生微观损伤:

$$\sigma_{\mathrm{eq}}^{\mathrm{m}} = \mathrm{avg}\left[\frac{1}{\sqrt{2}}\sqrt{(\sigma_{11}^{\mathrm{m}} - \sigma_{22}^{\mathrm{m}})^2 + (\sigma_{22}^{\mathrm{m}} - \sigma_{33}^{\mathrm{m}})^2 + (\sigma_{11}^{\mathrm{m}} - \sigma_{33}^{\mathrm{m}})^2 + 6(\tau_{12}^{\mathrm{m}^2} + \tau_{13}^{\mathrm{m}^2} + \tau_{23}^{\mathrm{m}^2})}\right] \geqslant X_{\mathrm{t}}^{\mathrm{m}}$$

$$\tag{6.44}$$

式中:　　　　$\sigma_{\mathrm{eq}}^{\mathrm{m}}$——基体等效应力;

　　　　　　$X_{\mathrm{t}}^{\mathrm{m}}$——基体拉伸强度;

　　$\sigma_{ij}^{\mathrm{m}}(i,j=1,3)$——基体应力分量。

6.5.2 纤维丝损伤模型

纤维丝直径细小,主要承担轴向载荷,主要失效模式为沿纤维方向的断裂,在失效前应

力-应变关系为线弹性,因此,采用最大应变破坏准则作为纤维丝失效准则,当纤维丝轴向应变 ε_{11}^f 达到最大破坏应变时,纤维丝进入损伤状态:

$$纤维丝拉伸失效:\varepsilon_{11}^f \geqslant \varepsilon_t^f, \quad \sigma_{11}^f \geqslant 0 \qquad (6.45)$$

$$纤维丝压缩失效:\varepsilon_{11}^f \geqslant \varepsilon_c^f, \quad \sigma_{11}^f < 0 \qquad (6.46)$$

式中:ε_{11}^f——纤维丝轴向拉伸应变;

$\quad \varepsilon_t^f$——纤维丝拉伸破坏应变;

$\quad \varepsilon_c^f$——纤维丝压缩破坏应变;

$\quad \sigma_{11}^f$——纤维丝轴向应力。

6.5.3　刚度退化方案

根据上述纤维丝和基体失效准则,一旦组分材料某处发生损伤,则意味着该处材料的承载能力降低,可以采取衰减该处材料的刚度来模拟损伤。目前在复合材料损伤模拟中,组分材料的刚度衰减方法主要分为两大类:一类是采用固定的刚度折减因子对组分材料刚度进行折减,另一类是建立刚度折减因子随损伤程度变化的函数。简单起见,本章采用固定刚度折减因子的方法对损伤后的纤维丝和基体刚度进行折减。刚度折减方案见表6-4,由于纤维丝只发生纵向破坏,而不发生横向破坏,因此,只对纤维丝纵向弹性模量和纵向剪切模量进行折减,其余各方向的弹性常数保持不变,基体为各向同性材料,对其弹性模量进行折减,泊松比则保持不变。为了保证数值计算的稳定性,刚度折减因子均取0.99。

表6-4　纤维丝和基体刚度退化方案

项目	纤维					基体	
	纵向模量 F_{f1}	横向模量 E_{f2}	泊松比 ν_{f12}	纵向剪切模量 G_{f12}	横向剪切模量 G_{f23}	弹性模量 E_m	泊松比 ν_m
损伤后弹性常数	$0.99E_{f1}$	E_{f2}	ν_{f12}	$0.99G_{f12}$	G_{f23}	$0.99E_m$	ν_m

6.5.4　多尺度有限元分析流程

图6.13给出了单向纤维复合材料多尺度有限元分析模型。首先,将单向纤维复合材料宏观结构按照均质材料进行三维有限元建模和网格划分,均匀化材料性能采用同心圆柱模型,由纤维丝和基体性能计算得到;其次,采用有限元法计算宏观结构的应力、应变场,在宏观单元的每个积分点处进行微观力学分析,将宏观单元的每个积分点处的应变看作作用于纤维丝/基体同心圆柱体的等效应变载荷,采用同心圆柱模型和微观解析方法进行求解,获得纤维丝和基体微观应力、应变场;最后,通过纤维丝和基体组分材料破坏准则,以及刚度退化方案对纤维丝和基体刚度进行折减,根据折减后的纤维丝和基体组分材料的性能,重新计算单向复合材料均匀化材料性能,并将计算结果传递到宏观单元积分点处的等效刚度矩阵中,进行下一步宏观应力、应变的求解。

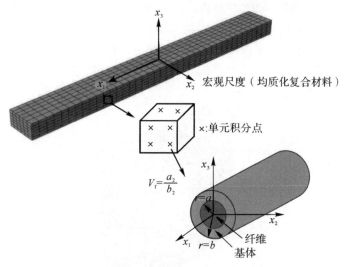

图 6.13　单向复合材料多尺度分析模型

6.6　多尺度分析方法验证

6.6.1　基于同心圆柱模型的单向复合材料多尺度模型

为了验证上述基于同心圆柱解析模型的单向纤维复合材料多尺度分析方法的准确性，分别采用多尺度分析方法和基于代表性体积单胞模型的有限元方法对单向板的应力、应变响应和微观损伤进行数值模拟。宏观模型采用长×宽×高＝120 mm×2 mm×1 mm 的单向纤维复合材料矩形板，采用均匀化材料模型和三维实体单元进行有限元建模，均匀化材料性能根据纤维丝和基体性能复合得到，采用 8 节点线性实体单元 C3D8I 进行网格划分，每个实体单元有 8 个积分点，共划分单元 1 440 个，微观模型采用同心圆柱解析模型，在宏观实体单元的每个积分点处调用同心圆柱模型，采用的纤维丝和基体组分材料弹性性能见表 6－3，纤维体积分数 V_f＝60％。纤维拉伸强度 X_t^f＝1 800 MPa，基体拉伸强度 X_t^m＝60 MPa。

6.6.2　基于代表性体积单胞的有限元模型

作为多尺度分析方法的对比验证，建立单向纤维增强复合材料代表性体积单胞模型进行有限元分析。利用纤维丝和基体微观损伤模型对单向纤维增强复合材料的应力、应变响应进行数值模拟，假设单向复合材料内部纤维丝呈正六边形规则排列，建立其代表性体积单胞有限元模型。如图 6.14 所示，模型长×宽×高＝9.7 μm×9.7 μm×2 μm，包含纤维丝和基体，纤维丝直径为 6 μm，纤维体积分数 V_f＝60％，采用的纤维丝和基体组分材料的性能见表 6－3，采用 8 节点线性实体单元 C3D8 进行网格划分，共划分网格 15 968 个。

对纤维丝采用最大应变损伤准则，基体采用 Von Mises 等效应力准则，将损伤后的纤维丝和基体的刚度进行折减,刚度折减系数取 0.99。通过商业软件 ABAQUS 材料本构子程序 UMAT 将上述纤维丝和基体损伤本构模型程序化,并对单胞模型施加周期性边界条件,利用有限元法实现对单向复合材料单胞模型的渐进损伤分析。

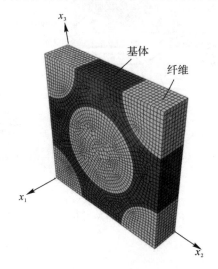

图 6.14 单向纤维复合材料单胞有限元模型

6.6.2 载荷和边界条件

在利用单胞模型对单向复合材料进行力学性能分析时,需要对单胞模型施加周期性边界条件。关于周期性边界条件的详细叙述和具体施加方式见第 4.8 节。需要指出的是,由于泊松效应的存在,在单胞某个方向加载时,会在未加载面产生相对变形,从而需要释放未加载面上节点的法向自由度。为了获得单向纤维增强复合材料各个方向的应力、应变响应,考虑 4 种典型载荷作用的情况,包含轴向拉伸、横向拉伸、轴向剪切以及横向剪切,如图 6.15 所示。

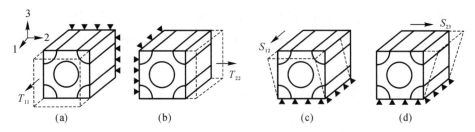

图 6.15 单向复合材料四种载荷边界示意图
(a)轴向拉伸;(b)横向拉伸;(c)轴向剪切;(d)横向剪切

6.6.3 结果与讨论

图 6.16 给出了利用多尺度方法和有限元法预测的宏观单向板在轴向拉伸、横向拉伸、横向剪切以及纵向剪切 4 种典型载荷作用下的应力-应变曲线。由图可见,4 种载荷作用下

多尺度法和有限元法预测的应力应变曲线趋势基本一致,特别是在应力达到最大值之前,两种方法预测的轴向拉伸模量分别为 214.8 GPa 和 205.2 GPa,轴向强度分别为 1 059.93 MPa 和 1 004.96 MPa,模量和强度的相对偏差分别为 4.47% 和 5.18%;预测横向拉伸模量分别为 24.41 GPa 和 22.44 GPa,横向拉伸强度分别为 53.43 MPa 和 54.63 MPa,横向拉伸模量和拉伸强度的相对偏差分别为 8.07% 和 2.20%;预测横向剪切模量分别为 10.48 GPa 和 9.25 GPa,横向剪切强度分别为 42.76 MPa 和 40.13 MPa,横向剪切模量和剪切强度的相对偏差分别为 11.74% 和 6.15%;

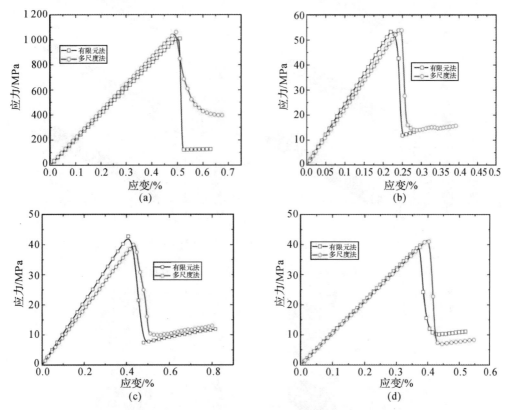

图 6.16   多尺度方法和有限元法模拟结果对比
(a)轴向拉伸;(b)横向拉伸;(c)横向剪切;(d)轴向剪切

图 6.17 和图 6.18 分别给出了多尺度方法和有限元方法模拟获得的应力-应变曲线最高点处纤维丝和基体的微观损伤状态,图中符号"SDV"表示单元积分点处的损伤变量,数值在 0~1 之间,0 表示该积分点没有发生损伤,1 表示积分点完全损伤。由图可见,在轴向拉伸载荷作用下,两种方法的模拟结果中均出现了纤维丝和基体的损伤,说明单向板轴向拉伸失效的同时还受到内部基体和纤维丝的共同影响。而在其他载荷作用下,模拟结果中只有基体发生损伤,纤维丝没有发生损伤,说明单向板在横向拉伸、横向剪切以及轴向剪切载荷下的失效主要由基体来控制。两种方法模拟获得的单向板复合材料的微观失效模式基本相同,说明基于同心圆柱解析模型的多尺度方法能够捕获纤维丝和基体的微观损伤模式。

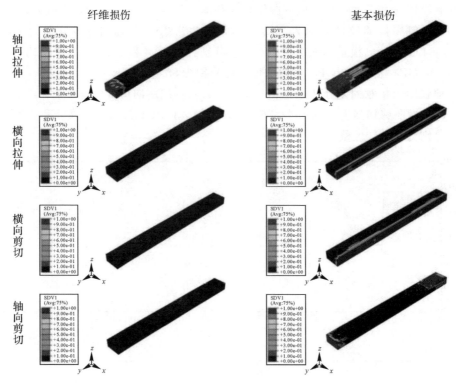

图 6.17　多尺度方法预测单向板在不同载荷下的损伤模式

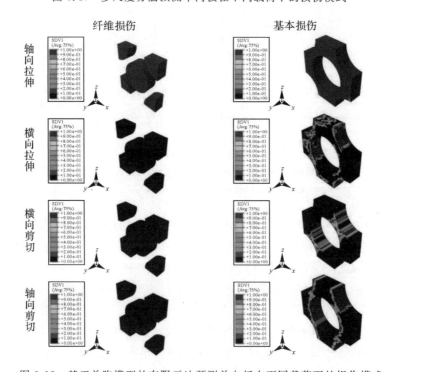

图 6.18　基于单胞模型的有限元法预测单向板在不同载荷下的损伤模式

参 考 文 献

[1] ABOUDI J. Mechanics of composite materials: a unified micromechanical approach [M]. Amsterdam: Elsevier,1991.

[2] PALEY M, ABOUDI J. Micromechanical analysis of composites by the generalized cells model [J]. Mechanics of Materials, 1992, 14(2):127 – 139.

[3] ABOUDI, J. The generalized method of cells and high-fidelity generalized method of cells micromechanical models: a review[J]. Mechanics of Advanced Materials & Structures, 2004, 11(4/5):329 – 366.

[4] ABOUDI J, PINDERA M J, ARNOLD S M. Linear thermoelastic higher-order theory for periodic multiphase materials[J]. J Appl Mech, 2001,68: 697 – 707.

[5] ABOUDI J, PINDERA M J, ARNOLD S M. Higher-order theory for periodic multiphase materials with inelastic phases[J]. International Journal of Plasticity,2003, 19(6): 805 – 847.

[6] HAJ A, R, ABOUDI J. Nonlinear micromechanical formulation of the high fidelity generalized method of cells [J]. International Journal of Solids and Structures, 2009, 46(13): 2577 – 2592.

[7] BEDNARCYK B A, ABOUDI J, ARNOLD S M. Micromechanics modeling of composites subjected to multiaxialprogressive damage in the constituents [J]. AIAA Journal, 2010, 48(7): 1367-1378.

[8] HAJ A R, ABOUDI J. Formulation of the high-fidelity generalized method of cells with arbitrary cell geometry forrefined micromechanics and damage in composites [J]. International Journal of Solids and Structures, 2010, 47(25):3447 – 3461.

[9] ZHANG D, WAAS A. A micromechanics based multiscale model for nonlinear composites[J]. Acta Mechanica, 2014, 225(4/5): 1391 – 1417.

[10] HSHIN Z, ROSEN B W. The elastic moduli of fiber-reinforced materials[J]. ASME Journal of Applied Mechanics,1964,31:223 – 232.

[11] CHRISTENSEN R, LO K. Solutions for effective shear properties in three phase sphere and cylinder models[J]. Journal of the Mechanics and Physics of Solids, 1979,27(4): 315 – 330.

[12] ESHELBY J D. The determination of the elastic field of an ellipsoidal inclusion, and related problems [J]. Proceedings of the Royal Society A: Mathematical, Physical and Engineering Sciences, 1957, 241(1226): 376 – 396.

第7章　三维编织复合材料微-细观跨尺度损伤分析方法

7.1　引　言

高度的非均匀性和复杂的编织结构,使得三维编织复合材料的破坏模式十分复杂,包括纤维断裂、纤维屈曲、基体开裂以及界面脱黏等多种微观破坏模式,而且多种破坏模式往往耦合在一起,给材料的失效分析带来了很大的困难。传统的基于连续介质理论的宏观力学模型通过将三维编织复合材料等效为连续性均质材料,利用连续介质力学方法,通过引入表征材料内部微缺陷的损伤变量,建立唯象的损伤演化方程,对材料进行损伤分析,忽略了内部编织结构的影响。考虑到三维编织复合材料具有多层级、多尺度结构特点,宏观上的均质材料实际上是由微观尺度下的纤维丝和基体自下而上逐级复合而成的,材料的宏观力学行为也必然受到微观尺度下纤维丝和基体组分材料损伤累积的影响,因此,有必要从微观角度进行损伤和失效分析。

从微观尺度上看,三维编织复合材料实际上是由成千上万根纤维丝和基体复合而成的,其力学行为不仅与纤维丝和基体组分材料的力学性能有关,而且与纤维丝和基体的分布有关,在三维编织复合材料三维几何建模过程中,如果从纤维丝尺度直接建模,对每根纤维丝都进行三维实体几何建模,纤维丝尺度和材料尺度的巨大差异会导致模型规模十分庞大,按照目前的计算机处理能力是不切实际的。普遍的做法是,将纤维束按照均匀化材料进行等效处理,纤维束的等效性能根据纤维丝和基体组分材料性能,以及纤维体积分数,利用Voigt法、Reuss法、混合律、广义自洽法、Mori-Tanaka法等解析法或者有限元数值方法计算得到,这样可以大幅提高计算效率。

然而,上述处理方法主要是基于均匀化思想对组分材料性能进行平均化处理,只能得到纤维束的平均化等效性能,无法得到纤维束内部纤维丝和基体的局部应力、应变场,难以用于纤维丝微观尺度的渐进损伤和失效分析。Aboudi 等于1989年提出了求解复合材料微观应力应变场的胞元法,在胞元法中,假设纤维截面为方形,纤维呈方形排列的胞元被离散为4个子胞,其中1个子胞代表纤维,其余3个子胞元代表基体。假设子胞的位移是局部坐标的线性函数,根据相邻子胞与单胞边界之间位移和力的连续性条件,得到关于单胞局部应变和全局应变之间的一系列方程组,通过求解方程组就可以在已知全局应变场的情况下得到局部应变场。Paley 和 Aboudi 在1992年将胞元法扩展为通用单胞法,允许将胞元离散为任意数量的子胞,从而可以近似拟合纤维形状和排布方式,通用单胞法已经成为美国NASA 先进复合材料结构分析的主要方法,并开发了相应的分析软件,Arnold 等结合

NASA 通用胞元微观力学分析软件(MAC/GMC)和有限元分析(FEA)软件发展了有限元微观力学分析软件(FEAMAC)。张博明等利用胞元法求解纤维丝和基体应力、应变场,对纤维丝和基体分别采用最大应力准则和最大应变准则,利用刚度折减法将组分材料损伤性能传递到宏观单向板中,研究了开孔单向板复合材料的拉伸强度。Deng 等通过胞元法构建多尺度应力关联矩阵,根据应力关联矩阵,可以通过纤维束的应力、应变获得微观尺度下纤维丝和基体的应力应变,实现二维机织复合材料多尺度同步分析,其模型如图 7.1 所示。Naghipour 等利用通用胞元法对有缺口的复合材料层合板在拉伸和压缩载荷下的失效过程进行了多尺度分析。Borkowski 等利用通用单胞法对平纹编织 C/SiC 复合材料进行了多尺度渐进损伤预测,其中对于纤维丝采用最大应变准则,对于基体采用了塑性模型。Bednarcyk 等建立了平纹编织复合材料细观-微观多尺度损伤分析模型,将细观尺度下纤维束看作均质材料,采用通用单胞法在纤维束单元积分点处求解微观尺度下纤维丝/基体局部应力-应变,引入组分材料强度准则,对平纹编织复合材料进行了渐进损伤多尺度模拟,其模型如图 7.2 所示。Pineda 等采用通用单胞法模拟了纤维增强复合材料的横向开裂行为,通过引入细观强度准则和损伤模型,通用单胞法也应用于纤维增强复合材料界面脱黏、基体开裂以及渐进损伤分析中。虽然通用单胞法(GMC)可以获得纤维束内部纤维丝和基体组分材料应力、应变的空间分布,但是在涉及三维编织复合材料渐进损伤非线性数值模拟中,需要同时进行多个未知量的求解,所以计算时间就显得较长。

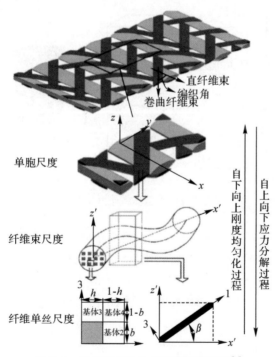

图 7.1　基于胞元法的多尺度关联模型[6]

　　针对复合材料多尺度计算中涉及的宏观应力、应变场与微观应力、应变场之间的关联,也有一些学者采用有限元法构建不同尺度之间的关联模型。李星等通过对单向复合材料代表性体积单胞模型施加 6 组单位应力载荷并进行有限元数值计算,然后提取纤维丝和基体在特征点处的平均应力应变响应,构建了宏观应力到细观应力的机械应力放大因子和热应力放大系数,在此基础上开展了树脂基复合材料层合板在拉伸载荷作用下的宏细观跨尺度数值模拟,如图 7.3 所示。Wang 等针对二维编织复合材料,采用了类似的方法构建细观纤维束和微观纤维丝/基体应力之间的跨尺度关联因子。显然,应力放大因子直接与特征点的选取有关。

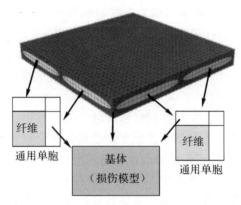

图 7.2 基于通用单胞法的编织复合材料多尺度分析模型[9]

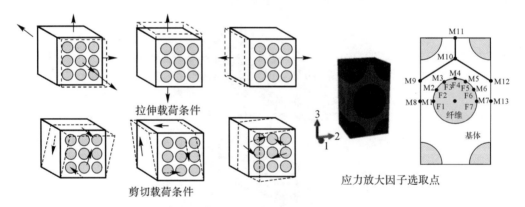

图 7.3 6 个宏观单位应力施加和应力放大因子特征点选取

本章将同心圆柱模型引入三维编织复合材料损伤分析,利用纤维和基体的性能参数,实现在纤维丝/基体微观尺度层面直接进行三维编织复合材料的损伤分析。

7.2 纤维丝/基体损伤模型

7.2.1 初始损伤准则

本章从纤维丝/基体微观层面建立三维编织复合材料的损伤模型,纤维束的失效包括纤维丝纵向失效和基体失效。由于纤维丝和基体的力学特性显著不同,纤维通常都是脆性材料,断裂前没有较明显的塑性变形,宏观上表现为脆断,而基体大多为韧性材料,在发生屈服之前会有较大的塑性变形,因此,有必要根据纤维和基体的不同特性采用不同的初始损伤准则。

假设纤维丝为横观各向同性材料,由于纤维丝直径细小,主要承担沿纤维方向的轴向载荷,力学行为表现为弹脆性,主要失效模式为轴向拉伸破坏和轴向压缩屈曲,一般很难发生沿着纤维横向的破坏,因此,采用最大应变准则作为纤维丝轴向拉伸失效和压缩失效的初始损伤准则。当纤维受轴向载荷(拉伸或压缩)时,其轴向应变的绝对值要比其他应变分量大很多,因此,当纤维丝应变满足下式时纤维发生初始损伤:

$$纤维丝轴向拉伸:F_{ft}=\frac{\varepsilon_{11}^{f}}{\varepsilon_{ft}}\geqslant1,\quad \sigma_{11}^{f}\geqslant0 \tag{7.1}$$

$$纤维丝轴向压缩:F_{fc}=\frac{\varepsilon_{11}^{f}}{\varepsilon_{fc}}\geqslant1,\quad \sigma_{11}^{f}<0 \tag{7.2}$$

式中:F_{ft}——纤维丝拉伸初始损伤准则值;

$\quad F_{fc}$——纤维丝压缩初始损伤准则值;

$\quad \varepsilon_{ft}$——纤维丝轴向拉伸破坏应变,有 $\varepsilon_{ft}=\dfrac{\sigma_{ft}}{E_{f1}}$,其中 σ_{ft} 和 E_{f1} 分别是纤维丝轴向拉伸强度和拉伸模量;

$\quad \varepsilon_{fc}$——纤维丝轴向压缩破坏应变,有 $\varepsilon_{fc}=\sigma_{fc}/E_{f1}$,$\sigma_{fc}$ 是纤维轴向压缩强度;

$\quad \varepsilon_{11}^{f}$——纤维丝轴向应变;

$\quad \sigma_{11}^{f}$——纤维丝轴向应力。

根据纤维丝/基体同心圆柱模型,很容易得出纤维丝轴向应变与纤维束轴向应变相等,即 $\varepsilon_{11}^{f}=\varepsilon_{11}^{c}$。

基体在大多数情况下为各向同性材料,采用 Von Mises 等效应力准则作为纤维束内部基体的初始损伤准则。采用纤维丝/基体同心圆柱模型,获得基体的微观应变 ε^{m},从而基体的微观应力 σ^{m} 可以通过应力应变关系获得,即

$$\sigma^{m}=D^{m}\varepsilon^{m} \tag{7.3}$$

其中,D^{m} 是基体材料的弹性矩阵,且

$$D^{m}=\begin{bmatrix} \lambda^{m}+2G^{m} & \lambda^{m} & \lambda^{m} & 0 & 0 & 0 \\ & \lambda^{m}+2G^{m} & \lambda^{m} & 0 & 0 & 0 \\ & & \lambda^{m}+2G^{m} & 0 & 0 & 0 \\ & \text{sym} & & G^{m} & 0 & 0 \\ & & & & G^{m} & 0 \\ & & & & & G^{m} \end{bmatrix} \tag{7.4}$$

式中,$\lambda^{m}=\dfrac{\nu^{m}(1-d_{m})E^{m}}{(1+\nu^{m})(1-2\nu^{m})}$。

需要指出的是,在纤维丝/基体同心圆柱体中,基体微观应变在空间上是变化的,即每一点的基体应变均不同,为了提高计算效率,同时考虑到在纤维丝/基体界面处的应力值通常较大,从而选取纤维丝/基体界面处的基体 Von Mises 应力的平均值作为纤维束内部基体微观应力的表征,即

$$\sigma_{\mathrm{eq}}^{\mathrm{m}} = \mathrm{avg}\left[\frac{1}{\sqrt{2}}\sqrt{(\sigma_{11}^{\mathrm{m}}-\sigma_{22}^{\mathrm{m}})^2+(\sigma_{22}^{\mathrm{m}}-\sigma_{33}^{\mathrm{m}})^2+(\sigma_{11}^{\mathrm{m}}-\sigma_{33}^{\mathrm{m}})^2+6(\tau_{12}^{\mathrm{m}^2}+\tau_{13}^{\mathrm{m}^2}+\tau_{23}^{\mathrm{m}^2})}\right] \quad (7.5)$$

式中：$\sigma_{ij}^{\mathrm{m}}(i,j=1,3)$——基体的正应力分量；

$\tau_{ij}^{m}(i,j=1,3)$——基体剪应力分量。

当基体应力分量满足下式时基体发生初始损伤：

$$F_{\mathrm{m}} = \sigma_{\mathrm{avg}}^{\mathrm{m}}/X_{\mathrm{t}}^{\mathrm{m}} \geqslant 1 \quad (7.6)$$

式中：F_{m}——基体初始损伤准则值；

$X_{\mathrm{t}}^{\mathrm{m}}$——基体的拉伸强度。

7.2.2　损伤演化模型

当纤维丝轴向应变满足初始损伤准则后,意味着纤维丝发生初始损伤,承载能力下降,数值模拟中通常采取折减其弹性模量的方法表征其内部损伤。按照模量折减方式的不同,目前有折减因子固定的刚度折减法和折减因子连续变化的刚度折减法。第一种方法实现简单,但是难以反映材料性能的逐步退化和损伤演化过程。本书采用连续变化的刚度折减因子法,引入 1 个与局部应变、断裂能相关的损伤变量 d_{f} 对纤维丝弹性模量进行连续折减,并使损伤变量按照下式进行演化：

$$d_{\mathrm{f}} = 1-\frac{1}{F_{\mathrm{f}}}\exp[-C_{11}\cdot(\varepsilon_{11}^{\mathrm{fi}})^2\cdot(F_{\mathrm{f}}-1)\cdot L_{\mathrm{c}}/G_{\mathrm{ft}}] \quad (7.7)$$

式中：　　F_{f}——纤维丝初始损伤准则值；

C_{11}——纤维丝轴向刚度,有 $C_{11}=E_{11}^{\mathrm{f}}(1-\nu_{23}^{\mathrm{f2}})/\Delta$, $\Delta=1-2\nu_{12}^{\mathrm{f}}\nu_{21}^{\mathrm{f}}-\nu_{23}^{\mathrm{f2}}$
$-2\nu_{12}^{\mathrm{f}}\nu_{21}^{\mathrm{f}}\nu_{23}^{\mathrm{f}}$,

E_{11}^{f},ν_{12}^{f} 和 ν_{23}^{f}——纤维丝轴向模量、轴向泊松比和横向泊松比；

L_{c}——单元特征长度,取单元体积的三次方根；

G_{ft}——纤维拉伸破坏断裂能密度；

$\varepsilon_{11}^{\mathrm{fi}}$——纤维轴向拉伸失效时的应变值,即

$$\varepsilon_{11}^{\mathrm{fi}}\big|_{F_{\mathrm{f}}=1} = \varepsilon_{11}^{\mathrm{f}} = \varepsilon_{11}^{\mathrm{c}} \quad (7.8)$$

假设基体为各向同性材料,当基体发生初始损伤后,引入基体损伤变量 d_{m} 表征基体损伤程度,并使基体损伤变量也按照下面指数形式进行演化：

$$d_{\mathrm{m}} = 1-\frac{1}{F_{\mathrm{m}}}\exp[-C_{\mathrm{m}}\cdot(\varepsilon_{\mathrm{eq}}^{\mathrm{mi}})^2\cdot(F_{\mathrm{m}}-1)\cdot L_{\mathrm{c}}/G_{\mathrm{mt}}] \quad (7.9)$$

式中：F_{m}——基体初始损伤准则值；

C_{m}——基体材料刚度, $C_{\mathrm{m}}=\dfrac{E^{\mathrm{m}}(1-\nu^{\mathrm{m}})}{(1+\nu^{\mathrm{m}})(1-2\nu^{\mathrm{m}})}$, E^{m} 和 ν^{m} 分别是基体模量和基体泊松比；

L_{c}——单元特征长度,取单元体积的三次方根；

G_{mt}——基体拉伸破坏断裂能密度；

$\varepsilon_{\mathrm{eq}}^{\mathrm{mi}}$——基体初始损伤时 Von Mises 等效应变 $\varepsilon_{\mathrm{eq}}^{\mathrm{m}}$,通过下式获得,即

$$\varepsilon_{eq}^{mi}\big|_{F_m=1}=\frac{\varepsilon_{eq}^{m}}{1+\nu^{m}} \tag{7.10}$$

$$\varepsilon_{eq}^{m}=\sqrt{\frac{1}{2}\big[(\varepsilon_{11}^{m}-\varepsilon_{22}^{m})^2+(\varepsilon_{22}^{m}-\varepsilon_{33}^{m})^2+(\varepsilon_{11}^{m}-\varepsilon_{33}^{m})^2\big]+\frac{3}{4}(\gamma_{12}^{m2}+\gamma_{13}^{m2}+\gamma_{23}^{m2})} \tag{7.11}$$

其中：ε_{ij}^{m}——基体的正应变分量；

γ_{ij}^{m}——基体的剪切应变分量。

7.2.3　刚度退化方案

损伤意味着材料性能的退化，在有限元模拟中，通常采用折减材料刚度的手段模拟损伤，假设纤维丝为横观各向同性材料，损伤主向和材料主轴重合，并假设纤维丝只发生沿纤维方向的损伤，不发生垂直于纤维方向的损伤（事实上，很多情况下都没有观察到纤维丝沿平行于纤维方向的破断），假设基体为各向同性材料和各向同性损伤。根据 7.2.2 节损伤演化模型和损伤变量，对纤维丝和基体弹性常数按照表 7-1 所示方案进行连续折减。

表 7-1　纤维丝和基体刚度退化方案

弹性常数	纤维					基体	
	E_{f1}	E_{f2}	ν_{f12}	G_{f12}	G_{f23}	E_m	ν_m
折减方案	$(1-d_f)\cdot E_{f1}$	E_{f2}	ν_{f12}	$(1-d_f)\cdot G_{f12}$	G_{f23}	$(1-d_m)\cdot E_m$	ν_m

在上述刚度退化方案中，纤维丝和基体的损伤变量 d_f 和 d_m 分别由式(7.7)和式(7.9)所定义的损伤演化方程得到。

损伤变量的增大和材料刚度的降低，可能会使数值计算不容易收敛。为了改进数值求解计算的收敛性，引入黏性系数的 Duvaut-Lions 模型，根据前文所述损伤演化方程得出损伤变量后，采用下式对损伤变量进行等式正则化处理：

$$d_{f(m)}^{V}=\big[d_{f(m)}-d_{f(m)}^{V}\big)/\eta_{f(m)} \tag{7.12}$$

式中：$\eta_{f(m)}$——纤维丝或基体的黏性系数，取 0.001 s；

$d_{f(m)}$——黏性规则化后纤维丝或基体的损伤变量。

式(7.12)在有限元中可以利用差分方法求解，设当前增量步的损伤变量为 $d_{f(m)}$，上一增量步的损伤变量为 $d_{f(m)}^{V}$，则黏性化处理后的损伤变量 $d_{f(m)}^{V}$ 可以表示为

$$d_{f(m)}^{V}\big|_{t_0+\Delta t}=\frac{\Delta t}{\eta+\Delta t}d_{f(m)}\big|_{t_0+\Delta t}+\frac{\eta}{\eta+\Delta t}d_{f(m)}^{V}\big|_{t_0} \tag{7.13}$$

7.3　含损伤的纤维束本构关系

获得了含损伤的纤维丝和基体的弹性常数之后，则含损伤的纤维束等效弹性常数可以通过下式公式获得：

$$E_1^{c}=E_1^{f}V_f+E^{m}(1-V_f)+\frac{4V_f(1-V_f)(\nu_{12}^{f}-\nu^{m})^2 G^{m}}{\dfrac{G^{m}(1-V_f)}{K_{23}^{f}}+\dfrac{G^{m}V_f}{K_{23}^{m}}+1} \tag{7.14}$$

$$\nu_{12}^{c} = \nu_{12}^{f}V_{f} + \nu^{m}(1-V_{f}) + \frac{V_{f}(1-V_{f})(\nu_{12}^{f}-\nu^{m})(\dfrac{G^{m}}{K_{23}^{m}}-\dfrac{G^{m}}{K_{23}^{f}})}{\dfrac{G^{m}(1-V_{f})}{K_{23}^{f}}+\dfrac{G^{m}V_{f}}{K_{23}^{m}}+1} \tag{7.15}$$

$$G_{12}^{c} = G^{m}\frac{G_{12}^{f}(1+V_{f})+G^{m}(1-V_{f})}{G_{12}^{f}(1-V_{f})+G^{m}(1+V_{f})} \tag{7.16}$$

$$K_{23}^{c} = K_{23}^{m} + \frac{V_{f}}{\dfrac{1}{K_{23}^{f}-K_{23}^{m}}+\dfrac{1-V_{f}}{K_{23}^{m}+G^{m}}} \tag{7.17}$$

$$A\left(\frac{G_{23}^{c}}{G^{m}}\right)+B\left(\frac{G_{23}^{c}}{G^{m}}\right)+C=0 \tag{7.18}$$

式中：V_{f}——纤维体积分数；

$\quad E_{1}^{f}$——纤维纵向弹性模量；

$\quad G_{12}^{f}$——纤维剪切模量；

$\quad K_{23}^{f}$——纤维平面体积模量；

$\quad \nu_{12}^{f}$——纤维主泊松比；

$\quad E^{m}$——基体弹性模量；

$\quad G^{m}$——基体剪切模量；

$\quad K^{m}$——基体体积模量；

$\quad \nu^{m}$——基体泊松比；

A,B,C——与纤维体积分数和组分材料性能有关的常数，具体见相关文献。

横观各向同性纤维丝和各向同性基体所组成的纤维束，同样具有横观各向同性的性质，其刚度矩阵具有正交各向异性的特点，可以通过纤维束等效弹性常数获得其刚度矩阵：

$$\mathbf{C}^{c} = \begin{bmatrix} E_{1}^{c}+4\nu_{12}^{c2}K_{23}^{c} & 2\nu_{12}^{c}K_{23}^{c} & 2\nu_{12}^{c}K_{23}^{c} & 0 & 0 & 0 \\ 2\nu_{12}^{c}K_{23}^{c} & K_{23}^{c}+G_{23}^{c} & K_{23}^{c}-G_{23}^{c} & 0 & 0 & 0 \\ 2\nu_{12}^{c}K_{23}^{c} & K_{23}^{c}-G_{23}^{c} & K_{23}^{c}+G_{23}^{c} & 0 & 0 & 0 \\ 0 & 0 & 0 & G_{23}^{c} & 0 & 0 \\ 0 & 0 & 0 & 0 & G_{12}^{c} & 0 \\ 0 & 0 & 0 & 0 & 0 & G_{12}^{c} \end{bmatrix} \tag{7.19}$$

则含损伤的纤维束等效应力-应变关系可以表示为

$$\boldsymbol{\sigma}^{c} = \mathbf{C}^{c}(d_{f},d_{m})\boldsymbol{\varepsilon}^{c} \tag{7.20}$$

式中：$\boldsymbol{\sigma}^{c}$ 和 $\boldsymbol{\varepsilon}^{c}$——分别是纤维束等效应力和应变张量。

$$\boldsymbol{\sigma}^{c} = \begin{bmatrix} \sigma_{11}^{c} & \sigma_{22}^{c} & \sigma_{33}^{c} & \tau_{12}^{c} & \tau_{13}^{c} & \tau_{23}^{c} \end{bmatrix}^{T} \tag{7.21}$$

$$\boldsymbol{\varepsilon}^{c} = \begin{bmatrix} \varepsilon_{11}^{c} & \varepsilon_{22}^{c} & \varepsilon_{33}^{c} & \gamma_{12}^{c} & \gamma_{13}^{c} & \gamma_{23}^{c} \end{bmatrix}^{T} \tag{7.22}$$

由于纤维束刚度矩阵与纤维丝和基体的材料性能相关，因此，纤维丝和基体的微观损伤状态通过纤维束本构关系反映到纤维束等效应力和应变中，从而获得了含纤维丝/基体微观损伤的纤维束本构关系。

假设纤维束之间基体与纤维束内部基体相同,具有各向同性的特点,采用和纤维束内部基体相同的损伤模型以及各向同性本构关系。

为了提高非线性数值模拟过程的收敛性,可以根据下式求解损伤后材料的切线刚度矩阵:

$$C_T = \frac{\partial \boldsymbol{\sigma}^c}{\partial \boldsymbol{\varepsilon}^c} = \boldsymbol{C}^c + (\frac{\partial \boldsymbol{C}^c}{\partial d_f}\frac{\partial d_f}{\partial \boldsymbol{\varepsilon}^c} + \frac{\partial \boldsymbol{C}^c}{\partial d_m}\frac{\partial d_m}{\partial \boldsymbol{\varepsilon}^c}):\boldsymbol{\varepsilon}^c \tag{7.23}$$

7.4　纤维束/基体界面损伤模型

为了研究三维编织复合材料中纤维束/基体界面的影响,在纤维束/基体间界面采用内聚力模型(Cohesive Zone Model,CZM)。内聚力模型最早由 Hillerborg 提出并用来模拟混凝土开裂问题,可以避免线弹性断裂力学中裂纹尖端应力奇异性问题,近年来被广泛应用于复合材料界面脱黏问题的研究。假设界面上的应力为 $t = t(\delta)$,其中 δ 是界面两侧材料之间相对位移,这种关系称为内聚本构关系。假设 t_0 是界面材料所能承受的最大应力,界面应力随着的相对位移 δ 的变化而变化,当 δ 达到 δ_0 时,界面应力达到最大值 t_0,界面发生失效,裂纹开始扩展,这种关系也称作 T-S(Traction-Separation)本构关系,如图 7.4 所示。

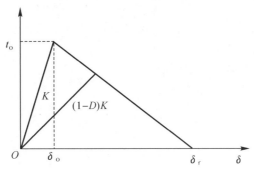

图 7.4　界面 T-S 本构关系

T-S 本构一般分为两个阶段:线弹性阶段和损伤阶段。界面的线弹性阶段的本构关系可以用下式所示矩阵来表达:

$$\left.\begin{array}{l} t_n = K_n\delta_n \\ t_s = K_s\delta_s \\ t_t = K_t\delta_t \end{array}\right\} \tag{7.24}$$

式中:t_n,t_s,t_t——界面上的法向应力分量和两个切向应力分量;

　　$\delta_n,\delta_s,\delta_t$——界面上的法向位移分量和两个切向位移分量;

　　K_n,K_s,K_t——分别是界面法向和切向刚度。

界面刚度与界面模量 E_{in}、界面厚度 h_{in} 有以下关系:$K_{n(s)} = E_{in}/h_{in}$。

当界面的应力达到界面材料的初始损伤准则后,界面的应力和位移关系不再保持线性变化,界面开始进入损伤阶段。当界面法向应力和切向应力中任意一个应力分量达到相应的最大许用应力值时,就会导致界面损伤。考虑到界面损伤通常是在法向应力和切向应力

的耦合作用下产生的,因此本书界面的损伤初始准则采用考虑法向应力和切向应力耦合的二次应力准则:

$$\left(\frac{<t_n>}{t_n^0}\right)^2+\left(\frac{<t_s>}{t_s^0}\right)^2+\left(\frac{<t_t>}{t_t^0}\right)^2=1 \qquad (7.25)$$

式中:$<x>=(x+|x|)/2$——压缩应力不会产生界面损伤;

t_n^0,t_s^0,t_t^0——界面的法向强度和切向强度,且有 $t_s^0=t_t^0$。

当界面进入损伤阶段后,根据界面应力随位移的衰减规律不同,有线性和指数型损伤本构关系。本书采用线性本构关系,界面应力和位移的关系为

$$t_n=\begin{cases}(1-D)K_n\delta_n,<t_n>\geqslant 0\\K_n\delta_n,<t_n>\leqslant 0\end{cases}$$
$$t_s=K_s(1-D)\delta_s$$
$$t_t=K_t(1-D)\delta_t \qquad (7.26)$$

式中:D——界面的损伤变量,D 的取值范围为 $[0,1]$。当 D 取值大于 0 时,界面开始损伤,当 D 为 1 时界面完全失效。

界面损伤变量 D 的损伤演化过程可通过下述方程描述:

$$D=1-\frac{\delta_m^f(\delta_m-\delta_m^0)}{\delta_m(\delta_m^f-\delta_m^0)} \qquad (7.27)$$

式中:δ_m^f——界面完全失效时的等效位移,$\delta_m^f=2G_c/T_{eq}$;

G_c——界面材料的断裂能密度;

T_{eq}——界面初始损伤时的等效应力;

δ_m^0——界面损伤起始时的等效位移;

δ_m——界面等效位移,$\delta_m=\sqrt{\delta_n^2+\delta_s^2+\delta_t^2}$。

7.5 多尺度计算模型

7.5.1 单胞有限元模型

在单轴载荷作用下,三维编织复合材料的宏观应力、应变可以看作是均匀分布的,从而可以根据材料内部微结构的周期性特点,选取其代表性体积单胞模型,结合周期性边界条件进行分析。对材料单轴拉伸渐进损伤分析使用的代表性体积单胞与第 3 章弹性性能预示的单胞模型相同。为了模拟纤维束和基体界面损伤脱黏行为,在纤维束单元和基体单元之间利用自编程序插入一层零厚度界面单元。界面单元和纤维束单元、界面单元和基体单元为共节点连接,这些界面单元的力学行为如前所述的 T-S 本构模型控制。需要说明的是,这些零厚度界面单元只是几何模型上的厚度为零,其本构模型中的厚度并不为零,而是具有一定实际厚度的界面单元,如图 7.5 所示。

7.5.2 微-细观多尺度计算模型

微观尺度是指纤维丝/基体尺度,细观尺度是指纤维束尺度,即在细观单胞模型中,对纤

维束采用均匀化材料进行有限元建模,避免纤维丝三维几何实体建模导致的模型规模庞大的问题。而在纤维束单元的每个积分点处,采用由纤维丝和基体构成的同心圆柱模型,对纤维丝/基体微观应变进行解析求解,纤维束单元的每一个积分点,都对应着一个纤维丝和基体组成的同心圆柱体,纤维束中纤维体积分数 V_f 根据同心圆柱体的半径 b 和纤维丝半径 a 确定,即 $V_f = \sqrt{a^2/b^2}$。三维编织复合材料微细观多尺度模型如图 7.6 所示。

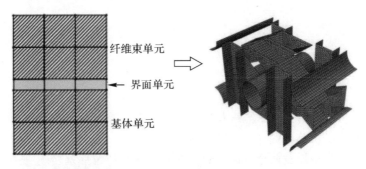

图 7.5　纤维束/基体零厚度内聚力单元

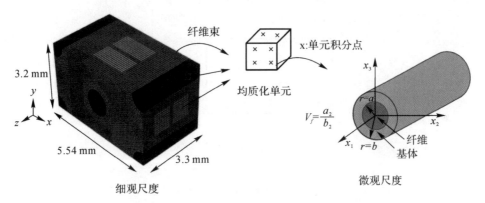

图 7.6　三维编织复合材料微细观多尺度模型

7.5.3　周期性边界条件

用单胞模型研究具有周期性微结构材料的力学性能时,需要施加周期性边界条件,以满足相邻单胞之间位移和力的连续性条件。关于周期性边界条件的详细论述和具体施加方式见第 4 章。需要指出的是,在利用单胞模型模拟材料的单轴拉伸损伤失效行为时,在单胞模型的一个方向施加拉伸载荷,由于材料泊松比效应,另外两个方向会产生相对收缩,从而单胞模型在这两个方向上的两个相对面的位移差不再为零,并且相应的反力在未加载面上的面积分为零。其模型如图 7.7 所示,假设单胞是边长为 $L_0 \times L_0 \times L_0$ 的立方体,单胞拉伸载荷方向沿坐标轴 y_1,载荷位移为 u_1,则单轴拉伸所施加的周期性边界条件如下:

单胞加载方向 y_1 的两个相对面上:

$$\left.\begin{array}{l} u_1(y_1=L_0)-u_1(y_1=0)=U_1 \\ u_2(y_1=L_0)-u_2(y_1=0)=0 \\ u_3(y_1=L_0)-u_3(y_1=0)=0 \end{array}\right\} \qquad (7.28)$$

单胞未加载方向 y_2 的两个相对面上：

$$\left.\begin{array}{l} u_1(y_2=L_0)-u_1(y_2=0)=0 \\ u_2(y_2=L_0)-u_2(y_2=0)=\delta_2 \\ u_3(y_2=L_0)-u_3(y_2=0)=0 \end{array}\right\} \qquad (7.29)$$

单胞未加载方向 y_3 的两个相对面上：

$$\left.\begin{array}{l} u_1(y_3=L_0)-u_1(y_3=0)=0 \\ u_2(y_3=L_0)-u_2(y_3=0)=0 \\ u_3(y_3=L_0)-u_3(y_3=0)=\delta_3 \end{array}\right\} \qquad (7.30)$$

式中：$u_i(i=1,2,3)$——单胞的 3 个位移分量；

δ_2 和 δ_3——单胞未加载两个方向上由泊松效应引起的位移差。

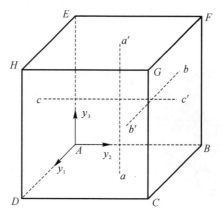

图 7.7　周期性边界条件模型

上述单轴拉伸的周期性边界条件通过在单胞有限元模型的 6 个自由面的网格节点之间建立多点耦合约束方程（multi-point coupling equations）来实现。关于多点耦合约束方程的施加详见相关文献。

加载方向上的宏观应力、应变可由下式计算得到：

$$\sigma_3^m = \frac{\sum\limits_{e=1}^{n_e}(\sigma_3 * V_e)}{\sum\limits_{e=1}^{n_e} V_e}, \quad \varepsilon_3^m = \frac{\sum\limits_{e=1}^{n_e}(\varepsilon_3 * V_e)}{\sum\limits_{e=1}^{n_e} V_e} \qquad (7.31)$$

式中：σ_3——单元在 3 方向上的应力；

ε_3——单元在 3 方向上的应变；

V_e——单元体积；

n_e——单元总数。

7.6　多尺度有限元模拟流程

三维编织复合材料的微细观损伤是一个材料非线性问题,需要借助有限元方法进行数值求解。本章利用商业有限元软件 ABAQUS 对上述非线性问题进行求解。ABAQUS 软件材料库中没有包含上述损伤本构模型,本章通过其提供的材料子程序(UMAT)外部接口,利用 Fortran 程序编写材料损伤本构程序,实现三维编织复合材料的渐进损伤有限元模拟。图 7.8 给出了多尺度有限元模拟流程,先对三维编织复合材料单胞模型施加单轴拉伸位移载荷和周期性边界条件,利用 ABAQUS 中 Newton-Rapson 增量法求解单胞内部组分材料的应力、应变场,并将这些应力、应变场传递到 UMAT 子程序中进行组分材料微观损伤分析。对于基体单元和界面单元,利用初始损伤准则进行损伤判别。如果发生损伤,则利用相应的损伤演化方程计算损伤变量和损伤后的材料刚度矩阵。对于纤维束单元,在单元的每个积分点处调用纤维丝/基体同心圆柱模型,将纤维束应变看作是施加在纤维丝/基体同心圆柱模型上的外部应变载荷,利用微观解析模型求解得到纤维丝和基体微观应力、应变场,然后利用纤维丝和基体初始损伤准则对纤维丝和基体进行损伤判断。如果发生初始损伤,利用相应损伤演化方程计算纤维丝和基体的损伤变量,利用损伤变量对纤维丝和基体组分材料的弹性模量进行折减,根据折减后的纤维丝和基体组分材料性能,重新计算纤维束单元积分点处的刚度矩阵,再依据更新后的组分材料单元的刚度矩阵计算单胞应力、应变场,继续施加位移载荷增量步,直至单胞失去承载能力。

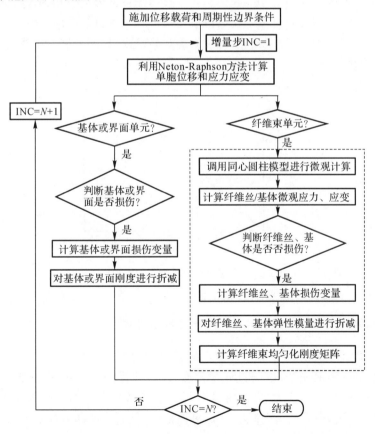

图 7.8　三维编织复合材料单轴拉伸微细观损伤多尺度模拟流程

7.7 数 值 算 例

利用上述多尺度数值模型和组分材料微观损伤模型,将组分材料力学性能引入复合材料单胞模型中,通过对单胞模型施加周期性边界条件和位移载荷,利用有限元法对单胞模型进行微细观多尺度渐进损伤分析,获得了三维四向编织复合材料在单轴拉伸载荷作用下的宏观应力-应变曲线,模拟了纤维束内基体损伤、纤维束间基体损伤、纤维丝损伤以及纤维束/基体界面损伤。

7.7.1 三维四向编织复合材料宏观应力-应变曲线

图 7.9 给出了利用单胞模型获得的宏观应力-应变曲线和利用单轴拉伸试样获得的曲线。从图中可以发现,在曲线初始阶段应力、应变基本呈线性关系,随着应变的增大,应力-应变曲线表现出一定的非线性特征,从下文组分材料的微观损伤分析可知,这是由界面和基体微观损伤引起的。通过应力-应变曲线线性段拟合得到拉伸模量为 51.59 GPa,实验值分别为 49.02 GPa、50.08 GPa 和 52.26 GPa,实验平均值为 50.45 GPa,预测值和实验值平均值偏差为 2.21%。根据应力-应变曲线最高点,得到拉伸强度预测值为 139.54 MPa,实验值分别为 103.71 MPa、108.43 MPa 和 109.01 MPa,平均值为 107.05 MPa。拉伸强度预测值远大于实验平均值,这可能是由于在数值模型中没有考虑材料内部缺陷,实际上材料在制备过程中不可避免地会产生很多孔隙、微裂纹等缺陷,这些缺陷会进一步降低组分材料和材料整体的拉伸强度。

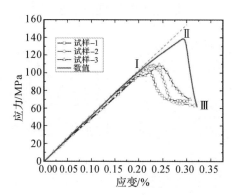

图 7.9 三维四向编织复合材料单轴拉伸宏观应力-应变曲线

7.7.2 三维四向编织复合材料微细观渐进损伤过程

图 7.10~图 7.12 给出了单轴拉伸宏观应力应变曲线(见图 7.9)上Ⅰ、Ⅱ、Ⅲ点处组分材料的微观损伤状态,其中"SDV"和"SDEG"均表示不同组分材料的损伤变量,颜色深浅表示损伤程度。由图可见,在应力-应变曲线Ⅰ点处,主要发生了径向纤维束内部基体损伤、纤维束间基体损伤以及部分径向纤维束/基体界面损伤,轴向纤维棒内部基体和纤维丝没有产生损伤,随后应力-应变曲线表现出一定的非线性。随着应变的继续增加,在应力-应变曲线

Ⅱ点处,即应力达到最大值时,径向纤维束内部基体、纤维束间基体损伤的范围扩大,产生了轴向纤维丝损伤,应力-应变曲线开始下降。在应力-应变曲线到达Ⅲ点处时,产生了轴向纤维棒内部基体损伤和纤维棒/基体界面损伤,纤维束间基体损伤区域继续扩大,轴向纤维丝损伤程度和区域也不断增大,损伤区域逐渐贯穿整个纤维棒横截面,最终出现纤维棒纵向拉伸断裂。由此可以推断,轴向纤维丝的拉伸强度是控制材料轴向拉伸强度的最主要因素。

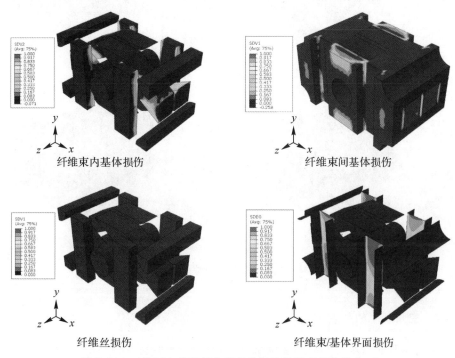

纤维束内基体损伤　　　　　　　　　　　　　纤维束间基体损伤

纤维丝损伤　　　　　　　　　　　　　　纤维束/基体界面损伤

图 7.10　三维四向编织复合材料单轴拉伸微观损伤演化:Ⅰ

7.7.3　界面的影响

图 7.13 给出了利用含界面单元和不含界面单元单胞模型预测得到的三维四向编织复合材料单轴拉伸应力-应变曲线。由图可见,在应力-应变曲线初始阶段(应变小于0.15%),两种模型预测的应力-应变曲线基本重合,说明界面对材料初始弹性模量影响很小;随着拉伸应变的增大,含有界面单元的应力-应变曲线率先出现非线性特征,这是界面损伤使得材料弹性模量发生衰减所致;随着应变的持续增加,不含界面单元的应力-应变曲线也表现出非线性,这是基体和纤维发生损伤所致;当应力-应变曲线达到最高点时,含有界面单元的单胞模型预测的拉伸强度和应变分别为 139.54 MPa 和 0.295%,而不含界面单元的单胞模型预测的拉伸强度和应变分别为 141.05 MPa 和 0.293%,含界面的强度预测值小于不含界面的强度预测值,而失效应变略大于不含界面的失效应变;当应力-应变曲线进入下降段后,在应力值相同的情况下,含界面的应变值大于不含界面的应变值,即不含界面的应力-应变曲线下降得更快,说明界面具有增加材料失效应变和提升断裂韧性的作用。

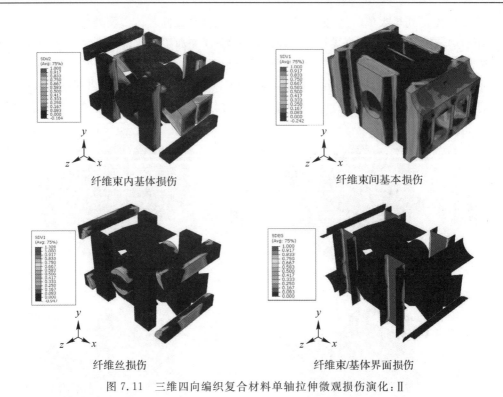

纤维束内基体损伤　　　　　　　　　　　纤维束间基本损伤

纤维丝损伤　　　　　　　　　　　纤维束/基体界面损伤

图 7.11　三维四向编织复合材料单轴拉伸微观损伤演化:Ⅱ

7.7.4　空隙缺陷的影响

　　为了研究空隙缺陷对三维编织复合材料单轴拉伸应力-应变曲线的影响,利用第 4 章所述空隙缺陷模型,建立了 3 种含孔隙缺陷的单胞有限元模型,分别是仅含纤维束缺陷的数值模型(numerical-DF),仅含基体缺陷的数值模型(numerical-DM),以及含纤维束、基体和界面缺陷的数值模型(numerical-D),预测了含孔隙缺陷的三维编织 C/C 复合材料单轴拉伸宏观应力-应变曲线和微观渐进损伤过程。图 7.14 给出了上述 3 种模型预测的宏观应力-应变曲线和实验曲线的对比。由图可见,在应力-应变曲线初始阶段,上述模型预测应力-应变曲线十分接近,说明孔隙缺陷对材料拉伸模量的影响较小,随着应变载荷的增大,上述模型预测的应力应变曲线表现出显著差异,与不含空隙缺陷的理想模型(numerical-intact)相比,含有空隙缺陷的数值模型的预测曲线和实验曲线更加接近,非线性特征更加明显,强度预测值也明显低于理想模型(numerical-intact)预测值。其中,仅含基体空隙缺陷的数值模型(numerical-DM),仅含纤维束缺陷的数值模型(numerical-DF),以及含纤维束、基体和界面缺陷数值模型(numerical-D)的拉伸强度预测值分别是 134.89 MPa,112.76 MPa 和 110.4 MPa,而理想模型(numerical-Intact)的强度预测值是 139.54 MPa。可见,空隙缺陷对材料拉伸强度具有显著影响,而且,纤维束缺陷对拉伸强度影响最大,基体和界面缺陷对材料拉伸强度的影响程度有限。

　　图 7.15 给出了采用不含空隙缺陷的理想数值模型(numerical-intact)和考虑空隙缺陷的数值模型(numerical-D)预测的宏观应力-应变曲线最高点处的单胞组分材料的微观损伤

状态。由图可见,两种模型获得的微观损伤区域略有不同,与理想模型相比,利用空隙缺陷单胞模型模拟获得的组分材料损伤区域整体上较为分散,并且损伤多集中在空隙缺陷附近。同时,当应力达到最大值时,利用含空隙缺陷模型预测的单胞轴向纤维丝的损伤区域要比理想模型中的损伤区域小很多,而且还产生了轴向纤维棒内部基体的微观损伤模式,而理想单胞模型则没有产生纤维棒内部基体微观损伤,说明空隙缺陷的存在使得材料发生破坏所需要的损伤区域变小了,也就是说空隙缺陷降低了材料的承载能力。

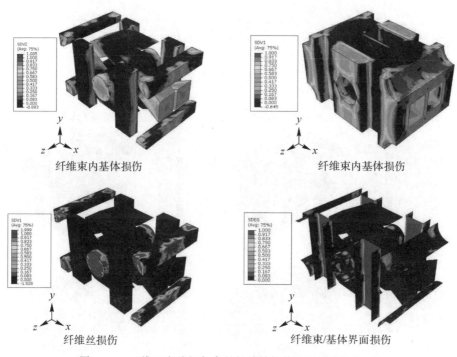

图 7.12　三维四向编织复合材料单轴拉伸微观损伤演化:Ⅲ

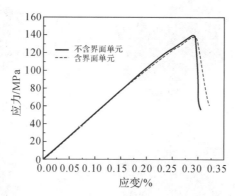

图 7.13　界面对单轴拉伸应力应变曲线的影响

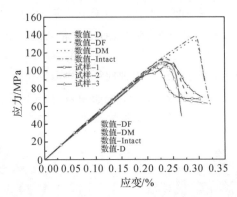

图 7.14　孔隙缺陷对三维四向编织复合材料单轴拉伸应力-应变曲线的影响

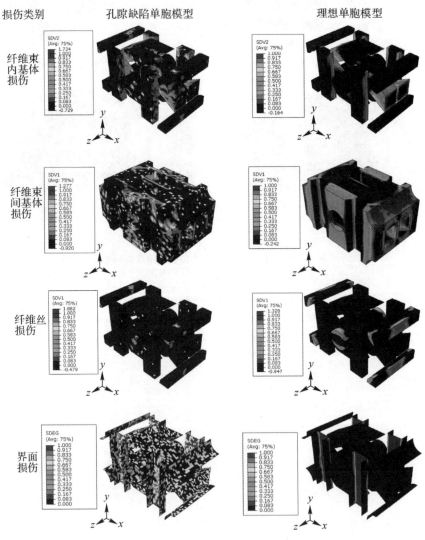

图 7.15　孔隙缺陷单胞和理想单胞模型的微细观损伤对比

参 考 文 献

[1]　ABOUDI J. Mechanics of composite materials：a unified micromechanical approach [M]. Amsterdam：Elsevier，1991.

[2]　赵琳，张博明. 基于单胞解析模型的单向复合材料强度预报方法[J]. 复合材料学报，2010，27(5)：86 - 92.

[3]　张博明，赵琳. 基于单胞解析模型的复合材料层合板渐进损伤数值分析[J]. 工程力学，2012，29(4)：36 - 42.

[4]　DENG Y，CHEN X H，WANG H. A multi-scale correlating model for predicting the mechanical properties of tri-axial braided composites [J]. Journal of Reinforced Plastics and Composites，2013，32(24)：1934 - 1955.

[5]　PALEY M，ABOUDI J. Micromechanical analysis of composites by the generalized cells model [J]. Mechanics of Materials，1992，14(2)：127 - 139.

[6]　高希光，宋迎东，孙志刚. 纤维尺寸随机引起的复合材料性能分散性研究[J]. 材料科学与工程学报，2015，3：23 - 28.

[7]　沈明，魏大盛. 孔隙形状及孔隙率对多孔材料弹性性能的影响[J]. 复合材料学报，2014，31(5)：1277 - 1283.

[8]　胡殿印，杨尧，郭小军，等. 一种平纹编织复合材料的三维通用单胞模型[J]. 航空动力学报，2019，34(3)：608 - 615.

[9]　BORKOWSKI L，CHATTOPADHYAY A. Multiscale model of woven ceramic matrix composites considering manufacturing induced damage [J]. Composite Structures，2015，126(8)：62 - 71.

[10]　张博明，唐占文，刘长喜. 基于细化单胞模型的复合材料层合板强度预报方法[J]. 复合材料学报，2012，30(1)：201 - 209.

[11]　BEDNARCYK B A，STIER B，SIMON J W，et al. Meso-and micro-scale modeling of damage in plain weave composites [J]. Composite Structures，2015，121：258 - 270.

[12]　郑晓霞，郑锡涛，缑林虎. 多尺度方法在复合材料力学分析中的研究进展[J]. 力学进展，2010，40(1)：41 - 56.

[13]　ABOUDI J. The generalized method of cells and high-fidelity generalized method of cells micromechanical models：A review[J]. Mechanics of Advanced Materials & Structures，2004，11(4/5)：329 - 366.

[14]　ABOUDI J，PINDERA M J，ARNOLD S M. Linear thermoelastic higher-order theory for periodic multiphase materials[J]. J Appl. Mech，2001，68：697 - 707.

[15]　ABOUDI J，PINDERA M J，ARNOLD S M. Higher-order theory for periodic multiphase materials with inelastic phases[J]. International Journal of Plasticity，2003，19(6)：805 - 847.

[16] HAJ A, R, ABOUDI J. Nonlinear micromechanical formulation of the high fidelity generalized method of cells [J]. International Journal of Solids and Structures, 2009, 46(13): 2577-2592.

[17] PINEDA E, WAAS A, BEDNARCY K, et al. An efficient semi-analytical framework for micromechanical modeling of transverse cracks in fiber-reinforced composites[C]// 51st AIAA/ASME/ASCE/AHS/ASC Structures, Structural Dynamics, and Materials Conference, Orlando: Florida, 2010.

[18] 孙杰, 孙志刚, 宋迎东, 等. 基于高精度通用单胞模型的材料细观结构拓扑优化设计[J]. 航空学报, 2009(11): 110 - 116.

[19] 高希光, 宋迎东, 孙志刚. 陶瓷基复合材料高精度宏细观统一本构模型研究[J]. 航空动力学报, 2008, 23(9): 1617 - 1622.

[20] PINEDA E J, BEDNARCYK B A, WAAS A M, et al. Progressive failure of a unidirectional fiber-reinforcedcomposite using the method of cells: Discretization objective computational results[J]. International Journal of Solids and Structures, 2013, 50(9): 1203 - 1216.

[21] BEDNARCYK B A, ARNOLD S M, ABOUDI J, et al. Local field effects in titanium matrix composites subjectto fiber-matrix debonding[J]. International Journal of Plasticity, 2004, 20(8/9): 1707 - 1737.

[22] BEDNARCYK B A, ABOUDI J, ARNOLD S M. Micromechanics modeling of composites subjected to multiaxialprogressive damage in the constituents [J]. AIAA Journal, 2010, 48(7): 1367 - 1378.

[23] HAJ A R, ABOUDI J. Formulation of the high-fidelity generalized method of cells with arbitrary cell geometry forrefined micromechanics and damage in composites [J]. International Journal of Solids and Structures, 2010, 47(25):3447 - 3461.

[24] 刘长喜, 周振功, 王晓宏, 等. 结合改进单胞模型的单钉双剪层合板螺栓连接结构挤压性能的多尺度表征分析[J]. 复合材料学报, 2016, 33(3): 650 - 656.

[25] ZHANG D, WAAS A. A micromechanics based multiscale model for nonlinear composites[J]. Acta Mechanica, 2014, 225(4/5): 1391 - 1417.

[26] PATEL D K, HASANYAN A, WAAS A M. N-Layer concentric cylinder model (NCYL): an extended micromechanics-based multiscale model for nonlinear composites [J]. Acta Mech, 2017, 228: 275 - 306.

[27] 李星, 关志东, 刘璐, 等. 复合材料跨尺度失效准则及其损伤演化[J]. 复合材料学报, 2013, 2: 158 - 164.

[28] WANG L, WU J, CHEN C, et al. Progressive failure analysis of 2D woven composites at the meso-micro scale[J]. Composite Structures, 2017,178: 395-405.

[29] WEI K L, SHI H B, LI J, et al. Effect of interfacial properties on nonlinear behavior of the 4D in-plane braided C/C composites[C]// Proceedings of the International Astronautical Congress: 67th International Astronautical Congress, Guadalajara:

International Astronautical Federation,2016.

[30]　WEI K L, SHI H B,LI J,et al. A new progressive damage model for predicting the tensile behavoir of the 3D woven C/C composites using micromechanics method [J]. International Journal of Damage Mechanics,2021,31(2):294 - 322.

[31]　HASHINZ,ROSEN B W. The elastic moduli of fiber-reinforced materials[J]. Journal of Applied Mechanics, 1964, 31:223 - 232.

[32]　HILLERBORG A, MODEER M, PETERSON P E. Analysis of crack formation and crack growth in concrete by means of fracture[J]. Cement and Concrete Research, 1976, 6(6):773 - 782.

第8章 三维编织复合材料细观损伤分析方法

8.1 引　言

复合材料的破坏是一个随机和复杂的过程,在外载荷的作用下,复合材料微裂纹、微孔洞等初始缺陷进一步发展,出现宏观裂纹,当损伤达到一定容限后材料发生破坏。编织复合材料在宏观上被视为均匀的正交各向异性材料,而在细观上其表现出高度非均匀性,即使在单轴拉伸载荷作用下,材料的破坏模式也十分复杂,除纤维束和基体具有不同的破坏模式外,还有纤维束/基体界面脱黏,往往多种损伤模式耦合在一起,并且在不同的载荷条件下表现出不同的破坏形式,给材料的分析带来很大困难。

早期,对于三维编织复合材料强度方面的研究主要集中在实验方面,主要分为两类:一类是通过强度试验,观察材料损伤失效模式,分析失效机理;另一类兼有预估和试验,通常是从层合板公式出发,推导出一些简单的预估公式,将计算值与实验进行比较。三维编织复合材料具有高度的非均匀性和复杂的编织结构,通常很难采用解析法获得其应力应变场。

随着计算机技术的快速发展,国内外的一些学者开始采用数值方法对三维编织复合材料的强度进行研究。主要思路是:从三维编织复合材料内部编织结构的周期性特征出发,选取能够反映细观结构的代表性体积单胞模型,利用有限元等数值方法获得单胞细观组分的应力、应变场,以组分材料的应力、应变场为基础,通过引入组分材料的强度准则,实现对三维编织复合材料的损伤模拟和强度分析。Tan 等提出了一种二维累积损伤模型,对受到面内拉伸和压缩载荷作用下的中间开孔层合板复合材料进行了损伤破坏分析,模型中利用了3 个折减因子对损伤单元的弹性模量进行折减,而损伤单元的泊松比保持不变。Chang 等对二维层合板复合材料进行了压缩载荷下的损伤分析,考虑了层合板的三种破坏模式——基体破坏、纤维破坏、纤维/基体剪切破坏,通过引入 3 个折减因子,分别对损伤单元的弹性模量、泊松比和剪切模量进行折减。Blackkette 等针对三维编织复合材料提出了一种损伤扩展模型,把高斯积分点的应力代入破坏准则,判断单元积分点是否损伤,积分点出现损伤,则对单元的局部刚度进行折减,单元中同时存在完好和损伤的积分点。Camanho 等利用相同的方法,主要考虑了 4 种破坏模式,并且每种破坏模式在拉伸和压缩时的折减因子不同。Zakoa 等利用 Murakami-Ohno 几何损伤理论,考虑 3 个主轴方向的损伤,建立了平面编织复合材料的积累损伤模型,损伤模式则根据各个应力分量和相应强度的比值进行确定,当单元发生损伤时进行刚度折减,折减因子取固定值 0.98。Miravete 等、ZENG 等、徐焜等、张芳芳等、张超等等利用 Murakami-Ohno 损伤理论和刚度折减法研究了三维编织复合材料的损伤模拟。基于刚度折减法的损伤模型概念清晰、实施简单,但是刚度折减因子的大小直接影响数值模拟结果,因此选择合适的折减因子对数值收敛性很重要。

在传统热力学框架下,基于热力学势和耗散势函数的损伤演化方程是与广义力相关的函数,该广义力由耗散势函数导出,与损伤变量相对应,可使损伤变量按照一定的规律变化,与刚度折减方法有着根本的区别。早期,Talreja 等提出了基于不可逆热力学的损伤模型。Rospars 等在微观尺度上建立了基体开裂、纤维丝断裂、界面脱黏的损伤模型,利用与热力学广义力相关的指数形式的损伤演化方程,模拟了陶瓷基复合材料的损伤演化过程。Ladeveze 等提出各向异性损伤理论,用来描述 C/C 复合材料层合板的损伤力学行为。Siron 等利用体积应变模量表征材料的损伤程度,建立了三维细编穿刺 C/C 复合材料在复杂载荷条件下的本构关系。Aubard 等建立了宏观损伤弹塑性模型,利用损伤动力学模型和各向同性塑性强化模型,引入了损伤和塑性应变对材料力学行为的影响。基于连续介质力学的损伤演化模型通常需要大量的试验来确定其中的未知参数,对于三维编织复合材料而言,这些实验过于复杂。

在外载荷作用下,复合材料在断裂平面处存在相对力和相对位移,材料的耗散能可以由相对位移和相对力来表示。当材料发生破坏时,材料的耗散能和材料的断裂能相等,因此,损伤演化律可以直接与材料不同裂纹类型的断裂能相关。Camanho 等首先提出了一个与材料断裂能相关的损伤演化模型,模型中使用内聚力单元模拟复合材料分层的过程。Maimi 等随后提出了一个指数型的损伤演化模型以模拟复合材料层合板在平面应力作用下分层损伤的演化过程。在利用有限元进行材料的损伤演化模拟时,所释放的能量与单元的尺寸相关,数值结果常常依赖于有限元网格的疏密程度。Bazant 等利用裂纹带模型把能量释放率与材料的断裂能和单元的特征长度联系起来,有效地减小了数值结果与单元网格疏密程度的相关性。Lapczyk 和 Hurtado 提出了基于等效位移的双线性损伤演化方程,等效位移直接与单元局部应变、单元特征长度以及断裂能相关,他们还模拟了复合材料层合板的损伤失效过程。Fang 等基于等价位移建立了与单元局部应变、单元特征长度以及断裂能相关的损伤演化模型,模拟了三维四向编织复合材料的单轴拉伸累积损伤和失效过程。此外,Zhang 等、卢子兴等、Ai 等、ZHENG 等也分别了开展了三维编织复合材料损伤模拟研究。

目前,针对三维编织复合材料损伤过程的细观模拟研究仍然是一个热点,研究人员可以从三维编织复合材料的周期性结构出发,利用代表体积单胞模型进行分析,得到代表性体积单胞内部详细的局部应力-应变场,通过引入细观组分材料的局部破坏准则,结合不同的损伤演化模型,实现对三维编织复合材料的渐进损伤模拟。

本章主要介绍利用单胞模型进行三维编织复合材料渐进损伤分析的方法,具体包括纤维束初始损伤准则、基体初始损伤准则、损伤演化模型、Murakami-Ohno 损伤模型、界面内聚力模型、有限元模拟方法、数值算例等内容。

8.2 纤维束初始损伤准则

目前常用的强度准则可分为两类:不区分失效模式的准则和区分失效模式的准则。前者从复合材料内部应力出发建立统一的应力与材料强度的交互表达式,当表达式条件满足时,意味着复合材料破坏;后者从复合材料失效机制出发,建立多个应力与强度的关系式来描述材料不同损伤模式的失效行为,当其中的表达式满足时,意味着对应模式的损伤发生。相比于不区分失效模式的准则,区分失效模式的准则能够用于复合材料损伤机制的判定。在不区分失效模式的强度准则中,经常使用的强度准则有最大应力/最大应变准则、Tsai-Hill 准则、Tsai-Wu 准则、Hoffman 准则等。在区分失效模式的强度准则中,常用的有 Hashin-Roem 准则、Hashin 准则、Chang-Chang 准则、Puck 准则。

8.2.1 Hashin 准则

三维 Hashin 准则采用应力或应变分量二次式的形式描述复合材料单向板的三维失效,并将复合材料单向板的破坏分为两大类破坏模式:纤维破坏和基体破坏。对于每种模式,又分为拉伸和压缩两种破坏方式。不同的破坏模式,有着不同的判断方式。Hashin 准则将三维编织复合材料的细观纤维束的破坏模式分为 4 类:纵向(L)拉伸剪切、纵向压缩剪切、横向(T 或 Z)拉伸剪切、横向压缩剪切破坏。L,T,Z 方向如图 8.1 所示。

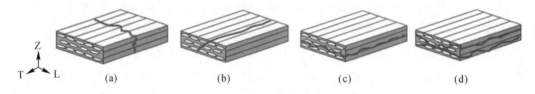

图 8.1 纤维束破坏模式

(a)纵向(L)破坏;(b)横向(T)破坏;(c)横向(Z)破坏

纤维束 L 方向拉伸初始损伤准则:

$$\varphi_{Lt} = \left(\frac{\sigma_L}{F_L^t}\right)^2 + \alpha\left(\frac{\sigma_{LT}}{F_{LT}^s}\right)^2 + \alpha\left(\frac{\sigma_{ZL}}{F_{ZL}^s}\right)^2 \geqslant 1 \tag{8.1}$$

纤维束 L 方向压缩初始损伤准则:

$$\varphi_{Lc} = \left(\frac{\sigma_L}{F_L^c}\right)^2 \geqslant 1 \tag{8.2}$$

纤维束 T 方向和 Z 方向拉伸剪切初始损伤准则:

$$\varphi_{T(Z)t} = \left(\frac{\sigma_T + \sigma_Z}{F_T^t}\right)^2 + \frac{(\sigma_{TZ}^2 - \sigma_T\sigma_Z)}{(F_{TZ}^s)^2} + \left(\frac{\sigma_{LT}}{F_{LT}^s}\right)^2 + \left(\frac{\sigma_{ZL}}{F_{ZL}^s}\right)^2 \geqslant 1 \tag{8.3}$$

纤维束 T 方向和 Z 方向压缩剪切初始损伤准则:

$$\varphi_{T(Z)c} = \frac{1}{F_T^c} \left[\left(\frac{F_T^c}{2F_{TZ}^s} \right)^2 - 1 \right] (\sigma_T + \sigma_Z) +$$

$$\left(\frac{\sigma_T + \sigma_Z}{2F_{TZ}^s} \right)^2 + \frac{(\sigma_{TZ}^2 - \sigma_T \sigma_Z)}{(F_{TZ}^s)^2} + \left(\frac{\sigma_{LT}}{F_{LT}^s} \right)^2 + \left(\frac{\sigma_{ZL}}{F_{ZL}^s} \right)^2 \geqslant 1 \qquad (8.4)$$

式中：F_L^t，F_T^t 和 F_L^t——纤维束在 L，T 和 Z 方向的拉伸强度；

　　　F_L^c，F_T^c 和 F_Z^c——纤维束在 L，T，Z 方向的压缩强度；

F_{LT}^s，F_{TZ}^s 和 F_{ZL}^s——纤维束在 L，T，Z 方向上的剪切强度；

　　　　　　　α——损伤模式中的贡献因子。

在式(8.1)中，α 用于考虑剪应力对纤维拉伸失效的影响，取值在 0～1 之间。目前，不同文献研究中对于 α 的取值不同：在 Hou 和 Hashin 的失效准则中，取值为 1，在 Guo 和 Li 的研究中，取值为 0。根据相关研究，在横向拉伸载荷作用下，编织复合材料的力学响应对剪切因子比较敏感，剪切因子可以补偿材料的原位剪切强度和自由边效应引起的早期损伤。

8.2.2　Tsai-Wu 准则

Tsai-Wu 强度准则采用一个基于材料强度的多项式描述材料失效面，其张量表达式为

$$F_{11}\sigma_1^2 + F_{22}\sigma_2^2 + F_{33}\sigma_3^2 + F_{44}\sigma_{23}^2 + F_{55}\sigma_{13}^2 + F_{66}\sigma_{12}^2 + 2F_{12}\sigma_1\sigma_2 + 2F_{13}\sigma_1\sigma_3 +$$

$$2F_{23}\sigma_2\sigma_3 + F_1\sigma_1 + F_2\sigma_2 + F_3\sigma_3 = 1 \qquad (8.5)$$

其中

$$F_{11} = \frac{1}{X_t X_c} \quad F_{22} = F_{33} = \frac{1}{X_t X_c} \quad F_{44} = \frac{1}{S_{23}^2} \quad F_{55} = \frac{1}{S_{13}^2} \quad F_{66} = \frac{1}{S_{12}^2}$$

$$F_{12} = F_{13} = -\frac{1}{2}\sqrt{F_{11}F_{22}} \quad F_{23} = -\frac{1}{2}\sqrt{F_{22}F_{33}} \quad F_1 = \frac{1}{X_t} - \frac{1}{X_c} \quad F_2 = F_3 = \frac{1}{Y_t} - \frac{1}{Y_c} \text{。}$$

式中：　X_t，X_c——纤维束轴向拉伸、压缩强度；

　　　　Y_t，Y_c——纤维束横向拉伸、压缩强度；

S_{12}、S_{13} 和 S_{23}——纤维束剪切强度。

Tsai-Wu 强度准则中，应力的一次项对拉压强度不同的材料是有用的，应力的二次项对于描述应力空间中的椭球面是常见的项，F_{12}，F_{16} 和 F_{26} 是新出现的，它们用于描述 1 和 2 方向正应力及其他应力之间的相互作用。

可以定义下式所述各种不同损伤模式：

$$H_1 = F_1\sigma_{11} + F_{11}\sigma_{11}^2, \quad H_2 = F_2\sigma_{22} + F_{22}\sigma_{22}^2, \quad H_3 = F_3\sigma_{33} + F_{33}\sigma_{33}^2$$

$$H_4 = F_{44}\sigma_{23}^2, \quad H_5 = F_{55}\sigma_{13}^2, \quad H_6 = F_{66}\sigma_{12}^2$$

当纤维束中的应力满足式(8.5)时，$H_i (i = 1, 2, 3, \cdots, 6)$ 中的最大值代表此时的主损伤模式。$i = 1, 2, 3$ 分别代表纤维束轴向(L)和横向(T、Z)；$i = 4, 5, 6$ 分别为纤维束轴向剪切(LT、LZ)和横向剪切(TZ)。

8.2.3　Hoffman 准则

Hoffman 强度准则表达式具有二次项表达效果，考虑了材料的拉压性能不同的性质，

并且具有较简洁的表达形式,它的具体表达形式如下:(当大于 1 时则认为材料发生了损伤)

$$C_1(\sigma_2-\sigma_3)^2+C_2(\sigma_3-\sigma_1)^2+C_3(\sigma_1-\sigma_2)^2+C_4\sigma_1+C_5\sigma_2+$$
$$C_6\sigma_3+C_7\tau_{23}^2+C_8\tau_{31}^2+C_9\tau_{12}^2=1 \tag{8.6}$$

其中

$$C_1=1/YY'-1/(2XX')$$
$$C_2=C_3=1/(2XX')$$
$$C_4=(X'-X)/XX'$$
$$C_5=C_6=(Y-Y')/YY'$$
$$C_7=1/(S')^2$$
$$C_8=C_9=1/S^2$$

式中:X、X'——纤维束轴向拉、压强度;

$\quad Y$、Y'——纤维束横向拉、压强度;

$\quad S'$、S——纤维束的面内剪切强度和面外剪切强度。

纤维束的损伤模式可以由式(8.7)所定义的各方向的应力分量与相应的强度比值来确定,比值最大的方向为破断方向,即

$$\left[\sigma_1^2/XX' \quad \sigma_2^2/YY' \quad \sigma_3^2/ZZ' \quad \tau_{23}^2/S' \quad \tau_{12}^2/S \quad \tau_{13}^2/S\right] \tag{8.7}$$

8.2.4 Linde 准则

Linde 强度准则由 Linde 等提出,用于模拟金属基纤维层合板复合材料的损伤失效行为。纤维束通常是由数千根纤维单丝和基体组成的,可以视为单向复合材料,因此,Linde 强度准则将纤维束破坏分为纤维纵向破坏和横向基体破坏,提出了基于应变的失效准则来描述纤维束的弹脆性力学行为。

纤维束纵向(L)破坏准则:

$$f_L=\sqrt{\frac{\varepsilon_{11}^{f,t}}{\varepsilon_{11}^{f,c}}[\varepsilon_{11})^2+\left[\varepsilon_{11}^{f,t}-\frac{(\varepsilon_{11}^{f,t})^2}{\varepsilon_{11}^{f,c}}\right]\varepsilon_{11}}\geqslant\varepsilon_{11}^{f,t} \tag{8.8}$$

式中:$\varepsilon_{11}^{f,t}$——纤维束纵向拉伸应变,$\varepsilon_{11}^{f,t}=\sigma_{11}^{f,t}/C_{11}$;

$\quad \varepsilon_{11}^{f,c}$——纤维束纵向压缩应变,$\varepsilon_{11}^{f,t}=\sigma_{11}^{f,t}/C_{11}$;

$\quad \sigma_{11}^{f,t}$——纤维束纵向拉伸强度;

$\quad \sigma_{11}^{f,c}$——纤维束纵向压缩强度;

$\quad \varepsilon_{12}^{f,s}$——纤维束纵向剪切应变,$\varepsilon_{12}^{f,s}=\sigma_{12}^{f,s}/C_{44}$;

$\quad \sigma_{12}^{f,s}$——纤维束纵向剪切强度;

C_{11}、C_{44}——纤维束纵向拉伸刚度和剪切刚度。

纤维束横向基体破坏准则分别为

$$f_m=\sqrt{\frac{\varepsilon_{22}^{f,t}}{\varepsilon_{22}^{f,c}}(\varepsilon_{22})^2+\left[\varepsilon_{22}^{f,t}-\frac{(\varepsilon_{22}^{f,t})^2}{\varepsilon_{12}^{f,c}}\right]\varepsilon_{22}+\frac{(\varepsilon_{22}^{f,t})^2}{\varepsilon_{12}^{f,s}})^2(\varepsilon_{12})^2}\geqslant\varepsilon_{22}^{f,t} \tag{8.9}$$

式中:$\varepsilon_{22}^{f,t}$、$\varepsilon_{33}^{f,t}$——纤维束横向(T、Z)拉伸应变,$\varepsilon_{22}^{f,t}=\sigma_{22}^{f,t}/C_{22}$,$\varepsilon_{33}^{f,t}=\sigma_{33}^{f,t}/C_{33}$;

$\quad \varepsilon_{22}^{f,c}$、$\sigma_{22}^{f,c}$——纤维束横向(T、Z)压缩应变,$\varepsilon_{22}^{f,c}=\sigma_{22}^{f,c}/C_{22}$,$\varepsilon_{33}^{f,c}=\sigma_{33}^{f,c}/C_{33}$;

$\quad \sigma_{22}^{f,t}$、$\sigma_{22}^{f,c}$——纤维束横向拉伸强度和压缩强度;

$\varepsilon_{12}^{f,s}$——纤维束纵向剪切应变，ν^m；

$\sigma_{12}^{f,s}$——纵向剪切强度；

C_{22}、C_{33}——纤维束横向拉伸刚度。

8.2.5　修正的 Linde 准则

Linde 失效准则没有考虑剪切效应对沿着纤维束纵向损伤的贡献。对于具有复杂细观结构的复合材料，剪切效应对于纤维方向的影响不能忽略，因此，Wang 等对 Linde 失效准则进行了修正，引入了纤维束剪切应变项 ε_{12}。

纤维束纵向（L）破坏准则（考虑剪切效应）：

$$f_L = \sqrt{\frac{\varepsilon_{11}^{f,t}}{\varepsilon_{11}^{f,c}}(\varepsilon_{11})^2 + [\varepsilon_{11}^{f,t} - \frac{(\varepsilon_{11}^{f,t})^2}{\varepsilon_{11}^{f,c}}]\varepsilon_{11} + \frac{(\varepsilon_{11}^{f,t})^2}{\varepsilon_{12}^{f,s}})^2(\varepsilon_{12})^2} \geqslant \varepsilon_{11}^{f,t} \tag{8.10}$$

式中：　$\varepsilon_{11}^{f,t}$——纤维束纵向（T、Z）拉伸应变，$\varepsilon_{11}^{f,t} = \sigma_{11}^{f,t}/C_{11}$；

$\varepsilon_{11}^{f,c}$——纤维束纵向压缩应变，$\varepsilon_{11}^{f,c} = \sigma_{11}^{f,c}/C_{11}$；

$\sigma_{11}^{f,t}$、$\sigma_{11}^{f,c}$——纤维束纵向拉伸强度和压缩强度；

$\varepsilon_{12}^{f,c}$——纤维束纵向剪切应变，$\varepsilon_{12}^{f,s} = \sigma_{12}^{f,s}/C_{44}$；

$\sigma_{12}^{f,s}$——纤维束纵向剪切强度；

C_{11}、C_{44}——纤维束纵向拉伸和剪切刚度。

纤维束横向基体的破坏准则：

$$f_T = \sqrt{\frac{\varepsilon_{22}^{f,t}}{\varepsilon_{22}^{f,c}}(\varepsilon_{22})^2 + [\varepsilon_{22}^{f,t} - \frac{(\varepsilon_{22}^{f,t})^2}{\varepsilon_{22}^{f,c}}]\varepsilon_{22} + \frac{(\varepsilon_{22}^{f,t})^2}{\varepsilon_{12}^{f,s}})^2(\varepsilon_{12})^2} \geqslant \varepsilon_{22}^{f,t} \tag{8.11}$$

$$f_Z = \sqrt{\frac{\varepsilon_{33}^{f,t}}{\varepsilon_{33}^{f,c}}(\varepsilon_{33})^2 + [\varepsilon_{33}^{f,t} - \frac{(\varepsilon_{33}^{f,t})^2}{\varepsilon_{11}^{f,c}}]\varepsilon_{33} + \frac{(\varepsilon_{22}^{f,t})^2}{\varepsilon_{13}^{f,s}})^2(\varepsilon_{13})^2} \geqslant \varepsilon_{33}^{f,t} \tag{8.12}$$

式中：$\varepsilon_{22}^{f,t}$、$\varepsilon_{33}^{f,t}$——纤维束横向（T、Z）拉伸应变，$\varepsilon_{22}^{f,t} = \sigma_{22}^{f,t}/C_{22}$，$\varepsilon_{33}^{f,t} = \sigma_{33}^{f,t}/C_{33}$；

$\varepsilon_{22}^{f,c}$、$\varepsilon_{33}^{f,c}$——纤维束横向（T、Z）压缩应变，$\varepsilon_{22}^{f,c} = \sigma_{22}^{f,c}/C_{22}$，$\varepsilon_{33}^{f,c} = \sigma_{33}^{f,c}/C_{33}$；

$\sigma_{22}^{f,t}$、$\sigma_{22}^{f,c}$——纤维束横向拉伸强度和压缩强度；

$\varepsilon_{12}^{f,s}$——纤维束纵向剪切应变，$\varepsilon_{12}^{f,s} = \sigma_{12}^{f,s}/C_{44}$；

$\sigma_{12}^{f,s}$——纤维束纵向剪切强度；

C_{12}、C_{33}——纤维束横向（T、Z）拉伸刚度。

8.2.6　Puck 准则

Puck 准则改进了 Hashin 准则，该准则不仅可以预测横向破坏时裂纹发生的位置，而且还能预测断裂角度。Puck 理论假设单向纤维增强复合材料具有横观各向同性性质，并且区分了复合材料的两种失效模式：纤维间失效（Inter Fibre Failure，IFF）和纤维失效（Fiber Failure，FF）。如图 8.2 所示，Puck 等认为在平行于纤维平面发生的纤维间断裂失效是由断裂面上的法向应力以及切向应力决定的。

纤维束纵向拉伸和压缩破坏：

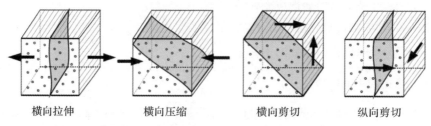

横向拉伸　　　　　横向压缩　　　　　横向剪切　　　　　纵向剪切

图 8.2　典型热固性树脂基复合材料在特殊应力状态下的断裂面

$$\varphi_{f,1t}=\frac{\varepsilon_{f,11}E_{f1}+m_f v_{f,12}\sigma_{f,22}+m_f v_{f,13}\sigma_{f,33}}{S_{f,1t}}\qquad(\sigma_{f,11}\geqslant 0)\qquad(8.13)$$

$$\varphi_{f,1c}=-\frac{\varepsilon_{f,11}E_{f1}+m_f v_{f,12}\sigma_{f,22}+m_f v_{f,13}\sigma_{f,33}}{S_{f,1c}}\qquad(\sigma_{f,11}<0)\qquad(8.14)$$

纤维束横向拉伸和压缩破坏：

$$\left.\begin{array}{l}\varphi_{f,2t}=1+[\varphi_{f,t}^{\max}(\theta')-1]\cos^2\theta'\\[4pt]\varphi_{f,3t}=1+[\varphi_{f,t}^{\max}(\theta')-1]\cos^2\theta'\end{array}\right\}\qquad(\sigma_{f,n}\geqslant 0)\qquad(8.15)$$

$$\left.\begin{array}{l}\varphi_{f,2c}=1+[\varphi_{f,c}^{\max}(\theta')-1]\cos^2\theta'\\[4pt]\varphi_{f,3c}=1+[\varphi_{f,c}^{\max}(\theta')-1]\cos^2\theta'\end{array}\right\}\qquad(\sigma_{f,n}<0)\qquad(8.16)$$

式中：　　　　　　m_f——由于纤维束内纤维和基体弹性模量不同造成的应力放大影响
　　　　　　　　　　　　因子；

　　　$S_{f,1t}$ 和 $S_{f,1c}$——纤维束轴向的拉伸和压缩强度；

　　　　　　　θ'——纤维束横向最危险面（断裂面）的角度；

$\varphi_{f,t}^{\max}(\theta')$ 和 $\varphi_{f,c}^{\max}(\theta')$——危险面上的载荷方程，可以进一步表示为

$$\left.\begin{array}{l}\varphi_{f,t}^{\max}(\theta')=\max\{\varphi_{f,t}(\theta)\}\qquad\theta\in[0,\pi)\\[6pt]\varphi_{f,t}(\theta)=\sqrt{[\tilde{\sigma}_{f,n}(\frac{1}{S_{f,2t}^{A}}-\frac{p_{\varphi,t}}{S_{f,\varphi}^{A}})]^2+(\frac{\tilde{\tau}_{f,nt}}{S_{f,23}^{A}})^2+(\frac{\tilde{\tau}_{f,nt}}{S_{f,21}^{A}})^2}+\tilde{\sigma}_{f,n}+\frac{p_{\varphi,c}}{S_{f,\varphi}}\end{array}\right\}\qquad(8.17)$$

$$\left.\begin{array}{l}\varphi_{f,c}^{\max}(\theta')=\max\{\varphi_{f,c}(\theta)\}\qquad\theta\in[0,\pi)\\[6pt]\varphi_{f,c}(\theta)=\sqrt{[(\frac{\tilde{\tau}_{f,nt}}{S_{f,23}^{A}})^2+\frac{\tilde{\tau}_{f,nt}}{S_{f,21}^{A}})^2+(\tilde{\sigma}_{f,n}-\frac{p_{\varphi,c}}{S_{f,\varphi}})^2}+\tilde{\sigma}_{f,n}\frac{p_{\varphi,c}}{S_{f,\varphi}}\end{array}\right\}\qquad(8.18)$$

式中：θ——"作用面"的角度。

如图 8.2 所示，作用面是用来判断最容易破坏的危险面，当 $\varphi_{f,t}(\theta)$ 或 $\varphi_{f,c}(\theta)$ 达到最大值时，$\theta=\theta'$。断裂角度 θ 可以通过数值搜索的方法得到。对于典型的热固性树脂基复合材料，在横向拉伸和横向压缩载荷下测得的断裂角度分别为 $\theta=0°$ 和 $\theta=(53\pm2)°^{[12-13]}$。在横向剪切载荷作用下断裂角度 $\theta\approx45°$，在纵向剪切载荷作用下 $\theta=0°$。

$S_{f,2t}^{A}$，$S_{f,21}^{A}$，$S_{f,23}^{A}$ 和 $S_{f,\varphi}^{A}$ 是作用面上各自相对应载荷形式的临界应力值，且这些所谓的临界应力值和各自的强度值一一对应：$S_{f,2t}^{A}=S_{f,2t}$，$S_{f,21}^{A}=S_{f,21}$，$S_{f,23}^{A}=\dfrac{S_{f,2c}}{2(1+p_{23,c})}$，$S_{f,2t}$ 和 $S_{f,2c}$ 分别是纤维束横向的拉伸和压缩强度，$S_{f,21}$ 是纤维束纵横面内剪切强度。$p_{\varphi,t}$，$p_{\varphi,c}$，

$p_{23,c}$ 和 $p_{23,t}$ 是 Puck 准则应力空间里的斜率参数,其中 $p_{\varphi,t}$ 和 $p_{\varphi,c}$ 与临近应力值 $S_{f,\varphi}^A$ 有如下关系:

$$\left.\begin{aligned}\frac{p_{\varphi,t}}{S_{f,\varphi}}=\frac{p_{23,t}}{S_{f,23}^A}=\cos^2\psi+\frac{p_{21,t}}{S_{f,21}^A}\sin^2\psi\\\frac{p_{\varphi,c}}{S_{f,\varphi}}=\frac{p_{23,c}}{S_{f,23}^A}=\cos^2\psi+\frac{p_{21,c}}{S_{f,21}^A}\sin^2\psi\end{aligned}\right\}\tag{8.19}$$

式中:$\cos^2\psi=\dfrac{\tilde{\tau}_{f,nt}^2}{\tilde{\tau}_{f,nt}^2+\tilde{\tau}_{f,nl}^2}$,$\sin^2\psi=\dfrac{\tilde{\tau}_{f,nl}^2}{\tilde{\tau}_{f,nt}^2+\tilde{\tau}_{f,nl}^2}$;

$p_{21,t}$ 和 $p_{21,c}$——Puck 准则应力空间里的斜率参数。

典型纤维增强树脂基复合材料的斜率经验取值见表(8-1)。式(8.18)中的 $\tilde{\sigma}_{f,n}\tilde{\tau}_{f,nt}$ 和 $\tilde{\tau}_{f,nl}$ 是作用面上的正应力和剪应力,它们可以表示为

$$\left.\begin{aligned}\tilde{\sigma}_{f,n}&=\tilde{\sigma}_{f,22}\cos^2\theta+\tilde{\sigma}_{f,33}\sin^2\theta+2\tilde{\tau}_{f,23}\sin\theta\cos\theta\\\tilde{\tau}_{f,nt}&=(\tilde{\sigma}_{f,33}-\tilde{\sigma}_{f,22})\sin\theta\cos\theta+\tilde{\tau}_{f,23}(\cos^2\theta-\sin^2\theta)\\\tilde{\tau}_{f,nl}&=\sin\theta+\tilde{\tau}_{f,21}\cos\theta\end{aligned}\right\}\tag{8.20}$$

式中:$\tilde{\sigma}_{f,22}$,$\tilde{\sigma}_{f,33}$,$\tilde{\tau}_{f,23}$,$\tilde{\tau}_{f,31}$ 和 $\tilde{\tau}_{f,21}$——纤维束的有效正应力和剪应力。

纤维束内的"作用面"如图 8-3 所示。

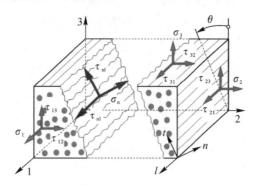

图 8-3　纤维束内的"作用面"
1—纤维束纵向;2,3—纤维束横向

表 8-1　典型纤维增强树脂基复合材料的斜率取值

材料类型	$p_{21,t}$	$p_{21,c}$	$p_{23,t}$	$p_{23,c}$
玻璃纤维/环氧树脂	0.3	0.25	0.20~0.25	0.20~0.25
碳纤维/环氧树脂	0.35	0.3	0.25~0.3	0.25~0.3

Puck 强度准则第一次考虑了纤维之间的破坏对材料强度性能的影响,计算结果与实验值比较吻合,作为基体失效判据得到广泛应用。唯一的缺点是该准则需要明确多个组分材料的性能参数,这些参数需要结合大量的、特定的实验才能测得,而且未能针对纤维折曲破坏模式。

8.2.7 纤维束压缩损伤准则

纤维增强复合材料轴向承压时,其压缩强度比拉伸强度低 40％以上,严重制约了其在工程中的应用。单向纤维复合材料的压缩破坏模式可分为基体破坏(纤维间破坏)和轴向压缩破坏,前者主要由横向应力与剪切应力控制,当应力水平达到基体破坏极限时,产生与纤维方向平行的断裂,与此相比,轴向压缩破坏机制更为复杂,有弹性微屈曲模型,塑性微屈曲模型,纤维折曲带模型,特别是纤维折曲带的形成机制受到广泛关注。

(1)纤维束纵向剪切非线性。纤维束纵向剪切非线性可以利用 Hahn-Tsai 单向纤维复合材料的剪切非线性模型来描述。

$$\gamma_{ij} = \frac{\tau_{ij}}{G_{ij}} + A\tau_{ij}^3 \quad (i=1, j=2 \text{ 或 } i=1, j=3)$$

式中:A——非线性剪切因子,推荐取值为 2.44×10^{-8} MPa^{-3};

γ_{ij}——纤维束纵向方向的剪应变;

τ_{ij}——纤维束纵向方向的切应力;

G_{ij}——纤维束纵向方向的剪切模量。

(2)纤维束纵向压缩初始损伤准则。

单向纤维增强复合材料在压缩载荷作用下的破坏机制有 3 种类型:纵向(L)纤维基体剪切破坏、纤维束纵向屈曲破坏和纤维束横向基体破坏。

1)考虑纤维束纵向剪切非线性的纤维束基体压缩剪切破坏 Hashin 准则。

$$f_{L-} = \left(\frac{\sigma_L}{X_c}\right)^2 + \frac{\tau_{LT}^2/(2G_{LT}) + (3/4)A\tau_{LT}^4}{S_L/(2G_{LT}) + (3/4)AS_L^4} +$$

$$\frac{\tau_{LZ}^2/(2G_{LZ}) + (3/4)A\tau_{LZ}^4}{S_L/(2G_{LZ}) + (3/4)AS_L^4} = 1 \quad (\sigma_L < 0) \tag{8.21}$$

式中:$\sigma_L, \tau_{LT}, \tau_{LZ}$——纤维束的纵向应力和纵向剪切应力;

X_c, S_L——纤维束纵向压缩强度和纵向剪切强度。

2)纤维束屈曲破坏。

Argon 提出了纤维屈曲破坏准则,假设由于纤维初始未对齐角引起纤维之间产生剪切应力,最终导致 纤维屈曲破坏,纤维屈曲破坏的形式为

$$f_K = \left(\frac{\tau_L}{X_{Lc} \cdot \varphi_i}\right)^2 \quad (\sigma_L < 0) \tag{8.22}$$

式中:X_{Lc}——单向纤维增强复合材料纵向压缩破坏应力;

τ_L——单向纤维增强复合材料纵向剪切应力;

φ_i——纤维初始未对齐角。

(3)纤维束横向压缩破坏的摩尔-库仑准则。

纤维束横向破坏根据破坏平面上法向力的方向把破坏准则分为两种形式:

$$f_T = \begin{cases} \left(\dfrac{\tau_L}{S_L - \mu_L\sigma_N}\right)^2 + \left(\dfrac{\tau_T}{S_T - \mu_T\sigma_N}\right)^2 = 1 & (\sigma_N \leqslant 0) \\ \left(\dfrac{\sigma_N}{Y_T}\right)^2 + \left(\dfrac{\tau_L}{S_L - \mu_L\sigma_N}\right)^2 + \left(\dfrac{\tau_T}{S_T - \mu_T\sigma_N}\right)^2 = 1 & (\sigma_N > 0) \end{cases} \tag{8.23}$$

式中：σ_N，τ_L，τ_T——纤维束横向断裂平面上的一个法向力和两个切向力，如图 8.4 所示；

$\quad\quad$ Y_L，S_T——纤维束横向拉伸强度和剪切强度；

$\quad\quad$ μ_L，μ_T——断裂平面上的纵向和横向摩擦因数。

为了得到纤维束横向破坏准则中的一些未知参数，假设纤维束横向和纵向摩擦因数以及剪切强度都不随断裂平面角的改变而改变，从而横向摩擦因数可以与在纯压缩状态下横向断裂角建立联系：

$$\tan(2\theta_0) = -\frac{1}{\mu_T} \tag{8.24}$$

式中：θ_0——断裂平面的断裂角，单向纤维增强复合材料在纯压缩状态下的断裂平面角为 $50°\sim60°$。

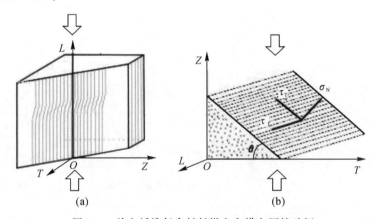

图 8.4　单向纤维复合材料纵向和横向压缩破坏

纤维束横向剪切强度 S_T 可以由 θ_0 和 Y_T 表示：

$$S_T = Y_T\cos\theta_0\left(\sin\theta_0 + \frac{\cos\theta_0}{\tan2\theta_0}\right) \tag{8.25}$$

纤维束纵向剪切强度 S_L 可由横向剪切强度 S_T，横向摩擦因数 μ_T 和纵向摩擦因数 μ_L 表示

$$\frac{\mu_L}{S_L} = \frac{\mu_T}{S_T} \tag{8.26}$$

8.2.8　断裂平面

纤维束在复杂载荷作用下是否发生横向断裂直接与局部应力相关，而局部应力直接与断裂平面角相关。纤维束横向破坏准则是一个关于平面角 θ_0 的函数，当在某一个角度 θ_0 下满足了横向破坏准则，则该角度为断裂平面角。应力张量在不同的局部坐标系下其应力分量不同，所以要求解不同局部坐标系下式的最大值，同时假设摩擦因数和强度不随断裂平面角度而变化：

$$f_T(\theta) = \begin{cases} \left(\dfrac{\tau_L(\theta)}{S_L - \mu_L\sigma_N(\theta)}\right) + \left(\dfrac{\tau_T(\theta)}{S_T - \mu_T\sigma_N(\theta)}\right) = 1 & [\sigma_N(\theta) \leqslant 0] \\[3mm] \left(\dfrac{\sigma_N(\theta)}{Y_T}\right)^2 + \left(\dfrac{\tau_L(\theta)}{S_L - \mu_L\sigma_N(\theta)}\right)^2 + \left(\dfrac{\tau_T(\theta)}{S_T - \mu_T\sigma_N(\theta)}\right)^2 = 1 & [\sigma_N(\theta) > 0] \end{cases} \tag{8.27}$$

利用数值方法求解 $f_T(\theta)$ 的极值,首先利用黄金分割快速搜索函数 $f_T(\theta)$ 在 $[-90,90]$ 间的含最大值的区间,通过多次搜索逐步缩小搜索区间。因为每次都要通过两个点确定下一个点的位置,这 3 个点的距离满足黄金分割,所以称为黄金分割法(见图 8.5)。已知点 $\theta_1,\theta_2,\theta_3$ 由下式确定:

$$\frac{\theta_2-\theta_3}{\theta_3-\theta_1}=\frac{1+\sqrt{5}}{2} \tag{8.28}$$

同时下一个点 θ_4 的位置由下式确定:

$$\frac{\theta_2-\theta_4}{\theta_4-\theta_3}=\frac{1+\sqrt{5}}{2} \tag{8.29}$$

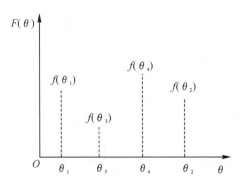

图 8.5　黄金分割搜索算法示意图

以上确定的两个点 θ_3 和 θ_4 如图 8.5 所示,该两点在原区间 $[\theta_1,\theta_2]$ 内是对称的。如果 $f_T(\theta_3)>f_T(\theta_4)$,则下一个搜索区间为 $[\theta_1,\theta_4]$;反之,则下一个搜索区间为 $[\theta_3,\theta_2]$。通过多次搜索,当搜索区间小于一定容差时,停止搜索得到最优值。

Wiegand 等进一步扩展了黄金分割法,当进行几步搜索后利用二次插值的方法构造函数确定最大值,从而减少了搜索时间并提高了计算效率。在黄金分割搜索几步后,区间边界和其中区间内的一个黄金分割点为 θ_1,θ_2 和 θ_3,及其对应的函数值 $f_T(\theta_1),f_T(\theta_2)$ 和 $f_T(\theta_3)$,通过二次插值构造函数:

$$F(\theta)=f(\theta_1)\frac{(\theta-\theta_2)(\theta-\theta_3)}{(\theta_1-\theta_2)(\theta_1-\theta_3)}+f(\theta_2)\frac{(\theta-\theta_1)(\theta-\theta_3)}{(\theta_2-\theta_1)(\theta_2-\theta_3)}+$$
$$f(\theta_3)\frac{(\theta-\theta_1)(\theta-\theta_2)}{(\theta_3-\theta_1)(\theta_3-\theta_2)} \tag{8.30}$$

然后对 $F(\theta)$ 求最大值,得到

$$\theta_0=\theta_2-\frac{(\theta_2-\theta_1)^2[f(\theta_2)-f(\theta_1)]-(\theta_2-\theta_3)^2[f(\theta_2)-f(\theta_1)]}{2\{(\theta_2-\theta_1)[f(\theta_2)-f(\theta_1)]-(\theta_2-\theta_3)^2[f(\theta_2)-f(\theta_1)]\}} \tag{8.31}$$

8.3　基体初始损伤准则

目前,通常假设复合材料中的基体为各向同性材料,考虑其拉伸破坏和压缩破坏,主要采用的损伤准则有最大应力准则和等效应力准则。

8.3.1 最大应力准则

基体拉伸破坏

$$\phi_{M,t} = \frac{|\sigma_1^t|}{F_m^t} \geq 1 \tag{8.32}$$

基体压缩破坏

$$\phi_{M,c} = \frac{|\sigma_1^c|}{F_m^c} \geq 1 \tag{8.33}$$

式中：σ_1^t——基体拉伸应力；

F_m^t——基体拉伸强度；

σ_1^c——基体压缩应力；

F_m^c——基体压缩强度。

8.3.2 等效应力准则

当基体应力满足如下方程时基体发生初始损伤：

$$\left. \begin{aligned} \phi_{m,t} &= \frac{\sigma_m}{F_m^t} \geq 1 \quad (I_1 \geq 0) \\ \phi_{m,c} &= \frac{\sigma_m}{F_m^c} \geq 1 \quad (I_1 < 0) \end{aligned} \right\} \tag{8.34}$$

式中： F_m^t——基体的单轴拉伸强度；

F_m^c——基体的单轴压缩强度；

I_1——基体应力的第一不变量，表达式为 $I_1 = \sigma_1 + \sigma_2 + \sigma_3$；

$\sigma_i (i=1,2,3)$——基体主应力。

$$\sigma_m = \frac{1}{\sqrt{2}} \sqrt{(\sigma_{11}-\sigma_{22})^2 + (\sigma_{22}-\sigma_{33})^2 + (\sigma_{11}-\sigma_{33})^2 + 6(\tau_{12}^2 + \tau_{13}^2 + \tau_{23}^2)} \tag{8.35}$$

式中： ϕ_m——基体初始损伤方程值；

$\sigma_{ij}(i,j=1,2,3)$——基体材料的正应力分量；

$\tau_{ij}(i,j=1,2,3)$——基体材料的剪应力分量。

8.3.3 抛物面失效准则

基体可以看作是各向同性材料，具有拉压异性的特点，而传统的 Tresca 准则、Von Mises 准则无法体现材料的拉压异性，抛物面屈服准则考虑了拉压异性，且该屈服面在主应力空间下为完全连续光滑曲面。其应力危险系数的表达式为

$$\phi_m^{t,c} = \pm \frac{2(\sigma_{m,1}-\sigma_{m,2})^2 + (\sigma_{m,2}-\sigma_{m,3})^2(\sigma_{m,3}-\sigma_{m,1})^2 + (\sigma_{m,1}+\sigma_{m,2}+\sigma_{m,3})(F_m^c - F_m^t)}{F_m^t F_m^c}$$

$$\tag{8.36}$$

式中：当 $I_1 = \sigma_{m,1} + \sigma_{m,2} + \sigma_{m,3} > 0$ 时为拉伸，$I_1 < 0$ 时为压缩。

$\sigma_{m,1}, \sigma_{m,2}, \sigma_{m,3}$——基体主应力。

8.4 损伤演化模型

根据纤维束和基体的初始损伤准则，一旦组分材料内部应力符合损伤准则方程，则意味着组分材料某处发生损伤，该处材料的承载能力降低。目前，在复合材料的损伤模拟中，主要采取衰减材料的弹性模量或者刚度性能来模拟损伤，模量或刚度衰减的方法可以分为两大类：一类是采用固定的折减因子对组分材料的刚度进行衰减，即折减因子不随损伤过程变化；另一类是采用变化的折减因子，刚度折减因子是随损伤程度变化的函数。

8.4.1 固定刚度折减因子法

在单元积分点处的应力状态满足前述损伤起始准则的前提下，对积分点处的材料弹性参数进行直接折减，从而达到模拟材料性能退化、损伤发展的目的。Tan 等对受到面内拉伸和压缩载荷作用下的中间开孔层合板复合材料进行了损伤破坏分析，模型中利用了 3 个折减因子对损伤单元的弹性模量进行折减，而损伤单元的泊松比保持不变。Chang 等考虑了层合板的 3 种破坏模式——基体破坏、纤维破坏、纤维/基体剪切破坏，通过引入 3 个折减因子，分别对损伤单元的弹性模量、泊松比和剪切模量进行折减，Blackketter 刚度折减因子见表 8.1。Blackketter 等在采用刚度突降方法开展编织复合材料力学性能仿真方面作出了杰出的成绩，针对三维编织复合材料提出了一种损伤扩展模型，把高斯积分点的应力代入破坏准则中，判断单元积分点是否损伤，当积分点出现损伤时，则对单元的局部刚度进行折减，所以，单元中同时存在完好和损伤的积分点。Camanho 等利用相同的方法，模拟了拉伸和剪切载荷作用下纤维增强复合材料的累积损伤行为，主要考虑了 4 种破坏模式，并且每种破坏模式在拉伸和压缩时的折减因子不同。Zakoa 等利用 Murakami-Ohno 几何损伤理论，考虑 3 个主轴方向的损伤，纤维束初始损伤准则采用 Hoffman 准则，损伤模式则根据各个应力分量和相应强度的比值大小进行确定，见表 8.2。

表 8.1 Blackketter 刚度折减因子

失效模式	力学性能退化系数					
	E_{11}	E_{22}	E_{33}	G_{23}	G_{13}	G_{12}
纤维拉伸 σ_{11}	0.01	0.01	0.01	0.01	0.01	0.01
横向拉伸 σ_{22}	1.0	0.01	1.0	1.0	0.2	0.2
横向拉伸 σ_{33}	1.0	1.0	0.01	1.0	0.2	0.2
横向剪切 τ_{23}	1.0	0.01	0.01	0.01	0.01	1.0
纤维向剪切 τ_{13}	1.0	1.0	0.01	1.0	0.01	1.0
纤维向剪切 τ_{12}	1.0	0.01	1.0	1.0	1.0	0.01

表 8.2　纤维束各向异性损伤模式

	L	T&LT	Z&ZT	TZ
损伤模式				
最大应力 /强度	$\dfrac{\sigma_1^2}{XX'}$	$\dfrac{\sigma_2^2}{YY'}\left(\dfrac{\tau_{12}}{S}\right)^2$	$\dfrac{\sigma_3^2}{ZZ'}\left(\dfrac{\tau_{13}}{S}\right)^2$	$\left(\dfrac{\tau_{23}}{S'}\right)^2$
损伤张量 $\begin{bmatrix} D_L & 0 & 0 \\ 0 & D_T & 0 \\ 0 & 0 & D_Z \end{bmatrix}$	$\begin{bmatrix} 1 & 0 & 0 \\ 0 & 0 & 0 \\ 0 & 0 & 0 \end{bmatrix}$	$\begin{bmatrix} 0 & 0 & 0 \\ 0 & 1 & 0 \\ 0 & 0 & 0 \end{bmatrix}$	$\begin{bmatrix} 0 & 0 & 0 \\ 0 & 0 & 0 \\ 0 & 0 & 1 \end{bmatrix}$	$\begin{bmatrix} 0 & 0 & 0 \\ 0 & 1 & 0 \\ 0 & 0 & 1 \end{bmatrix}$

刚度折减方法是一种操作简单的方法,但采用该方法获得的仿真结果往往依赖于退化参数的选择是否正确,当前对退化参数取值的理论支持尚待发展。此外,材料参数的突降也会使得仿真的收敛性受到一定程度的影响。

8.4.1　指数型损伤演化模型

刚度折减因子操作简单、容易实现,但是难以解释损伤演化的过程。渐进损伤方法的出现解决了刚度突降方法中材料退化参数难以确定的问题。渐进损伤方法以连续介质损伤力学为基础。在热力学定律的基础上,建立了材料刚度退化参数与材料失效时材料能量释放率之间的关系。此时,材料的本构方程即为一条连续的应力-应变曲线。根据曲线下降段的不同,常用的损伤退化规律又可以分为线性退化和指数型退化。Camanho 等、Maimi 等提出了一个指数型的损伤演化模型以模拟复合材料层合板在平面应力作用下分层损伤的演化过程,其表达式如下:

$$d_I = 1 - \frac{1}{f(r_i)}\exp\{A_i[1-f(r_i)]\}$$

有研究者对于纤维束采用指数型损伤演化方程,模拟了三维编织复合材料的渐进失效过程。

将纤维束看作正交各向异性复合材料,当纤维束产生初始损伤时,采用以下 3 个损伤演化方程计算纤维束的损伤变量:

$$d_L = 1 - \frac{\varepsilon_{11}^{f,t}}{f_L}\exp\left[-C_{11}\varepsilon_{11}^{f,t}(f_L - \varepsilon_{11}^{f,t})L_c/G_f\right] \tag{8.37}$$

$$d_T = 1 - \frac{\varepsilon_{22}^{f,t}}{f_T}\exp\left[-C_{22}\varepsilon_{22}^{f,t}(f_T - \varepsilon_{22}^{f,t})L_c/G_m\right] \tag{8.38}$$

$$d_Z = 1 - \frac{\varepsilon_{33}^{f,t}}{f_Z}\exp\left[-C_{33}\varepsilon_{33}^{f,t}(f_Z - \varepsilon_{33}^{f,t})L_c/G_m\right) \tag{8.39}$$

式中：d_L，d_T，d_Z——纤维束纵向（L）、横向（T，Z）的损伤变量；

        L_c——有限单元特征长度；

      G_f，G_m——纤维和基体的断裂能密度。

  $\varepsilon_{11}^{f,t}$，$\varepsilon_{22}^{f,t}$，$\varepsilon_{33}^{f,t}$——纤维束三个方向主应变；

      f_L，f_T，f_Z——纤维束三个方向损伤准则方程值；

C_{11}，C_{22}，C_{33}——纤维束三个方向的刚度。

对于基体失效，对于基体拉伸失效和压缩失效两种模式，则损伤变量可以根据以下方程进行计算：

$$d_m^t = 1 - \frac{\varepsilon_{m,t}}{f_m^t} \exp\left[-C_{11}\varepsilon_{m,t}(f_m^t - \varepsilon_{m,t})L_c/G_m\right] \tag{8.40}$$

$$d_m^c = 1 - \frac{\varepsilon_{m,c}}{f_m^c} \exp\left[-C_{11}\varepsilon_{m,c}(f_m^c - \varepsilon_{m,c})L_c/G_m\right] \tag{8.41}$$

式中：d_m^t，d_m^c——基体拉伸和压缩损伤变量；

  $\varepsilon_{m,t}$，$\varepsilon_{m,c}$——基体拉伸和压缩等效应变，$\varepsilon_{m,t} = \sigma_m^t/C_{11}$，$\varepsilon_{m,c} = \sigma_m^c/C_{11}$；

      C_{11}——基体材料的拉伸刚度；

    f_m^t，f_m^c——基体拉伸和压缩初始损伤准则方程值；

      L_c——单元特征长度；

      G_m——基体断裂能密度。

8.4.2 基于等价位移的损伤演化模型

在利用有限元进行材料的损伤演化模拟时，所释放的能量与单元的尺寸相关，数值结果常常依赖于有限元网格的疏密程度。为了减少局部损伤的网格依赖，有必要建立有限元网格与组分材料断裂能的联系。Bazant 提出利用裂纹带模型处理平面问题，他们在损伤变量中引入单元特征长度的概念，假设一种细观组分材料的破坏模式的断裂能量密度为常数，则破坏应变就会随着有限元网格的尺度变化，从而减轻局部损伤带来的网格依赖性。Lapczyk 和 Hurtado 提出了基于等效位移的双线性损伤演化方程，等效位移直接与单元局部应变、单元特征长度以及与断裂能相关。Fang 等基于 Lapczyk 的等价位移概念建立了与单元局部应变、单元特征长度以及与断裂能相关的损伤演化模型，模拟了三维四向编织复合材料的单轴拉伸累积损伤和失效过程。Zhang 等、ZHENG 等采用基于等价位移、单元特征尺度和断裂能的损伤演化方程模拟了三维编织复合材料单轴拉伸渐进损伤演化过程。

基于等价位移的模型中，假设有限单元的特征长度是单元体积的三次方根，破坏平面的面积是单元特征长度的二次方。当组分材料局部破坏时，单元的能量释放与单元的弹性应变能相等，即

$$\frac{1}{2}\varepsilon_{I,f}\sigma_{I,f}l^3 = G_I l^2 \tag{8.42}$$

式中：　　　l——有限单元的特征长度；

G_{I}、$\varepsilon_{\mathrm{I,f}}$ 和 $\sigma_{\mathrm{I,f}}$——Ⅰ型破坏模式的断裂能量密度、等价峰值应变和应力。

定义组分材料破坏点的等价位移为

$$X_{\mathrm{eq}}^{\mathrm{f}} = \varepsilon_{\mathrm{I,f}} l \tag{8.43}$$

因此,初始损伤的等价位移可以得到与式(8.43)一样的形式,对于 Hashin 准则定义的纤维束破坏模式的等价位移的表达式见表 8.3。组分材料每种破坏模式的损伤演化方程都可以表示为

$$d_{\mathrm{I}} = -\frac{X_{\mathrm{eq}}^{\mathrm{Ii}}(X_{\mathrm{eq}}^{\mathrm{If}} - X_{\mathrm{eq}}^{\mathrm{I}})}{X_{\mathrm{eq}}^{\mathrm{I}}(X_{\mathrm{eq}}^{\mathrm{If}} - X_{\mathrm{eq}}^{\mathrm{Ii}})} \tag{8.44}$$

式中：$X_{\mathrm{eq}}^{\mathrm{Ii}}$、$X_{\mathrm{eq}}^{\mathrm{If}}$——破坏模式Ⅰ的初始损伤等价位移和全损伤等价位移。

$X_{\mathrm{eq}}^{\mathrm{Ii}}$ 和 $X_{\mathrm{eq}}^{\mathrm{If}}$ 可由下式得到：

$$X_{\mathrm{eq}}^{\mathrm{Ii}} = X_{\mathrm{eq}}^{\mathrm{I}} / \sqrt{\varphi_{\mathrm{I}}} \tag{8.45}$$

$$X_{\mathrm{eq}}^{\mathrm{If}} = 2G_{\mathrm{I}} / \sigma_{\mathrm{eq}}^{\mathrm{Ii}} \tag{8.46}$$

式中：　　　φ_{I}——初始损伤准则的数值；

G_{I} 和 $\sigma_{\mathrm{eq}}^{\mathrm{Ii}}$——组分材料破坏模式Ⅰ的断裂能量密度和初始破坏时等价应力,可以由下式得到：

$$\sigma_{\mathrm{eq}}^{\mathrm{Ii}} = \sigma_{\mathrm{eq}}^{\mathrm{I}} / \sqrt{\varphi_{\mathrm{I}}} \tag{8.47}$$

其中,$\sigma_{\mathrm{eq}}^{\mathrm{Ii}}$——等价应力,见表 8.3。

可以发现,损伤演化方程与编织材料的单元特征长度、局部应变以及断裂能相关。

表 8.3　不同破坏模式对应的等价位移和等价应力

纤维束破坏模式Ⅰ	等价位移	等价应力
$\mathrm{L}, \sigma_{11} \geqslant 0$	$X_{\mathrm{eq}}^{\mathrm{Lt}} = l \sqrt{(<\varepsilon_{11}>^2 + \alpha\varepsilon_{12}^2 + \alpha\varepsilon_{31}^2)}$	$l(<\sigma_{11}><\varepsilon_{11}> + \alpha\sigma_{12}\varepsilon_{12} + \alpha\sigma_{13}\varepsilon_{13}) / X_{\mathrm{eq}}^{\mathrm{Lt}}$
$\mathrm{L}, \sigma_{11} \leqslant 0$	$X_{\mathrm{eq}}^{\mathrm{Lc}} = l <-\varepsilon_{11}>$	$l<-\sigma_{11}><-\varepsilon_{11}> / X_{\mathrm{eq}}^{\mathrm{Lc}}$
$\mathrm{T}, \sigma_{22} \geqslant 0$	$X_{\mathrm{eq}}^{\mathrm{Tt}} = l \sqrt{(<\varepsilon_{22}>^2 + \alpha\varepsilon_{12}^2 + \alpha\varepsilon_{23}^2)}$	$l(<\sigma_{22}><\varepsilon_{22}> + \alpha\sigma_{12}\varepsilon_{12} + \alpha\sigma_{23}\varepsilon_{23}) / X_{\mathrm{eq}}^{\mathrm{Tt}}$
$\mathrm{T}, \sigma_{22} \geqslant 0$	$X_{\mathrm{eq}}^{\mathrm{Tc}} = l <-\varepsilon_{22}>$	$l<-\sigma_{22}><-\varepsilon_{22}> / X_{\mathrm{eq}}^{\mathrm{Tc}}$
$\mathrm{Z}, \sigma_{33} \geqslant 0$	$X_{\mathrm{eq}}^{\mathrm{Zt}} = l \sqrt{(<\varepsilon_{33}>^2 + \alpha\varepsilon_{23}^2 + \alpha\varepsilon_{31}^2)}$	$l(<\sigma_{33}><\varepsilon_{33}> + \alpha\sigma_{23}\varepsilon_{23} + \alpha\sigma_{31}\varepsilon_{31}) / X_{\mathrm{eq}}^{\mathrm{Zt}}$
$\mathrm{Z}, \sigma_{33} \leqslant 0$	$X_{\mathrm{eq}}^{\mathrm{Zc}} = l <-\varepsilon_{33}>$	$l<-\sigma_{33}><-\varepsilon_{33}> / X_{\mathrm{eq}}^{\mathrm{Zc}}$
基体	$X_{\mathrm{eq}}^{\mathrm{mt(c)}} = l \|\varepsilon_{1(3)}\|$	$l \|\varepsilon_{1(3)}\| \|\sigma_{1(3)}\| / X_{\mathrm{eq}}^{\mathrm{mt(c)}}$

注：$<x> = (x + |x|) / 2$；上标 t 代表拉伸；下标 c 代表压缩。

8.5　Murakami-Ohno 损伤模型

纤维束和基体的损伤模型都采用 Murakami-Ohno 模型,在损伤模型中,3 个主轴 L、T、Z 方向的损伤变量表示其损伤状态,给定坐标系 L-T-Z(L 沿纤维方向,T、Z 为垂直纤维方

向）。设损伤主向和材料主轴方向重合，损伤张量可以写成：

$$\boldsymbol{D} = \sum D_i n_i \otimes \boldsymbol{n}_i \quad [i = (\mathrm{L}, \mathrm{T}, \mathrm{Z})] \tag{8.48}$$

式中：D_i——损伤张量的 3 个主值；

$\quad \boldsymbol{n}_i$——损伤张量的主方向矢量。

由于有效面积的减小，作用于物体上的有效应力 $\boldsymbol{\sigma}^*$ 和名义应力 $\boldsymbol{\sigma}$ 及损伤张量 $\boldsymbol{D}$ 存在如下关系：

$$\boldsymbol{\sigma}^* = \left[(\boldsymbol{I} - \boldsymbol{D})^{-1} \boldsymbol{\sigma} + \boldsymbol{\sigma} (\boldsymbol{I} - \boldsymbol{D})^{-1} \right] / 2 \tag{8.49}$$

式中：$\boldsymbol{I}$——二阶单位张量；

$\quad \boldsymbol{\sigma}^*$——有效应力张量，是对称张量；

$\quad \boldsymbol{\sigma}$——未损伤的应力张量。

采用 cordebos-Sidoroff 能量假设把损伤变量引入刚度矩阵中，使刚度随着损伤的发展而逐渐衰减，即

$$\boldsymbol{C}(\boldsymbol{D}) = \boldsymbol{M}^{-1}(\boldsymbol{D}) : \boldsymbol{C} : \boldsymbol{M}^{\mathrm{T}, -1}(\boldsymbol{D}) \tag{8.50}$$

式中：$\boldsymbol{C}$——材料未损伤时的刚度矩阵；

$\quad \boldsymbol{C}(\boldsymbol{D})$——材料含损伤时的刚度矩阵。

将损伤张量 $\boldsymbol{D}$ 引入式（8.50），可以得到损伤刚度，这个含损伤的刚度矩阵 $\boldsymbol{C}(\boldsymbol{D})$ 可以由未含损伤的刚度矩阵 $\boldsymbol{C}$ 以及损伤变量 D_i 表示，具体表达式为

$$\boldsymbol{C}_{\mathrm{d}} = \begin{bmatrix} b_{\mathrm{L}}^2 C_{11} & b_{\mathrm{L}} b_{\mathrm{T}} C_{12} & b_{\mathrm{L}} b_{\mathrm{Z}} C_{13} & 0 & 0 & 0 \\ & b_{\mathrm{T}}^2 C_{22} & b_{\mathrm{T}} b_{\mathrm{Z}} C_{22} & 0 & 0 & 0 \\ & & b_{\mathrm{Z}}^2 C_{33} & 0 & 0 & 0 \\ & \mathrm{sym} & & b_{\mathrm{LT}} C_{44} & 0 & 0 \\ & & & & b_{\mathrm{ZL}} C_{55} & 0 \\ & & & & & b_{\mathrm{TZ}} C_{66} \end{bmatrix} \tag{8.51}$$

式中：

$b_{\mathrm{L}} = 1 - D_{\mathrm{L}}, b_{\mathrm{T}} = 1 - D_{\mathrm{T}}, b_{\mathrm{Z}} = 1 - D_{\mathrm{Z}}$

$b_{\mathrm{LT}} = \left[2(1 - D_{\mathrm{L}})(1 - D_{\mathrm{T}}) / (2 - D_{\mathrm{L}} - D_{\mathrm{T}}) \right]^2$

$b_{\mathrm{TZ}} = \left[2(1 - D_{\mathrm{T}})(1 - D_{\mathrm{Z}}) / (2 - D_{\mathrm{T}} - D_{\mathrm{Z}}) \right]^2$

$b_{\mathrm{ZL}} = \left[2(1 - D_{\mathrm{Z}})(1 - D_{\mathrm{L}}) / (2 - D_{\mathrm{Z}} - D_{\mathrm{L}}) \right]^2$

$C_{ij}(i, j = 1, 2, 3)$ 为纤维束和基体未损伤的刚度矩阵。

纤维束不同损伤模式下的损伤变量主值按下式取值：

$$\left. \begin{array}{l} D_{\mathrm{L}} = \max(d_{\mathrm{Lt}}, d_{\mathrm{Lc}}) \\ D_{\mathrm{T}} = \max(d_{\mathrm{Tt}}, d_{\mathrm{Tc}}) \\ D_{\mathrm{Z}} = \max(d_{\mathrm{Zt}}, d_{\mathrm{Zc}}) \end{array} \right\} \tag{8.52}$$

式中：$d_{\mathrm{Lt}}, d_{\mathrm{Lc}}$——纤维束纵向拉伸、压缩损伤变量；

$\quad d_{\mathrm{Tt}}, d_{\mathrm{Tc}}$——纤维束横向拉伸、压缩损伤变量；

d_{Zt}，d_{Zc}——纤维束横拉伸压缩损伤变量。

假设基体为各向同性损伤，损伤变量的形式为

$$D_L = D_T = D_Z = \max(d_{Mt}, d_{Mc}) \tag{8.53}$$

式中：d_{Mt}，d_{Mc}——基体拉伸压缩损伤变量。

在上面的公式中，d_I（I＝Lt，Lc，Tt，Tc，Zt，Zc，Mt，Mc）由定义的损伤演化方程得到。

假设损伤后的刚度矩阵为 $\boldsymbol{C}_d$，那么应力按下式更新：

$$\boldsymbol{\sigma} = \boldsymbol{C}_d : \boldsymbol{\varepsilon} \tag{8.54}$$

8.6　界面内聚力模型

8.6.1　内聚力模型

在传统断裂力学中，可采用虚拟裂纹闭合法得到断裂参数 G_1，然后与实验得到的临界应变能释放率 G_{1C} 相比较，选用能量判据来预测裂纹的扩展。这类型的裂纹扩展模型如图 8.6(a) 所示。

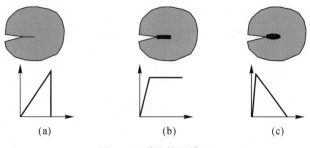

图 8.6　裂纹扩展模型

然而，从实验中可观察到许多工程材料，裂纹尖端存在明显的材料非线性的影响，这种影响类似于线性材料中存在一个较钝的裂纹尖端。因此，传统的断裂力学方法是无效的。为了有效地解决这类问题，引入断裂过程区的概念。断裂过程区模型是 Dugdale 和 Barrenblatt 提出的屈服带模型[也称为 B-D 模型，如图 8.6(b)所示]，用以描述延性金属的弹塑性断裂问题。后来其演化为内聚力模型（Cohesive Zone Model，CZM），裂纹扩展模型如图 8.6(c)所示，用于解决线弹性断裂力学中裂纹尖端应力无穷大的问题。Hillerborg 等将内聚力模型用于研究混凝土和岩石等准脆性材料的断裂问题。Needleman 提出了对内聚力区从初始脱黏到完全分离孔洞成核过程的统一理论框架，该模型的本构关系与材料和其界面无关，并把内聚力模型应用于有限元中。目前内聚力模型能够用于研究各种材料的断裂问题，比如金属、聚合物和陶瓷等材料。内聚力模型实质是表征原子和分子间作用的简化模型。假定裂纹尖端是由两裂纹界面组成的一个很小的内聚区，作用在界面上的内聚力和两裂纹面的相对位移之间的关系构成了此内聚区的本构关系，其核心思想是采用内聚力和相对位移间的关系来描述材料的非线性模型，通过选择适当的参数，来表征物质的韧性、强度等力学性质。图 8.7 给出了内聚力区的定义及内聚力区的尖端位移和内聚力表面受力的描述。这种方法是把裂纹尖端附近看作一个断裂过程区，而不是传统意义上的明确的裂纹尖

端。使用内聚力模型解释该断裂过程区,在裂纹前端引入退化机制(材料软化或弱化)形成内聚力损伤区。在内聚力区,内应力不是恒定不变的,而且通过合理的内聚力本构关系和裂纹界面位移联系起来。

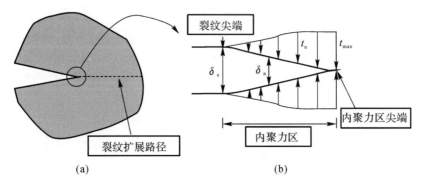

图 8.7　内聚力过程区描述

(a)内聚力区的定义;(b)内聚力区的尖端位移和力

内聚力模型预测裂纹扩展问题时需要两个参数(强度和韧性或能量):①裂纹尖端所获得的内聚力强度;②产生新的裂纹面释放的断裂能。用两个参数与内聚力本构来描述内聚力区内的裂纹扩展。针对不同的材料可以选择不同的内聚力本构,建立内聚力和两裂纹面的相对位移之间的关系。图 8.8 给出了研究中用到的内聚力本构。

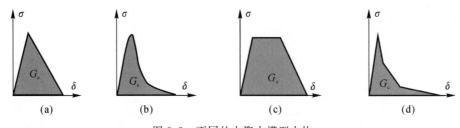

图 8.8　不同的内聚力模型本构

就内聚力本构的形状来说,当前国内外发展了诸多内聚力模型,如多项式内聚力模型、梯形内聚力模型、双线性内聚力模型、线性衰减内聚力模型、基于势能的统一的内聚力模型以及指数内聚力模型。其中,双线性内聚力模型、梯形内聚力模型和指数内聚力模型最为经典。

8.6.2　内聚力有限单元

随着计算机技术的发展,越来越多的学者通过把内聚力模型运用到有限元中,研究各种材料在不同环境下的裂纹扩展问题。尤其是在材料或者结构的裂纹路径已知的条件下,内聚力模型应用于有限元计算中被证实能有效地计算开裂过程。在开裂路径之间的连续单元中设置界面单元,界面单元的本构关系采用内聚力模型,由此即能在受载荷时准确地模拟、计算裂纹的开裂过程。

内聚力模型作为开裂界面单元应用于有限元计算时,其应用的单元在材料或结构中的形式主要有连续状态单元与离散状态单元。在连续状态的内聚力模型单元中,每个积分点上都采用内聚力模型本构关系的计算。离散内聚力模型单元则使用杆单元或者弹簧单元，而其内聚力法则表现为杆的内力与节点张开位移（或是杆的伸长）之间的关系。在裂纹开裂路径上的上、下两层节点之间设置一维的杆单元来模拟裂纹的萌生与扩展。图 8.9 所示为连续状态内聚力模型单元与离散状态内聚力模型单元。图 8.9(a)所示为连续内聚力模型单元，裂纹尖端的实体单元上下界面间设置了一层连续性的单元作为内聚力区，在界面开裂过程中，该单元上、下面之间的法向与切线位移，作为界面开裂的计算条件。图 8.9(b)中离散内聚力模型单元是一维的杆单元或者是弹簧单元，在计算中，杆单元或者弹簧单元的伸长量作为界面开裂的方向位移，而切向位移需通过计算开裂路径上前、后两个一维单元节点间的位移值。

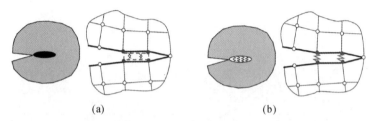

(a)　　　　　　　　　　　　(b)

图 8.9　连续状态内聚力模型单元与离散状态内聚力模型单元

在通用有限元软件中，部分内聚力模型已经包含在其中，例如在有限元 ABAQUS 中包含了双线性的内聚力模型。ABAQUS 软件中内聚力单元有平面单元（COH2D4）、轴对称单元（COHAX4）、三维单元（COH3D6、COH3D8，如图 8.10 所示）。

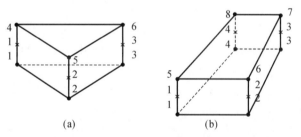

(a)　　　　　　　　　　　　(b)

图 8.10　ABAQUS 三维内聚力单元
(a)COH3D6 6 节点三维单元；(b)COH3D8 8 节点三维单元

在内聚力单元建模过程中，对于结构较为简单的材料（如单向纤维增强复合材料）而言，在纤维和基体之间做出一层厚度很小的六面体或五面体，用网格划分工具很容易实现，但是对于复杂的编织类材料来说，要在纤维和基体之间留出很小的空间，厚度相当于界面的厚度（微米级），并填充界面单元，是一件很困难的事情。而零厚度界面单元则可以解决这个问题。在做零厚度界面单元时，不需要建立界面实体模型，只需建立界面两侧部件并划分网格（见图 8.11），并保证两个部件在界面处的网格节点具有相同的坐标，然后利用程序寻找界面上坐标相同的节点，将这些节点按照逆时针排序构成几何零厚度界面单元。

在商业有限元软件 ABAQUS 中内聚力模型单元的力学性能由双线性 T-S（Traction-

Separation)本构描述,如图 8.12 所示。

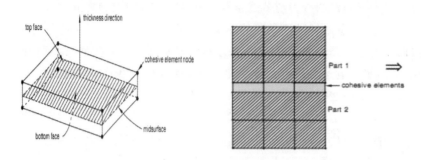

图 8.11　零厚度内聚力单元

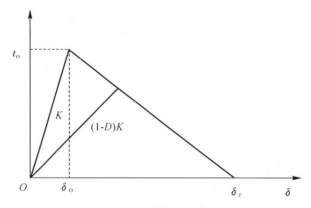

图 8.12　ABAQUS 中内聚力单元 T-S 本构

ABAQUS 中的 T-S 本构一般分为两个阶段——线弹性阶段和损伤阶段,界面的线弹性阶段的本构关系可以用下式来表达:

$$\left.\begin{aligned} t_n &= K_n \delta_n \\ t_s &= K_s \delta_s \\ t_t &= K_t \delta_t \end{aligned}\right\} \tag{8.55}$$

式中:t_n,t_s,t_t——界面上的法向应力分量和两个切向应力分量;

δ_n,δ_s,δ_t——界面上的法向位移分量和两个切向位移分量;

K_n,K_s,K_t——界面法向和切向刚度。

界面刚度与界面模量 E_{in}、界面厚度 h_{in} 有以下关系,即 $K_{n(s)} = E_{in}/h_{in}$。

当界面的应力达到界面材料的初始损伤准则后,界面的应力和位移关系不再保持线性变化,界面开始进入损伤阶段。当界面法向应力和切向应力中任意一个应力分量达到相应的最大许用应力值时,就会导致界面损伤。界面损伤通常是在法向应力和切向应力的耦合作用下产生的,考虑法向应力和切向应力耦合的界面二次应力准则:

$$\left\{\frac{<t_n>}{t_n^0}\right\}^2 + \left\{\frac{<t_s>}{t_s^0}\right\}^2 + \left\{\frac{<t_t>}{t_t^0}\right\}^2 = 1 \tag{8.56}$$

式中：$<x>=(x+|x|)/2$，表示压缩应力不会产生界面损伤；

　　　t_n^0,t_s^0,t_t^0——界面的法向强度和两个切向强度，且有 $t_s^0=t_t^0$。

　　当界面进入损伤阶段后，根据界面应力随位移的衰减规律，有线性和指数型损伤两种本构关系。对于线性本构关系，界面应力和位移的关系为

$$t_n=\begin{cases}(1-D)K_n\delta_n & (<t_n>\geqslant 0)\\ K_n\delta_n & (<t_n><\leqslant 0)\end{cases}$$
$$t_s=K_s(1-D)\delta_s \qquad\qquad\qquad\qquad (8.57)$$
$$t_t=K_t(1-D)\delta_t$$

式中：D——界面的损伤变量，D 的取值范围为 $[0,1]$。当 D 取值大于 0 时，界面开始损伤，
　　　当 D 为 1 时界面完全失效。

　　界面损伤变量 D 的损伤演化过程可通过下式描述：

$$D=1-\frac{\delta_m^f(\delta_m-\delta_m^0)}{\delta_m(\delta_m^f-\delta_m^0)} \qquad\qquad (8.58)$$

式中：δ_m^f——界面完全失效时的等效位移，$\delta_m^f=2G_c/T_{eq}$；

　　　G_c——界面材料的断裂能密度；

　　　T_{eq}——界面初始损伤时的等效应力；

　　　δ_m^0——界面损伤起始时的等效位移；

　　　δ_m——界面等效位移，$\delta_m=\sqrt{\delta_n^2+\delta_s^2+\delta_t^2}$。

　　图 8.13 是采用 ABAQUS 中内聚力单元 COH3D6、COH3D8 模拟的三维编织复合材料纤维束/基体界面的损伤云图。图中 SDEG 代表界面单元的损伤变量，取值范围为 0~1，0 表示未损伤，1 表示完全损伤。

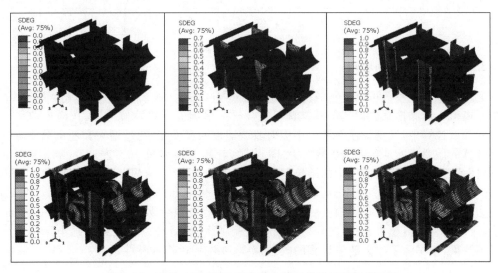

图 8.13　采用 ABAQUS 中内聚力单元模拟界面损伤过程

8.7 有限元模拟方法

8.7.1 Duvaut-Lions 黏性模型

在有限元数值模拟过程中,损伤变量的增加和材料的刚度降低,会使数值计算不容易收敛。为了改进数值求解计算的收敛性,有必要计算材料的切线刚度矩阵,根据应力应变关系可得:

$$\frac{\partial \boldsymbol{\sigma}}{\partial \boldsymbol{\varepsilon}} = \boldsymbol{C}_d + \left(\frac{\partial \boldsymbol{C}_d}{\partial D_L} : \boldsymbol{\varepsilon}\right)\left(\frac{\partial D_L}{\partial \boldsymbol{\varepsilon}}\right) + \left(\frac{\partial \boldsymbol{C}_d}{\partial D_T} : \boldsymbol{\varepsilon}\right)\left(\frac{\partial D_T}{\partial \boldsymbol{\varepsilon}}\right) + \left(\frac{\partial \boldsymbol{C}_d}{\partial D_Z} : \boldsymbol{\varepsilon}\right)\left(\frac{\partial D_Z}{\partial \boldsymbol{\varepsilon}}\right) \tag{8.59}$$

为了加速数值收敛,采用引入黏性系数的 Duvaut-Lions 模型,损伤变量通过损伤演化方程得出之后,采用下面的等式正则化方程进行处理:

$$D_I^V = (D_I - D_I^V)/\eta_I \quad (I = L, T, Z) \tag{8.60}$$

式中:η_I——破坏模式 I 的黏性系数;

D_I^V——规则化后破坏模式 I 的损伤变量;

D_I——破坏模式 I 的损伤变量。

式(8.60)在有限元中可以利用差分方法求解,设损伤变量为 D_I,当前增量步的值为 $D_I^{t+\Delta t}$ 前一增量步的值为 D_I^t 时,则式(8.60)可以表示为

$$D_L^V\big|_{t_0+\Delta t} = \frac{\Delta t}{\eta + \Delta t} D_L\big|_{t_0+\Delta t} + \frac{\eta}{\eta + \Delta t} D_L^V\big|_{t_0} \tag{8.61}$$

由此可以得出

$$\frac{\partial D_L^V}{\partial D_L} = \frac{\partial D_T^V}{\partial D_T} = \frac{\partial D_Z^V}{\partial D_Z} = \frac{\Delta t}{\eta + \Delta t} \tag{8.62}$$

因此,材料的切线刚度矩阵可以用写成

$$\frac{\partial \Delta \boldsymbol{\sigma}}{\partial \Delta \boldsymbol{\varepsilon}} = \boldsymbol{C}_d + \left[\left(\frac{\partial \boldsymbol{C}_d}{\partial D_T^V} : \boldsymbol{\varepsilon}\right)\left(\frac{\partial D_T}{\partial f_t}\frac{\partial f_t}{\partial \boldsymbol{\varepsilon}}\right) + \left(\frac{\partial \boldsymbol{C}_d}{\partial D_Z^V} : \boldsymbol{\varepsilon}\right)\left(\frac{\partial D_Z}{\partial f_z}\frac{\partial f_z}{\partial \boldsymbol{\varepsilon}}\right) + \left(\frac{\partial \boldsymbol{C}_d}{\partial D_L^V} : \boldsymbol{\varepsilon}\right)\left(\frac{\partial D_L}{\partial f_l}\frac{\partial f_l}{\partial \boldsymbol{\varepsilon}}\right)\right]\frac{\Delta t}{\eta + \Delta t}$$

$$\tag{8.63}$$

8.7.2 黏性系数的影响

通过引入黏性系数可以改善数值收敛性,但是对数值结果会产生一定影响。图 8.14 为有限元模拟不同黏性系数得到的三维编织复合材料单胞模型单轴拉伸应力-应变曲线。在有限元数值计算中,发现黏性系数取小值时收敛速度明显变慢,通过增大黏性系数能够有效提高计算的收敛速度,当黏性系数增大 10 倍时,计算时间缩短 10% 左右。从图中可以看出,黏性系数明显影响数值模拟的结果:随着黏性系数的增大,有限元预测的材料强度增大,当黏性系数在 0.05 和 0.001 之间时,预测结果相差不到 10%,当黏性系数小于 0.001 时,对应力-应变曲线几乎没有影响。因为在模型中加入了黏性系数,对损伤变量有一定的延迟效应,所以黏性系数越大,损伤向后延迟的程度就越大,也就是说黏性系数越小越接近真实的模拟效果,但是为了增大数值计算的收敛速度,要选择适当的黏性系数。

8.7.3 有限元模拟流程

利用商业有限元软件 ABAQUS 等的自定义用户材料子程序的二次开发,引入细观组

分材料的初始损伤准则和损伤演化模型,可实现对三维编织复合材料的细观损伤分析。增量法有限元积累损伤分析流程如图 8.15 所示。

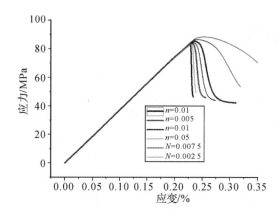

图 8.14　黏性系数对三维编织复合材料单胞应力应变预测曲线的影响

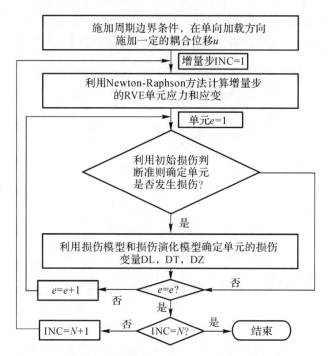

图 8.15　增量法有限元积累损伤分析流程

具体而言,采用代表性单胞(RVE)进行分析时,首先,对模型施加周期位移边界条件和耦合位移载荷;其次,通过 Newton-Raphson 增量法计算材料单胞内部组分相的应力;再次,通过初始损伤判断准则逐一对组分材料单元的积分点进行判断,对于达到损伤准则的单元积分点,利用损伤模型得到损伤变量;最后,更新单元切线本构张量,计算单元应力、应变增量矩阵,平衡迭代直至达到收敛标准,增加增量步,如此循环,完成对材料的失效分析。

8.8 数值算例

8.8.1 三维四向编织复合材料单轴拉伸损伤模拟

采用三维 Hashin 准则作为纤维束初始损伤准则,采用最大应力准则作为基体初始损伤准则,界面采用内聚力模型,利用基于等价位移的损伤演化模型模拟三维四向编织 C/C复合材料的损伤演化过程。图 8.16 给出了单轴拉伸下不同细观组分材料的损伤单元和失效单元的比例随宏观应变的变化曲线,其中不同组分材料损伤单元和失效单元比例是损伤单元数和失效单元数与相应组分材料的单元总数的比值。可以看出,随着宏观应变的增大,先出现界面的损伤,但对应力-应变曲线并无显著影响,且此后损伤单元的数目保持平稳,随后出现纤维束横向(T 向)损伤和基体损伤,损伤单元数目缓慢增加;当宏观应变达到 0.15% 时,应力-应变曲线出现明显的非线性,基体损伤单元的数目急剧增加,纤维束横向(T)失效的单元也开始逐渐增多,可见这是引起应力-应变曲线非线性的因素之一;当应力达到最大值时,出现了纤维束纵向损伤模式,且损伤单元数目急剧增加,应力-应变曲线开始下降。因而,在轴向拉伸下,材料的最终失效是轴向纤维束纵向拉伸剪切失效所致,这与实验所观察到的结果一致。

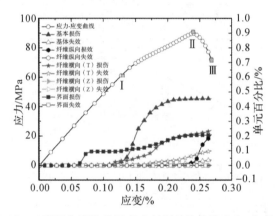

图 8.16 三维四向编织 C/C 复合材料单胞拉伸应力-应变曲线

图 8.17 为应力-应变曲线 I,II,III 点上细观组分材料的不同破坏模式所对应的损伤状态。由图可见,在应力到达极值点前(I 点),径向纤维束/基体界面首先出现损伤,与之相邻的基体与纤维出现局部损伤,而轴向纤维则无损伤;随着宏观应变的增大,当应力到达最大点时(II 点),纤维束/基体界面损伤穿过基体向纤维/基体界面扩展,纤维/基体界面也出现损伤;与之相邻的基体也出现损伤;当应力达到最大值时,纤维棒出现纵向拉伸初始损伤,损伤继续扩展直至应力-应变曲线下降,在 III 点处,轴向纤维棒/基体界面脱黏,与之相邻近的基体单元损伤面积扩大,轴向纤维棒纵向拉伸剪切损伤值增大。

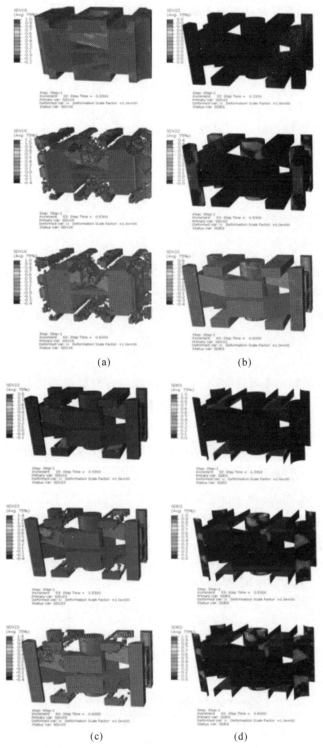

图 8.17　三维四向编织 C/C 复合材料拉伸损伤演化

(a)基本损伤；(b)纤维束纵向拉伸剪切损伤；(c)纤维束横向拉伸剪切损伤；(d)界面损伤

8.8.2 三维四向编织复合材料单轴压缩损伤模拟

（1）宏观应力-应变曲线。

利用单胞模型和细观损伤模型模拟三维四向编织复合材料单轴压缩损伤演化过程。纤维基体压缩剪切破坏采用 Hasin 准则，纤维束屈曲采用最大应力准则，纤维束横向破坏采用摩尔-库仑准则。图 8.18 为三维四向编织复合材料轴向压缩应力-应变曲线。由图可见，模拟曲线和实验曲线基本吻合，两条曲线初始段的差异反映了弹性模量的差异，当应力值达到最大值时，应力-应变曲线表现出一定的非线性和"伪塑性"，预测强度为129 MPa，和实验值 126 MPa 相差 4％，轴向压缩模量为 22 GPa，比实验值 21.1 GPa 略大。三维

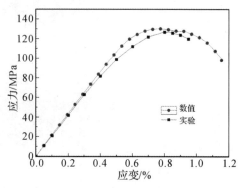

图 8.18　三维四向编织 C/C 复合材料轴向压缩应力-应变曲线

四向编织复合材料，轴向压缩强度较拉伸强度高，压缩模量较拉伸模量小，反映了材料拉、压性能的差异。

（2）损伤演化过程。

随着压缩位移载荷的逐渐增大，三维四向编织复合材料单胞逐渐出现不同的初始损伤和破坏模式。图 8.19 是损伤单元和破坏单元比例随轴向加载应变的变化历程。由图可见，随着轴向压缩应变的增加，首先出现纤维束横向损伤，且损伤单元的占比迅速增加至 60％，材料模量出现衰减，应力-应变曲线表现出明显的非线性；随着应变的增加，纤维棒纵向剪切损伤出现并快速增加，纤维束横向失效的单元数目增加，当应力达到极值点时，基体损伤才开始出现并缓慢增加，应力-应变曲线进入平缓段。值得注意的是，纤维棒屈曲损伤出现得最晚，在应力应变曲线的下降段。因此，控制轴向压缩强度的主要因素是纤维束横向强度、纤维棒纵向剪切强度。

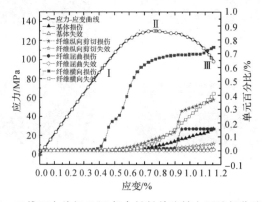

图 8.19　三维四向编织 C/C 复合材料单胞轴向压缩损伤演化曲线

参 考 文 献

[1] HATTA H, GOTO K, AOKI T. Strengths of C/C composites under tensile, shear, and compressive loading：role of interfacial shear strength [J]. Composites Science and Technology, 2005, 65(15):2550 - 2562.

[2] 唐国翌, 闫允杰, 陈锡花, 等. 多向编织碳纤维复合材料的断裂及微观形貌[J]. 清华大学学报(自然科学版), 1999, 39(10)：4 - 7.

[3] 高波, 唐敏, 杨月城, 等. 4D 轴编 C/C 复合材料力学性能实验研究[J]. 复合材料学报, 2011, 28(6)：245 - 251.

[4] 许承海, 宋乐颖, 孟松鹤. 多向编织 C/C 复合材料渐进损伤与失效的 SEM 动态原位分析[J]. 固体火箭技术, 2013(4):122 - 126.

[5] ISHIKAWA T, CHOU T W. Nonlinear behavior of woven hybrid composites[J]. Journal of Composite Materials. 1983(17):399 - 413.

[6] 燕瑛. 纺织结构复合材料强度性能的研究[J]. 北京航空航天大学学报, 1996, 22(6):707 - 711.

[7] 顾震隆, 高群跃, 张蔚波. 三向碳碳材料的非线性双模量力学模型和强度准则[J]. 复合材料学报, 1989, 6(2)：9 - 13.

[8] AUBARD X, CLUZEL C, GUITARD L, et al. Modelling of the mechanical behaviour of 4D carbon/carbon composite materials[J]. Composites Science & Technology, 1998, 58(5):701 - 708.

[9] 韩杰才, 赫晓东. 三维编织碳/碳复合材料高温力学性能的测试与预报[J]. 材料研究学报, 1995, 9(6)：557 - 562.

[10] TAN S, PEREZ J. Progressive failure of laminated composites with a hole under compressive loading [J]. Journal of Reinforced Plastics and Composites, 1993, 12(10):1043 - 1057.

[11] CHANG F, LESSARD L. Damage tolerance of laminated composites containing an open hole and subjected to compressive loadings：Part I analysis [J]. Journal of Composite Materials, 1991, 25:2 - 43.

[12] BLACKKETTE R D, WALRATH D, HANSEN A. Modeling damage in a plain weave fabric reinforced composite material [J]. Journal of Composites Technology and Research, 1993, 15(2):136 - 142.

[13] CAMANHO P, MATTHEWS F. A progressive damage model for mechanically fastened joints in composite laminates [J]. Journal of Composite Materials, 1999, 33(24):2248 - 2280.

[14] ZAKOA M, UETSUJIB Y, KURASHIKIA T. Finite element analysis of damaged woven fabric composite materials [J]. Composites Science and Technology, 2003, 63:507 - 516.

[15]　MIRAVETE A, BIELSA J, CHIMINELLI A. 3D mesomechanical analysis of three axial braided composite materials[J]. Composites Sciense and Technology, 2006(66):2954 - 2964.

[16]　庞宝君, 杜善义, 韩杰才, 等. 三维多向编织复合材料非线性本构行为的细观数值模拟[J]. 复合材料学报, 2000, 17(1):98 - 102.

[17]　ZENG T, WU L Z. A finite element model for failure analysis of 3D braided composites [J]. Material Science and Engineering, 2004: 36(1):144 - 151.

[18]　徐焜, 许希武. 三维编织复合材料渐进损伤的非线性数值分析[J]. 力学学报, 2007, 39(3):398 - 407.

[19]　张芳芳, 姜文光, 刘才, 等. 基于区域叠合技术的三维编织复合材料渐进损伤过程数值模拟[J]. 复合材料学报, 2018(6): 227 - 236.

[20]　张超, 许希武, 毛春见. 三维编织复合材料渐进损伤模拟及强度预测[J]. 复合材料学报, 2011, 28(2): 222 - 230.

[21]　ROSPARS C, DANTEC E L, LECUYER F. A micromechanical model for thermostructural composites [J]. Composites Science & Technology, 2000, 60(7): 1095 - 1102.

[22]　LADEVEZE P, LE D E. Damage modelling of the elementary ply for laminated composites [J]. Composites Science and Technology, 1992, 43(3):257 - 267.

[23]　SIRON O, PAILHES J, LAMON J. Modelling of the stress/strain behaviour of a carbon/carbon composite with a 2.5 dimensional fibre architecture under tensileand shear loads at room temperature[J]. Composites Science and Technology, 1999, 59 (1):1 - 12.

[24]　AUBARD X, CLUZEL C, GUITARD L, et al. Damage modeling at two scales for 4D carbon/carbon composites [J]. Computers and Structures, 2000, 20 (1): 83 - 91.

[25]　CAMANHO P P, DAVILA C G. Mixed-mode decohesion finite elements for the simulation of delamination in composite materials[J]. Journal of Composite Materials, 2003, 37(16):1415 - 1438.

[26]　MAIMI P, CAMANHO P, MAYUGO J, et al. A continuum damage model for com-posite laminates: part i constitutive model[J]. Mechanics of Materials, 2007, 39(10):897 - 908.

[27]　MAIMI P, CAMANHO P, MAYUGO J, et al. A continuum damage model for com-posite laminates: part Ⅱ computational implementation and validation [J]. Me-chanics of Materials, 2007, 39(10):909 - 919.

[28]　BAZANT Z P, OH B H. Crack band theory for fracture of concrete[J]. Materials and Structures ,1983, 16(3):155 - 177.

[29]　LAPCZYK I, HURTADO J A. Progressive damage modeling in fiber-reinforced materials[J]. Composites Part A: Applied Science and Manufacturing, 2007, 38

(11):2333 - 2341.

[30] FANG G D, LIANG J, WANG B L. Progressive damage and nonlinear analysis of 3D four directional braided composites under unidirectional tension[J]. Composite Structures, 2009, 89:126 - 133.

[31] ZHANG C, LI N, WANG W, et al. Progressive damage simulation of triaxially braided composite using a 3D meso-scale finite element model[J]. Composite Structures, 2015, 125(7): 104 - 116.

[32] 卢子兴,夏彪,王成禹. 三维六向编织复合材料渐进损伤模拟及强度预测[J]. 复合材料学报, 2013, 30(5):166 - 173.

[33] LINDE P, PLEITNER J, BOER H D,et al. Modelling and simulation of fibre metal laminates [C] // 2004 ABAQUS Users' Conference. Boston Massachusetts: ABAQUS Inc. , 2004:412 - 439.

[34] AI S G , FANG D N , HE R J, et al. Effect of manufacturing defects on mechanical properties and failure features of 3D orthogonal woven C/C composites[J]. Composites Part B: Engineering, 2015, 71:113 - 121.

[35] ZHENG T, GUO L, HUANG J, et al. A novel mesoscopic progressive damage model for 3D angle-interlock woven composites[J]. Composite Sicence and Technology, 2019, 185: 107894.

[36] HOU J P. Prediction of impact damage in composite plates[J]. Compos Sci Technol , 2000,60(2):273 - 81.

[37] HASHIN Z. Failure criteria for unidirectional fiber composites[J]. J Appl Mech 1980,47(2):329 - 34.

[38] GUO W, XUE P, YANG J. Nonlinear progressive damage model for composite laminates used for low-velocity impact[J]. Appl Math Mech, 2013,34:1145 - 54.

[39] LI X T, BINIENDA W K, GOLDBERG R K. Finite-element model for failure study of two-dimensional triaxially braided composite[J]. J Aerosp Eng,2010,24 (2):170 - 180.

[40] ZHANG C. Meso-scale failure modeling of single layer triaxial braidedcomposite using finite element method[J]. Compos Part A: Appl Sci Manuf,2014,58:36 - 46.

[41] ZHANG C, LI N, WANG W Z, et al. Progressive damage simulation of triaxially braided composite using a 3D meso-scale finite element model[J]. Composite Structures, 2015 (125):104 - 116

[42] LINDE P, PLEITNER J, BOER H D,et al. Modelling and simulation of fibre metal laminates [C] // 2004 ABAQUS Users' Conference. Boston Massachusetts: ABAQUS Inc. , 2004:412 - 439.

[43] WANG C Y LIU Z L, XIA B, et al. Evelopment of a new onstitutive model considering the shearing ffect for anisotropic progressive damage in fiber-reinforced omposites[J]. Composites Part B,2015 (75):288 - 297.

[44] PUCK A, SCHüRMANN H. Failure analysis of frp laminates by means of physically based phenomenological models[J]. Composites Science And Technology, 1998(58): 1045 – 1067.

[45] PUCK A, KOPP J, KNOPS M. Guidelines for the determination of the parameters in Puck's action plane strength criterion[J]. Composites Science and Technology, 2002(62): 371 – 378.

[46] DAVILA C G, CAMANHO P P, ROSE C A. Failure criteria for FRP laminates [J]. Journal of Composite Materials, 2005(39): 323 – 345.

[47] DAVILA C, JAUNKY N, GOSWAMI S. Failure criteria for frp laminates in plane stress[J]. Journal of Composite Materials, 2005, 39(5): 404 – 408.

[48] 吴义韬. 复合材料层合板强度的数值模拟理论研究与试验验证[D]. 南京:南京航空航天大学, 2014.

[49] DEUSCHLE H M, KROPLIN B H. Finite element implementation of Puck's failure theory for fibre-reinforced composites under three-dimensional stress[J]. Journal of Composite Materials, 2012(46): 2485 – 2513.

[50] 武玉芬,张博明,王晓宏,等.碳纤维单丝纵向压缩强度的实验研究[J].哈尔滨工程大学学报, 2011, 32(4):530 – 535.

[51] 魏坤龙,史宏斌,李江,等. 考虑孔隙缺陷三维编织 C/C 复合材料渐进损伤及强度预测[J]. 固体火箭技术, 2020, 43(4):447 – 457.

[52] HAHN H, TSAI S. Nonlinear elastic behavior of unidirectional composite laminate [J]. Journal of Composite Materials, 1973, 7:102 – 118.

[53] WAAS A, SCHULTHEISZ C. Compressive failure of composites, part II: experimental studies[J]. Progress in Aerospace Sciences, 1996, 32(1):43 – 78.

[54] SCHU·LTHEISZ C, WAAS A. Compressive failure of composites, part I: testing and micromechanical theories[J]. Progress in Aerospace Sciences, 1996, 32(1):1 – 42.

[55] COX B, DADKHAH M, MORRIS W, et al. Failure mechanism of 3d woven composites in tension, compression, and bending[J]. Acta Metallurgica et Materialia, 1994,42(12):3967 – 3984.

[56] KUO W, KO T. Compressive damage in 3-axis orthogonal fabric composites[J]. Composites Part A: Applied Science and Manufacturing, 2000, 31(10):1091 – 1105.

[57] KIM S, CHANG S. The relation between compressive strength of carbon/epoxy fabrics and micro-tow geometry with various bias angles[J]. Composite Structures, 2006, 75(1):400 – 407.

[58] QUEK S, WAAS A, SHAHWAN K, et al. Compressive response and failure of braided textile composites: part 1 experiments[J]. International Journal of Non-Linear Mechanics, 2004, 39(4):635 – 648.

[59] WIEGAND J, PETRINIC N,ELLIOTT B. An algorithm for determination of the

fracture angle for the three-dimensional puck matrix failure criterion for UD composites[J]. Composites Science and Technology, 2008, 68:2511 - 2517.

[60]　DUGDALE D S. Yielding of steel sheets containing slits [J]. Journal of the Mechanics and Physics of Solids, 1960, 8:100 - 108.

[61]　BARRENBLATT G I. The mathematical theory of equilibrium cracks in brittle fracture[J]. Advances in Applied Mechanics, 1962, 7:55 - 125.

[62]　HILLERBORG A, MODEER M, PERERSSON P. Analysis of crack formation and crack growth in concrete by means of fracture mechanics and finite elements[J]. Cement and Concrete Research, 1976, 6(6):773 - 782.

[63]　NEEDLEMAN A. A continuum model for void nucleation by inclusion debonding [J]. J Appl Mech, 1987, 54: 525 - 531.

[65]　TVERGAARD V, HUTCHINSON J W. The relation between crack growth resistance and fracture process parameters in elastic-plastic solids[J]. Journal of the Mechanics and Physics of Solids, 1992, 40: 1377 - 1397.

[64]　TVERGAARD, V, HUTCHINSON J W. The relation between crack growth resistance and fracture parameters in elastic-plastic solids[J]. Journal of the Mechanics and Physics of Solids, 1992, 40: 1377 - 1397.

[65]　WEI K L, SHI H B, LI J, et al. Effect of interfacial properties on nonlinear behavior of the 4D in-plane braided C/C composites[C]// Proceedings of the International Astronautical Congress: 67th International Astronautical Congress, Guadalajara: International Astronautical Federation, 2016.

[66]　卢子兴. 复合材料界面的内聚力模型及其应用[J]. 固体力学学报, 2015, 36:85 - 94.

[67]　DUVAUT G, LIONS J. Inequalities in mechanics and physics[M]. Berlin: Springer, 1976.

[68]　方国东. 三维四向碳/环氧编织复合材料积累损伤及失效分析[D]. 哈尔滨: 哈尔滨工业大学, 2010.

[69]　CARLOS G, LLORCA J. Mechanical behavior of unidirectional fiber-reinforced polymers under transverse compression: microscopic mechanisms and modeling [J]. Composites Science and Technology, 2007, 67(13):2795 - 2806.

[70]　PUCK A, SCHÜRMANN H. Failure analysis of FRP laminates by means of physically based phenomenological models[J]. Composites Science and Technology, 2002, 62(12/13): 1633 - 1662

[71]　XIE D, WAAS A M. Discrete cohesive zone model for mixed-mode fracture using finite element analysis[J]. Engineering Fracture Mechanics, 2006, 73(13):1783 - 1796.

第9章 三维编织复合材料宏-细观跨尺度损伤分析方法

9.1 引 言

在单轴载荷作用下,三维编织复合材料的宏观应力、应变呈均匀分布,可以近似认为材料内部每一个单胞都具有相同的应力、应变场,对其中任意一个单胞的分析可以代替对结构整体的分析。但是在弯曲等复杂载荷作用下,三维编织复合材料的宏观应力、应变场是非均匀分布的,材料内部每一个单胞都具有不同的应力、应变场,难以选取其中一个单胞代表整体进行分析,需要对结构进行整体应力、应变分析。然而,考虑到三维编织复合材料具有多尺度结构特点,即使在细观尺度(纤维束尺度)水平上进行细观结构建模与有限元分析,也会带来网格数量庞大、计算代价高,有时甚至难以进行数值计算的问题。采用均质化等效的方法,虽然能够减小模型规模,提高计算效率,但是只能获得宏观结构的平均应力、应变,无法获得结构内部细观组分材料(纤维束和基体)的应力、应变场。同时,无论是半解析的胞元法和通用单胞法,基于同心圆柱模型的解析法,桥联模型,还是基于特征点的跨尺度关联因子法,均只适用于具有简单微结构的单向纤维增强复合材料细观应力、应变场的计算,对于具有复杂几何的三维编织结构,由于高度的非均匀性,很难通过上述解析或半解析的方法获得结构内部细观应力、应变场的分布,也很难选取特征点进行跨尺度应力、应变关联因子的构造。

20世纪70年代出现的多尺度渐进展开均匀化理论(asymptotic homogenization theory),通过摄动技术将宏观物理量展开成关于宏观坐标和细观坐标的函数,根据几何方程、物理方程以及平衡方程建立展开量之间的关系,再利用细观结构的周期性以及边值条件求解各展开量以及宏观物理量,不但可以给出复合材料的宏观有效性能,还可以获得非均匀性扰动引起的局部细观应力、应变。Matsui 等基于渐近展开均匀化理论,提出了均匀化理论的数值方法,实现了材料等效弹性常数和细观尺度物理量的求解。Paquet 等基于多尺度渐近展开均匀化,考虑了复合材料的塑性和损伤效应,利用有限元方法得到了材料的均匀化本构关系。Fish 等基于渐进展开均匀化理论,提出了复合材料细观损伤的双尺度有限元模型。在宏细观双尺度模型的基础上,Fish 等又提出了复合材料宏-细-微观三尺度分析模型,模拟了二维平面编织复合材料在单轴拉伸载荷下的损伤失效行为。刘书田和程耿东利用双尺度渐进展开理论推导了单向纤维增强复合材料在单轴拉伸时的一阶细观位移场和应力场。董纪伟等利用双尺度渐进展开方法,结合有限元法,模拟了三维编织复合材料在单轴拉伸和弯曲载荷作用下的宏-细观应力分布。Visrolia 和 Meo 等建立了三维编织复合材料宏-细观多尺度有限元模型,利用双尺度渐近展开理论,计算了纤维束和基体的细观应力,模拟了三维编织复合材料在单轴拉伸、压缩和剪切载荷下的渐进损伤行为。杨强等基于双尺度渐近展开方法，对三维正交编织 C/C 复合材料 T 形梁结构进行了单轴拉伸载荷下的损伤模拟。Zhai 等等基于双尺度渐进展开，结合细观损伤模型，预报了三维四向编织复合材料梁的三点弯曲强度，该模型忽略了基体强度对材料整体强度的贡献。基于多尺度渐进展开理论可以实现不同尺度之间的有效关联。

本章介绍基于多尺度渐进展开理论进行三维编织复合材料宏-细观跨尺度损伤模拟的数值分析方法。

9.2　宏-细观跨尺度关联方法

9.2.1　弹性问题多尺度渐进展开

如图 9.1 所示，对于三维编织复合材料宏观结构，从细观角度看，它是由一系列内部单胞周期性排布构成的。定义结构宏观域为 Ω，宏观尺度坐标系为 x，其细观周期性单胞域为 Y，细观尺度坐标系为 y，宏观尺度和细观尺度之比为 $\varepsilon = y/x$。

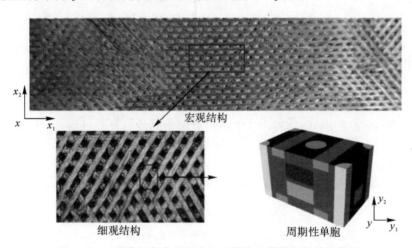

图 9.1　三维编织复合材料宏细观结构及其周期性单胞模型

将宏观尺度下的位移 u 展开成关于两种尺度之比 ε 的渐近展开式：

$$u^{\varepsilon}(x) = u(x,y) = u^{(0)}(x,y) + \varepsilon u^{(1)}(x,y) + \varepsilon^2 u^{(2)}(x,y) + \cdots \qquad (9.1)$$

同理，可将应变展开成关于 ε 的渐进展开式：

$$e_{ij}(u^{\varepsilon}) = \frac{1}{\varepsilon} e_{ij}^{(-1)}(x,y) + e_{ij}^{(0)}(x,y) + \varepsilon e_{ij}^{(1)}(x,y) + \varepsilon^2 + \cdots \qquad (9.2)$$

其中

$$e_{ij}(-1)(x,y) = \frac{1}{2}\left[\frac{\partial u_i^{(0)}}{\partial y_j} + \frac{\partial u_i^{(0)}}{\partial y_i}\right] \qquad (9.3a)$$

$$e_{ij}^{(0)}(x,y) = \frac{1}{2}\left[\frac{\partial u_i^{(0)}}{\partial x_j} + \frac{\partial u_i^{(0)}}{\partial x_i}\right] + \frac{1}{2}\left[\frac{\partial u_i^{(1)}}{\partial y_j} + \frac{\partial u_i^{(1)}}{\partial y_i}\right] \qquad (9.3b)$$

$$e_{ij}^{(1)}(x,y) = \frac{1}{2}\left[\frac{\partial u_i^{(1)}}{\partial x_j} + \frac{\partial u_i^{(1)}}{\partial x_i}\right] + \frac{1}{2}\left[\frac{\partial u_i^{(2)}}{\partial y_j} + \frac{\partial u_i^{(2)}}{\partial y_i}\right] \qquad (9.3c)$$

由本构关系可知应力为

$$\sigma_{ij}^{(\varepsilon)} = C_{ijkl}^{(\varepsilon)} e_{kl} = \frac{1}{\varepsilon} C_{ijkl}^{(\varepsilon)} e_{kl}^{(-1)}(x,y) + C_{ijkl}^{(\varepsilon)} e_{kl}^{(0)}(x,y) + \varepsilon C_{ijkl}^{(\varepsilon)} e_{kl}^{(1)}(x,y) + \cdots \qquad (9.4)$$

则应力-应变关系可以表示为

$$\sigma_{ij}^{(n)}(x,y) = C_{ijkl}^{\varepsilon} e_{kl}^{(n)} \qquad (n = -1, 0, 1) \qquad (9.5)$$

由式(9-3)和式(9-5),得到

$$\sigma_{ij}^{(-1)}(x,y) = C_{ijkl}^{(\varepsilon)} \frac{\partial u_k^{(0)}}{\partial y_l} \qquad (9.6a)$$

$$\sigma_{ij}^{(0)}(x,y) = C_{ijkl}^{\varepsilon} \left[\frac{\partial u_k^{(0)}}{\partial x_l} + \frac{\partial u_k^{(1)}}{\partial y_l} \right] \qquad (9.6b)$$

$$\sigma_{ij}^{(1)}(x,y) = C_{ijkl}^{\varepsilon} \left[\frac{\partial u_k^{(1)}}{\partial x_l} + \frac{\partial u_k^{(2)}}{\partial y_l} \right] \qquad (9.6c)$$

考虑到三维线弹性问题的控制方程

$$\left. \begin{aligned} \sigma_{ij,j} + f_i &= 0, && (在 \Omega \text{ 域内}) \\ \sigma_{ij} n_j &= T_i, && (在 \Gamma_\sigma \text{ 域边界}) \\ u_i &= u_i, && (在 \Gamma_u \text{ 域边界}) \end{aligned} \right\} \qquad (9.7)$$

将式(9.6)代入控制方程,即式(9.7),得到关于 ε 幂的方程:

$$\varepsilon^{(-2)} \frac{\partial \sigma_{ij}^{(-1)}}{\partial y_j} + \varepsilon^{(-1)} \left[\frac{\partial \sigma_{ij}^{(-1)}}{\partial x_j} + \frac{\partial \sigma_{ij}^{(0)}}{\partial y_j} \right] + \varepsilon^{(0)} \left[\frac{\partial \sigma_{ij}^{(0)}}{\partial x_j} + \frac{\partial \sigma_{ij}^{(1)}}{\partial y_j} + f_i \right] + \varepsilon^{(1)} + \cdots = 0 \qquad (9.8)$$

当 $\varepsilon \to 0$ 时,式(9.8)成立,所以关于 ε 幂的各阶系数必须为零,得到一系列摄动方程,即

$$\varepsilon^{-2} : \frac{\partial \sigma_{ij}^{(-1)}}{\partial y_j} = 0 \qquad (9.9a)$$

$$\varepsilon^{-1} : \frac{\partial \sigma_{ij}^{(-1)}}{\partial x_j} + \frac{\partial \sigma_{ij}^{(0)}}{\partial y_j} = 0 \qquad (9.9b)$$

$$\varepsilon^0 : \frac{\partial \sigma_{ij}^{(0)}}{\partial x_j} + \frac{\partial \sigma_{ij}^{(1)}}{\partial y_j} + f_i = 0 \qquad (9.9c)$$

将式(9.6)代入式(9.9),可以得到

$$\frac{\partial}{\partial y_j} C_{ijkl} \frac{\partial u_k^{(0)}}{\partial y_l} = 0 \qquad (9.10a)$$

$$\frac{\partial}{\partial x_j} C_{ijkl} \frac{\partial u_k^{(0)}}{\partial y_l} + \frac{\partial}{\partial y_j} C_{ijkl} \left[\frac{\partial u_k^{(0)}}{\partial y_l} + \frac{\partial u_k^{(1)}}{\partial y_l} \right] = 0 \qquad (9.10b)$$

$$\frac{\partial}{\partial x_j} C_{ijkl} \left[\frac{\partial u_k^{(0)}}{\partial y_l} + \frac{\partial u_k^{(1)}}{\partial y_l} \right] + \frac{\partial}{\partial y_j} C_{ijkl} \left[\frac{\partial u_k^{(1)}}{\partial y_l} + \frac{\partial u_k^{(2)}}{\partial y_l} \right] + f_i = 0 \qquad (9.10c)$$

对式(9.6)和式(9.9)进行推导,可以得到

$$\frac{\partial u_k^{(0)}}{\partial y_l} = 0 \qquad (9.11)$$

9.2.2 细观问题控制方程

将式(9.11)代入式(9.10b),得到

$$\frac{\partial}{\partial y_j} C_{ijkl} \left[\frac{\partial u_k^{(0)}}{\partial y_l} + \frac{\partial u_k^{(1)}}{\partial y_l} \right] = 0 \tag{9.12}$$

式(9.12)联系着宏观位移 $u_i^{(0)}$ 和一阶细观位移 $u_i^{(1)}$，在宏观位移已知的条件下，可以得到一阶细观位移，并且可以证明，一阶细观位移 $u_i^{(1)}$ 具有 Y 周期性，且其解答可以表示为

$$u_i^{(1)} = \chi_i^{\,kl} \frac{\partial u_k^{(0)}}{\partial x_l} \tag{9.13}$$

式中：$\chi_i^{\,kl}$——细观特征位移场。

将式(9.13)代入式(9.12)，经过整理，可以得到特征位移 $\chi_i^{\,kl}$ 的控制方程为

$$\frac{\partial}{\partial y_j} \left[C_{ijkl}^{\varepsilon} + C_{ijkl}^{\varepsilon} \frac{\partial \chi_i^{\,kl}}{\partial y_l} \frac{\partial u_k^{(0)}}{\partial x_l} \right] = 0 \tag{9.14}$$

将式(9.13)代入式(9.6b)，经过推导，可以得到一阶细观应力：

$$\sigma_{ij}^{(0)}(x,y) = \left[C_{ijkl}^{\varepsilon} + C_{ijkl}^{\varepsilon} \frac{\partial \chi_i^{\,kl}}{\partial y_l} \right] \frac{\partial u_k^{(0)}}{\partial x_l} \tag{9.15}$$

其中，C_{ijkl} 与细观组分材料性能有关；$\chi_i^{\,kl}$ 仅与细观编织结构有关，与宏观坐标无关，通过求解式(9.14)获得；$u_k^{(0)}$ 为宏观位移，可以通过宏观尺度分析得到。

由式(9.15)可以看出，结构内部某一点的细观应力可以分为两部分，一部分由该点处组分材料的自身刚度引起，另一部由材料细观结构引起的。

9.2.3　宏观问题控制方程

宏观尺度分析首先涉及宏观位移 $u_k^{(0)}$ 的求解，将式(9.13)代入式(9.10c)，可得

$$\frac{\partial}{\partial x_j} C_{ijkl} \left[\frac{\partial u_k^{(0)}}{\partial x_l} + \frac{\chi_k^{mn}}{\partial y_l} \frac{\partial u_m^{(0)}}{\partial x_n} \right] + \frac{\partial}{\partial y_j} C_{ijkl} \left\{ \frac{\partial}{\partial x_l} \left[\chi_k^{mn} \frac{\partial u_m^{(0)}}{\partial x_n} \right] + \frac{\partial u_k^{(2)}}{\partial y_l} \right\} + f_i = 0 \tag{9.16}$$

考虑到二阶细观位移 $u_i^{(2)}$ 也是 Y 周期函数，如果 $u_i^{(2)}$ 有唯一解的话，应该满足以下关系：

$$\int_Y \frac{\partial}{\partial y_j} C_{ijkl} \frac{\partial u_k^{(2)}}{\partial y_l} \mathrm{d}Y = 0 \tag{9.17}$$

联合式(9.16)和式(9.17)，整理得到

$$\frac{\partial}{\partial x_j} \left[\frac{1}{|Y|} \int_Y C_{ijkl} \left(\delta_{km} \delta_{\ln} + \frac{\partial \chi_k^{mn}}{\partial y_l} \right) \mathrm{d}Y \frac{\partial u_m^{(0)}}{\partial x_n} \right] + f_i = 0 \tag{9.18}$$

在单胞内定义均匀化的刚度系数 C_{ijmn}^{H} 为

$$C_{ijmn}^{\mathrm{H}} = \frac{1}{|Y|} \int_Y C_{ijkl} \left[\delta_{km} \delta_{\ln} + \frac{\partial \chi_k^{mn}}{\partial y_l} \right] \mathrm{d}Y \tag{9.19}$$

将式(9.19)代入式(9.18)，得到求解均匀化宏观位移场 $u_i^{(0)}$ 的控制方程：

$$\frac{\partial}{\partial x_j} \left\{ C_{ijmn}^{\mathrm{H}} \frac{1}{2} \left[\frac{\partial u_m^{(0)}}{\partial x_n} + \frac{\partial u_n^{(0)}}{\partial x_{\mathrm{m}}} \right] \right\} + f_i = 0 \tag{9.20}$$

从均匀化系数的定义可以看出，均匀化系数就是宏观结构的有效弹性性能，在得到宏观结构的有效弹性性能后，就可以求解宏观结构的位移场了。

9.3 细观损伤模型

9.3.1 初始损伤准则

从细观角度看,三维编织复合材料的主要破坏模式有纤维束破坏、基体破坏以及纤维束/基体界面脱黏等。考虑到界面单元的引入会降低数值计算效率,本章损伤模型中暂且忽略纤维束/基体界面脱黏损伤模式。对于纤维束破坏模式,又可以分为纤维主导的纵向(L向)破坏和基体主导的横向(T、Z向)破坏,如图 9.2 所示。简单起见,采用最大应力准则作为不同纤维束破坏模式下的初始损伤判据,则当纤维束的应力满足如下方程时发生初始损伤。

纤维束纵向(L向)破坏初始损伤准则:

$$\left. \begin{array}{ll} \varphi_{Lt} = (\dfrac{\sigma_L}{F_L^t})^2 \geqslant 1 & (\sigma_L \geqslant 0) \\[3mm] \varphi_{Lc} = (\dfrac{\sigma_L}{F_L^c})^2 \geqslant 1 & (\sigma_L < 0) \end{array} \right\} \qquad (9.21)$$

纤维束横向(T向)破坏初始损伤准则:

$$\left. \begin{array}{ll} \varphi_{Tt} = (\dfrac{\sigma_T}{F_T^t})^2 \geqslant 1 & (\sigma_T \geqslant 0) \\[3mm] \varphi_{Tc} = (\dfrac{\sigma_T}{F_T^c})^2 \geqslant 1 & (\sigma_T < 0) \end{array} \right\} \qquad (9.22)$$

纤维束横向(Z向)破坏初始损伤准则:

$$\left. \begin{array}{ll} \varphi_{Zt} = (\dfrac{\sigma_Z}{F_Z^t})^2 \geqslant 1 & (\sigma_Z \geqslant 0) \\[3mm] \varphi_{Zc} = (\dfrac{\sigma_Z}{F_T^c})2 \geqslant 1 & (\sigma_Z < 0) \end{array} \right\} \qquad (9.23)$$

式中:$\varphi_I(I=Lt,Lc,Tt,Tc,Zt,Zc)$——纤维束不同破坏模式对应的损伤方程值;

$\sigma_I(I=L,T,Z)$——纤维束三个方向的正应力,$\sigma_I \geqslant 0$ 表示拉伸,$\sigma_I < 0$ 表示压缩;

$F_I^t(I=L,T,Z)$——纤维束三个方向上的拉伸强度;

$F_I^c(I=L,T,Z)$——纤维束 3 个方向上的压缩强度。

角标 t 表示拉伸,c 表示压缩。

基体材料可以看作是各向同性材料,采用 Von Mises 强度准则作为基体破坏的初始损伤准则。当基体应力满足如下方程时基体发生初始损伤:

$$\varphi_m = \frac{1}{\sqrt{2}}\sqrt{(\sigma_{11}-\sigma_{22})^2+(\sigma_{22}-\sigma_{33})^2+(\sigma_{11}-\sigma_{33})^2+6(\tau_{12}^2+\tau_{13}^2+\tau_{23}^2)}/F_t^m \geqslant 1 \quad (9.24)$$

式中: φ_m——基体初始损伤方程值;

$\sigma_{ij}(i,j=1,2,3)$——基体材料的正应力分量;

$\tau_{ij}(i,j=1,2,3)$——基体材料的剪应力分量；

F_t^m——基体材料的拉伸强度。

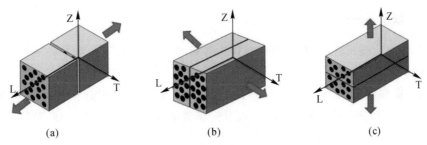

图 9.2 局部坐标系下纤维束不同破坏模式

(a)纵向(L)破坏；(b)横向(T)破坏；(c)横向(Z)破坏

9.3.2 损伤演化模型

根据上述组分材料初始损伤准则，一旦组分材料某处的应力满足初始损伤方程，则意味着该点处材料发生局部损伤，该点处材料的承载能力会降低，在数值模拟中通常采取衰减该处材料的刚度来模拟材料损伤，目前，衰减方法主要分为两大类：一类是采用固定或者独立的折减因子对组分材料的刚度进行折减，另一类是建立折减因子随应力、应变和损伤程度变化的连续函数，这些折减因子也叫损伤变量。采用折减因子连续变化的损伤演化模型，引入 3 个损伤变量 d_L,d_T,d_Z 表征纤维束不同破坏模式的损伤程度，损伤变量按照下面的公式连续变化：

$$d_L=1-\frac{1}{\varphi_L}\exp[-C_{11} \cdot \varepsilon_{f11}^2 \cdot (\varphi_L-1) \cdot L_c/G_f] \tag{9.25}$$

$$d_T=1-\frac{1}{\varphi_T}\exp[-C_{22} \cdot \varepsilon_{f22}^2 \cdot (\varphi_T-1) \cdot L_c/G_m] \tag{9.26}$$

$$d_Z=1-\frac{1}{\varphi_Z}\exp[-C_{33} \cdot \varepsilon_{f33}^2 \cdot (\varphi_Z-1) \cdot L_c/G_m] \tag{9.27}$$

式中：$\varphi_I(I=L,T,Z)$——纤维束损伤模式主值，有 $\varphi_L=\max(\varphi_{Lt},\varphi_{Lc})$，$\varphi_T=\max(\varphi_{Tt},\varphi_{Tc})$，$\varphi_Z=\max(\varphi_{Zt},\varphi_{Zc})$；

$C_{ii}(i=1,2,3)$——纤维束 3 个方向的刚度；

$\varepsilon_{fii}(i=1,2,3)$——纤维束发生初始损伤对应的正应变值，即 $\varepsilon_{fii}\big|_{\varphi_I=1}=\varepsilon_{fii}$；

L_c——纤维束单元特征尺度；

G_f,G_m——纤维束纵向和横向破坏的断裂能密度。

假设基体为各向同性材料，在基体发生初始损伤后，引入损伤变量 d_m 表征基体损伤的程度，并使损伤变量按照下式进行演化：

$$d_m=1-\frac{1}{\varphi_m}\exp[-C_m \cdot \varepsilon_m^2 \cdot (\varphi_m-1) \cdot L_c/G_m] \tag{9.28}$$

式中：C_m——基体材料的刚度；

ε_m——基体初始损伤时的应变值，即 $\varepsilon_m\big|_{\varphi_m=1}=\varepsilon_m$；

L_c——基体单元特征长度,取单元体积的三次方根;

G_m——基体材料断裂能密度。

9.3.3 细观损伤模型

假设纤维束为横观各向同性材料,基体为各向同性材料,纤维束和基体的损伤模型均采用 Murakami-Ohno 模型。在损伤模型中采用 3 个主轴方向的损伤变量 $d_I(I=L,T,Z)$ 表示其损伤状态,将损伤变量引入组分材料的刚度矩阵(C_{ijkl}),得到含损伤的材料刚度矩阵 $C_{ijkl}(d_I)$,由未含损伤的刚度矩阵(C_{ijkl})以及损伤变量 $d_I(I=L,T,Z)$ 组成,具体表达式为

$$\boldsymbol{C}(d) = \begin{bmatrix} b_L C_{11} & b_L b_T C_{12} & b_L b_Z C_{13} & 0 & 0 & 0 \\ & b_T C_{22} & b_T b_Z C_{23} & 0 & 0 & 0 \\ & & b_Z C_{33} & 0 & 0 & 0 \\ & \text{sym} & & b_T C_{44} & 0 & 0 \\ & & & & b_Z C_{55} & 0 \\ & & & & & C_{66} \end{bmatrix} \tag{9.29}$$

式中:$C_{ijkl}(i,j=1,2,3;k,l=1,2,3)$——纤维束或基体材料未损伤的刚度矩阵;

对于纤维束,$b_L=1-d_L,b_T=1-d_T,b_Z=1-d_Z$;

对于基体材料,$b_L=b_T=b_Z=1-d_m$。

9.4 含损伤的宏-细观本构模型

9.4.1 含损伤的细观本构

获得纤维束和基体含损伤的材料刚度矩阵$[C_{ijkl}(d_I)]$后,根据一阶细观本构方程[见式(9.15)],纤维束和基体材料损伤点处的应力 σ_{ij}^0 按照下式进行计算:

$$\sigma_{ij}^0 = \left[C_{ijkl}(d_I) + C_{ijkl}(d_I) \cdot \frac{1}{2}\left(\frac{\partial \chi_i^{kl}}{\partial y_j} + \frac{\partial \chi_j^{kl}}{\partial y_i}\right) \right] \cdot e_{klx}[u_0(x)] \tag{9.30}$$

式中:$[C_{ijkl}(d_I)]$——含损伤的组分材料的刚度矩阵;

χ_i^{kl}——细观单胞的特征位移场;

$e_{klx}[u_0(x)]$——细观单胞对应的宏观应变;

$u_0(x)$——宏观位移,与宏观坐标 x 有关。

9.4.2 含损伤的宏观本构

在获得含损伤的纤维束和基体组分材料刚度矩阵$[C_{ijkl}(d_I)]$后,利用单胞模型的均匀化方程[见式(9.19)]进行积分,就可以获得损伤后的均匀化等效刚度矩阵$[C_{ijmn}^H(d_I)]$:

$$C_{ijmn}^H(d_I) = \frac{1}{|Y|}\int_Y \left[C_{ijkl}(d_I) + C_{ijkl}(d_I) \cdot \frac{1}{2}\left(\frac{\partial \chi_i^{kl}}{\partial y_j} + \frac{\partial \chi_j^{kl}}{\partial y_i}\right) \right] dY \tag{9.31}$$

式中:$[C_{ijkl}(d_I)]$——含损伤的组分材料刚度矩阵;

χ_i^{kl}——细观单胞的特征位移场,仅与细观单胞有关;

Y——代表单胞域,$|Y|$表示单胞体积。

在获得材料的均匀化刚度矩阵(C_{ijmn}^H)后,结构的宏观应力可以通过应力-应变关系,由下式获得:

$$\sigma_{ij}(d_1) = C_{ijmn}^H(d_1) \cdot e_{klx}[u_0(x)] \tag{9.32}$$

式中:σ_{ij}——宏观应力;

e_{klx}——宏观应变;

$u_0(x)$——宏观位移。

通过均匀化方程式(9.31)便将纤维束和基体细观组分材料的局部损伤状态反映到了宏观结构的均匀化等效刚度矩阵中,由此建立了与细观组分材料的应力和损伤状态相关的宏观本构模型。

9.5　宏-细观多尺度分析流程

根据多尺度渐进展开理论,结合细观损伤模型和宏-细观本构模型,就可以实现三维编织复合材料宏观结构的多尺度渐进损伤分析,分析的主要流程如下:

(1)建立三维编织复合材料单胞模型,求解单胞特征函数 χ_i^{kl},计算单胞均匀化等效刚度矩阵(C_{ijmn}^H);

(2)将三维编织复合材料等效为均质化材料,利用均匀化等效刚度$[C_{ijmn}^H]$,采用有限元等数值方法,求解宏观位移 $u_0(x)$ 和宏观应变 $e_{klx}[u_0(x)]$;

(3)根据结构的宏观应变 $e_{klx}[u_0(x)]$,利用单胞模型和细观本构模型,求解单胞内纤维束和基体组分的细观应力$[\sigma_{ij}^{(0)}]$;

(4)根据纤维束和基体的细观应力 $\sigma_{ij}^{(0)}$,利用细观损伤模型计算损伤变量,获得损伤后的组分材料刚度矩阵$[C_{ijkl}(d_1)]$;

(5)通过组分材料损伤刚度矩阵$[C_{ijkl}(d_1)]$,利用单胞均匀化方程,重新计算损伤后的单胞均匀化刚度矩阵$[C_{ijmn}^H(d_1)]$;

(6)利用损伤后的单胞模型均匀化刚度矩阵$[C_{ijmn}^H(d_1)]$,继续求解宏观结构的位移 $u_0(x)$ 和应变 $e_{klx}[u_0(x)]$,重复上述步骤,直到宏观结构不能继续承载为止。

9.6　坐　标　变　换

由于三维编织复合材料中存在不同方向的纤维束,在进行宏细观多尺度分析时,涉及局部和总体坐标系的变换问题。设总体坐标系为 $o-xyz$,局部坐标系为 $o'-x'y'z'$,材料在总体坐标系下的刚度矩阵为$[C'_{ij}]$,柔度矩阵为$[S'_{ij}]$,应力张量为$[\sigma'_{ij}]$,应变张量为$[\varepsilon_{ij}]$,在局部坐标系下的刚度矩阵为$[C'_{ij}]$,柔度矩阵为$[S'_{ij}]$,应力张量为$[\sigma'_{ij}]$,应变张量为$[\varepsilon'_{ij}]$。总体坐标系与局部坐标系的方向余弦见表9.3,其方向余弦矩阵为

$$L = \begin{bmatrix} l_1 & m_1 & n_1 \\ l_2 & m_2 & n_2 \\ l_3 & m_3 & n_3 \end{bmatrix} \tag{9.33}$$

表 9-3　总体和局部坐标系之间的方向余弦

	x'	y'	z'
x	z_1	m_1	n_1
y	l_2	m_2	n_2
z	l_3	m_3	n_3

则总体坐标系下的应力张量和应变张量可用张量转轴公式表示为

$$[\sigma_{ij}] = L[\sigma'_{ij}]L^{\mathrm{T}} = T_\sigma \sigma'_{ij}, \quad [\varepsilon_{ij}] = L[\varepsilon'_{ij}]L^{\mathrm{T}} = T_\varepsilon \varepsilon'_{ij} \tag{9.34}$$

其中，T_σ 和 T_ε 分别为应力空间转换矩阵和应变空间转换矩阵，其形式为

$$T_\sigma = \begin{bmatrix} l_1^2 & m_1^2 & n_1^2 & 2m_1n_1 & 2n_1l_1 & 2l_1m_1 \\ l_2^2 & m_2^2 & n_2^2 & 2m_2n_2 & 2n_2l_2 & 2l_2m_2 \\ l_3^2 & m_3^2 & n_3^2 & 2m_3n_3 & 2n_3l_3 & 2l_3m_3 \\ l_2l_3 & m_2m_3 & n_2n_3 & m_2n_3+m_3n_2 & n_2l_3+n_3l_2 & l_2m_3+l_3m_2 \\ l_1l_3 & m^1m_3 & n_1n_3 & m_1n_3+m_3n_1 & n_1l_3+n_3l_1 & l_1m_3+l_3m_1 \\ l_1l_2 & m_1m_2 & n_1n_2 & m_1n_2+m_2n_1 & n_1l_2+n_2l_1 & l_1m_2+l_2m_1 \end{bmatrix} \tag{9.35}$$

$$T_\varepsilon = \begin{bmatrix} l_1^2 & m_1^2 & n_1^2 & m_1n_1 & n_1l_1 & l_1m_1 \\ l_2^2 & m_2^2 & n_2^2 & m_2n_2 & n_2l_2 & l_2m_2 \\ l_3^2 & m_3^2 & n_3^2 & m_3n_3 & n_3l_3 & l_3m_3 \\ 2l_2l_3 & 2m^2m^3 & 2n_2n_3 & m_2n_3+m_3n_2 & n_2l_3+n_3l_2 & l_2m_3+l_3m_2 \\ 2l_1l_3 & 2m^1m^3 & 2n_1n_3 & m_1n_3+m_3 & n_1n_1l_3+n_3l_1 & l_1m_3+l_3m_1 \\ 2l_1l_2 & 2m_1m^2 & 2n_1n_2 & m_1n_2+m_2n_1 & n_1l_2+n_2l_1 & l_1m_2+l_2m_1 \end{bmatrix} \tag{9.36}$$

其中，$T_\sigma{}^{\mathrm{T}} = T_\varepsilon{}^{-1}$，$T_\varepsilon{}^{\mathrm{T}} = T_\sigma{}^{-1}$；

则材料在总体坐标系下的刚度矩阵和柔度矩阵相应的转换公式为

$$[C_{ij}] = T_\sigma[C'_{ij}]T_\sigma{}^{\mathrm{T}}, \quad [S_{ij}] = T_\varepsilon[S'_{ij}]T_\varepsilon{}^{\mathrm{T}} \tag{9.37}$$

其中：$T_\sigma{}^{\mathrm{T}} = T_\varepsilon{}^{-1}$，$T_\varepsilon{}^{\mathrm{T}} = T_\sigma{}^{-1}$。

9.7　有限元模拟流程

三维编织复合材料渐进损伤宏细观多尺度模拟涉及材料非线性问题和不同尺度之间的双向数据传递。本书基于商业有限元软件 ABAQUS 平台，通过对其材料子程序 UMAT 的二次开发，实现了非线性损伤模拟和宏、细观之间交互式数据传递。

在进行宏-细观多尺度有限元模拟时，首先需要获得单胞模型的特征位移场和材料的均匀化等效性能参数。为了利用有限元法计算单胞特征位移场，将宏-细观多尺度有限元模拟

过程分为两个步骤,第一步,对单胞模型施加周期性边界条件,利用有限元方法求解单胞特征位移场和宏观材料均匀化刚度矩阵,作为宏观和细观模型分析的初始条件。第二步,按照图 9.3 所示流程执行宏细观多尺度有限元分析:首先,利用初始均匀化刚度矩阵,对三点弯曲梁施加位移载荷和边界条件,利用 Netow-Raphson 增量法计算三点弯曲梁每个单元的宏观位移和应变;其次,在宏观单元的每个积分点处调用细观单胞模型,将宏观单元积分点处的应变作为细观模型的载荷条件进行细观应力应变分析,获得纤维束和基体单元的应力,同时,从外部文件读取细观单元当前的损伤信息,利用细观损伤模型对纤维束和基体单元进行损伤分析,计算纤维束和基体单元的损伤变量,并更新纤维束和基体单元的损伤信息,保存到外部文件中;最后,利用均匀化方程通过损伤后的纤维束和基体的刚度矩阵,计算含损伤的单胞均匀化刚度矩阵,将其传递到宏观单元相应积分点处,继续增加载荷进行平衡迭代分析,直至宏观结构发生失效。

　　由于宏观单元每一个积分点都对应着一个单胞模型,在有限元计算的每一步如果对所有宏观单元都进行细观损伤分析,则会大大降低数值计算效率,为了提高宏细观多尺度有限元计算效率,利用 Von-Mises 等效应力对宏观结构的应力进行初步判别和过滤,只在宏观结构的 Von-Mises 应力大于一定值的危险区域调用单胞模型进行细观损伤分析,而在非危险部位则直接进行结构的弹性有限元分析。

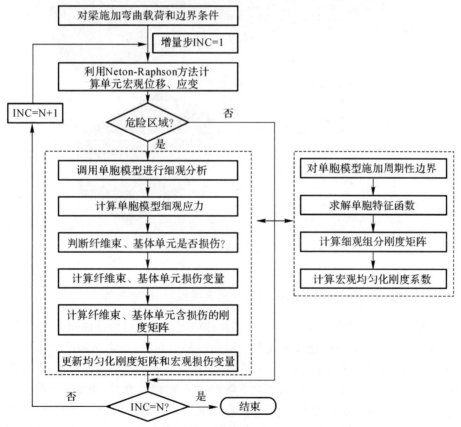

图 9.3　三维编织复合材料宏细观多尺度有限元模拟流程

9.8 数值算例

选取三维四向编织复合材料梁作为研究对象。如图 9.4 所示,梁的长、宽、高分别为 50 mm、11 mm、7 mm。利用 ABAQUS 有限元软件建立其有限元模型,采用 8 节点完全积分 6 面体单元(C3D8)进行有限元网格划分,在危险区域进行局部网格加密,共划分网格 1 350 个,节点为 7 088 个。在宏观有限元模型单元的每个积分点处,采用单胞模型进行细观应力和损伤计算,单胞模型中只包含纤维束和基体组分,忽略了纤维束和基体界面的作用。纤维束材料模型采用横观各向同性材料,基体为各向同性材料。

边界条件为固定梁的一端,以消除刚体位移,另一端设定为可动铰支约束。同时,约束梁两侧面沿 x 方向的位移,以消除梁沿着面外的法向位移,在梁的上表面选取参考点 P,在参考点 P 和梁上表面局部节点之间建立多点耦合约束(MPC),位移载荷施加在参考点 P 上。

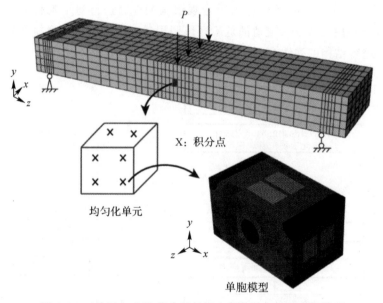

图 9.4 三维四向 C/C 复合材料三点弯曲梁多尺度计算模型

9.8.1 三维四向编织复合材料梁三点弯曲宏观载荷-挠度曲线

图 9.5 给出了在径向弯曲载荷作用下,三维四向编织复合材料梁的载荷-挠度模拟曲线和实验曲线。由图可见,载荷-挠度曲线和实验曲线基本相符:在弯曲初始阶段,载荷-挠度曲线基本呈线性;当载荷接近最大值时,载荷-挠度曲线表现出轻微的非线性,随后载荷开始迅速下降,表现出脆性失效的特点;当载荷下降到一定程度后,载荷-挠度曲线呈台阶状缓慢下降,这可能是由于随着载荷的增加,损伤沿着厚度方向逐渐向梁中性面扩展,导致载荷重新分配。选取载荷-挠度曲线最高点计算得到梁的弯曲强度为 128.49 MPa,实验值分别为

129.55 MPa、129.59 MPa 和 140.90 MPa,实验平均值为 133.35 MPa,预测值和实验平均值的偏差为 3.64%。

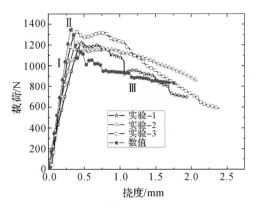

图 9.5　三维编织复合材料弯曲载荷-挠度曲线

图 9.6 给出了在轴向弯曲载荷作用下,三维四向编织复合材料梁的载荷－挠度曲线和实验曲线,轴向弯曲是指弯曲载荷方向和材料中轴向纤维棒的方向平行。由图可见,预测曲线和实验曲线的总体形状和变化趋势基本相符:在曲线初始阶段,弯曲载荷随挠度基本呈线性变化,当载荷达到 500 N 时,载荷-挠度曲线表现出明显的非线性特性,这是由于梁上下表面基体和纤维束产生局部损伤,导致局部材料刚度衰减;当载荷达到最大值后,载荷-挠度曲线并没有立即下降,而是出现一段类似"塑性"的平台区,载荷-挠度曲线体现出弹塑性变形的特点,这与实验曲线的变化规律很相似,说明数值模型能够反映出轴向弯曲的力学行为和特点。选取曲线上载荷最大值作为梁的弯曲破坏载荷,计算得到梁的轴向弯曲强度是 60.32 MPa,而实验值是分别是 55.43 MPa,52.37 MPa 和 52.46 MPa,实验平均值为 53.42 MPa,预测值和实验平均值的偏差为 11.42%。

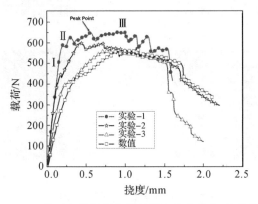

图 9.6　三维四向编织复合材料轴向弯曲载荷-挠度曲线

9.8.2　三维四向编织复合材料梁三点弯曲宏细观应力

图 9.7 和图 9.8 分别给出了在弯曲载荷作用下,三维四向编织复合材料三点弯曲梁的

Von Mises 等效应力和 Z 方向 S33 应力分量的分布云图:在弯曲载荷作用下,梁的上、下表面中间区域为应力最大区域,应力最大值从上、下表面中部向左、右两端逐渐减小,梁上表面 S33 应力分量为负值,下表面 S33 应力分量为正值,说明上表面受压、下表面受拉,梁的中性面 S33 应力分量接近零,宏观应力分布符合三点弯曲梁的应力分布规律。

图 9.7 三维四向编织复合材料　　　　图 9.8 三维四向编织复合材料
弯曲梁等效应力　　　　　　　　　　弯曲梁 Z 向应力

图 9.9 给出了梁上、下表面应力最大点处对应单胞模型的细观应力,其中 Z1＝1.15 mm,Z2＝2.15 mm,分别表示单胞模型的不同截面位置。由图可知,不同截面上的细观应力分布很不均匀,轴向纤维棒及其附近应力值最高,径向纤维束应力值大于基体应力值,而基体区域应力值普遍很低,说明径向弯曲载荷主要由纤维棒承担。单胞不同,截面上的细观应力分布不同,这与单胞内部纤维束方向和分布有关。梁上、下表面对应的细观应力分布规律基本相同,但是应力值大小相反,这与梁的宏观应力分布规律相同。

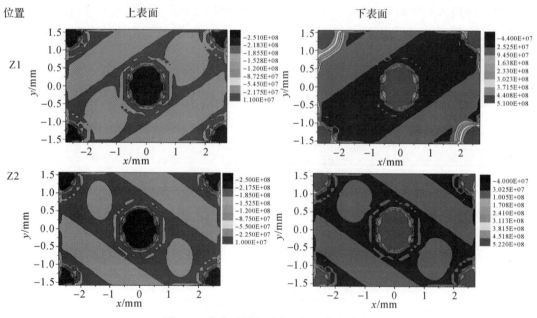

图 9.9 弯曲时梁上下表面细观应力分布

9.8.3　三维四向编织复合材料梁三点弯曲宏细观渐进损伤分析

图 9.10 给出了三维四向编织 C/C 复合材料弯曲载荷-挠度曲线上Ⅰ、Ⅱ、Ⅲ点处的宏观损伤云图。其中“SDV”表示宏观损伤变量,是材料积分点处的损伤刚度与未损伤刚度的

比值,范围在 0~1 之间,0 代表没有损伤,1 代表完全损伤。由图可见,在点 I 处,三维编织 C/C 复合材料梁上表面中间局部范围首先发生损伤;随着载荷的增加,当弯曲载荷达到最大值时,即在点 II 处,梁上下表面均发生损伤,损伤的面积不断扩大,损伤的区域逐渐向梁中性面扩展,载荷-挠度曲线出现第一次下降,说明梁的刚度发生较大衰减;在点 III 处,上下表面损伤区域逐渐贯穿梁的整个截面,最终导致梁的弯曲断裂。图 9.11 是三维编织 C/C 复合材料径向弯曲试样的破坏形貌,可以看出,弯曲试样的断裂部位均集中在试件中部,且宏观断口区域的宽度较小,数值模拟的宏观损伤区域与实验结果基本相符。

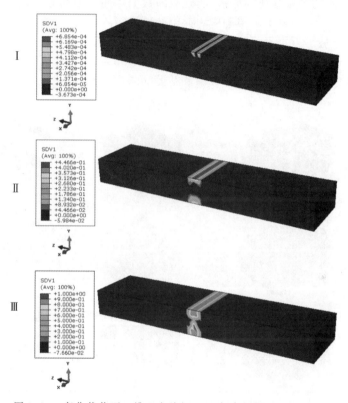

图 9.10　弯曲载荷下三维四向编织 C/C 复合材料宏观损伤云图

图 9.11　三维四向编织 C/C 复合材料弯曲破坏形貌

图 9.12 给出了弯曲载荷-挠度曲线上Ⅰ、Ⅱ、Ⅲ点处三维四向编织 C/C 复合材料梁应力最大点处内部组分材料的细观损伤云图。其中 DL,DT,DZ 表示不同损伤模式下的损伤变量,范围在 0～1 之间,0 代表没有损伤,1 代表完全损伤。由图可见,在载荷-挠度曲线Ⅰ点处,首先发生基体损伤,损伤区域主要位于纤维棒(纤维束)和基体的界面周围,纤维束和纤维棒没有发生损伤;在点Ⅱ处,发生径向纤维束横向损伤和轴向纤维棒纵向损伤,基体损伤的区域和程度不断增大;在点Ⅲ处,不同细观损伤模式下组分材料的损伤变量不断增大,直到材料发生宏观破坏。虽然基于渐近展开理论的多尺度方法可以实现三维编织复合材料宏观-细观尺度之间的关联和协同分析,实现双向数据传递和损伤分析,然而,该方法中宏观模型中每一个积分点都需要求解单胞应力并组装刚度矩阵,导致计算量很大,而且难以应用于非周期性结构分析。近年来,针对三维编织复合材料的跨尺度分析,一些学者将快速傅里叶变换(Fast Fourier Transformation)、全局-局部(Global-Local)法、网格叠加法,子结构法等引入复合材料分析以尝试解决计算效率和精度的问题。

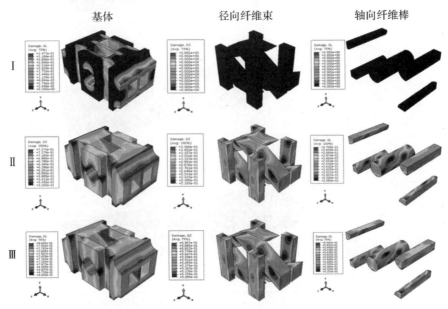

图 9.12　三维四向编织复合材料弯曲载荷下应力最大点处的细观损伤云图

参 考 文 献

[1] HASSANI B, HINTON E. A review of homogenization and topology optimization Ⅱ:analytical and numerical solution of homogenization equations [J]. Computers & Structures, 1998, 69:719 - 738.

[2] MATSUI K, TERADA K, YUGE K. Two-scale finite element analysis of heterogeneous solids with periodic microstructures[J]. Computers & Structures, 2004, 82(7/8):593 - 606.

[3] PAQUET D, GHOSH S. Microstructural effects on ductile fracture in heterogeneous materials. Part Ⅰ:Sensitivity analysis with LE-VCFEM[J]. Engineering Fracture Mechanics, 2011, 78(2):205 - 225.

[4] FISH J，YU Q，SHEK K. Computational damage mechanics for composite materials based on mathematical homogenization[J]. Int J Num Methods in Engrg，1999，45:1657 – 1679.

[5] FISH J，YU Q. Two-scale damage modeling of brittle composites[J]. Composites Science & Technology，2001，61(15):2215 – 2222.

[6] FISH J，YU Q. Multiscale damage modelling for composite materials：theory and computational framework[J]. International Journal for Numerical Methods in Engineering，2001，52(1/2):161 – 191.

[7] 刘书田，程耿东. 复合材料应力分析的均匀化方法[J]. 力学学报，1997，29(3):306 – 313.

[8] VISROLIA A，MEO M. Multiscale damage modelling of 3D weave composite by asymptotic homogenisation[J]. Composite Structures，2013，95(1):105 – 113.

[9] 董纪伟,孙良新,洪平. 基于均匀化理论的三维编织复合材料细观应力数值模拟[J]. 复合材料学报，2005，6:143 – 147.

[10] 杨强,解维华,孟松鹤,等. 复合材料多尺度分析方法与典型元件拉伸损伤模拟[J]. 复合材料学报，2015(3):7 – 14.

[11] ZHAI J，ZENG T，XU G D，et al. A multi-scale finite element method for failure analysis of three-dimensional braided composite structures[J]. Composites Part B，2017，110 (2):476 – 486.

[12] 赵雪尧,魏坤龙,史宏斌,等.基于多尺度方法的三维编织 C/C 复合材料弯曲失效特性分析[J].应用力学学报,2022,39(4):642 – 649.

[13] 董纪伟.基于均匀化理论的三维编织复合材料宏细观力学性能的数值模拟[D].南京:南京航空航天大学,2007.

[14] SPAHN J，ANDRAE H，KABEL M ,et al. A multiscale approach for modeling progressive damage of composite materials using fast Fourier transforms[J]. Computer Methods in Applied Mechanics & Engineering，2014，268(1):871 – 883.

[15] FANG G D，WANG B，LIANG J. A coupled FE-FFT multiscale method for progressive damage analysis of 3D braided composite beam under bending load[J]. Composites Science and Technology，2019，181(8)：107691.

[16] DAGHIA F，LADEVEZE P. A micro-meso computational strategy for the prediction of the damage and failure of laminates[J]. Composite Structures，2012，94(12):3644 – 3653.

[17] SAID B,DAGHIA F,IVANOV D,et al . An iterative multiscale modelling approach for nonlinear analysis of 3D composites[J]. International Journal of Solids and Structures，2018(132/133) :42 – 58.

[18] GAURAV N，MICHAEL K,BOGETTI T，et al. On the finite element analysis of woven fabric impact using multiscale modeling techniques[J]. International Journal of Solids and Structures,2010,47(17):2300 – 2315.

[19] FISH J.MARKOLEFAS S. The s-version of the finite element method for multilayer laminates[J]. International Journal for Numerical Methods in Engineering，1992,33(5) :1081 – 1105.

附录 A 热应力法计算单胞均匀化刚度的 Python 程序

```
#！/user/bin/python
#—*—coding：UTF—8—*—
from math import *
from abaqus import *
from odbAccess import *
from abaqusConstants import *
from abaqus import getInput
jobname=getInput('Enter the job name')
jobname=jobname+'. odb'
odb=openOdb(jobname)
assembly=odb. rootAssembly
coord=[]
element_connect_8=[]
element_connect_6=[]
numNodes=0
numElements_8=0
numElements_6=0
ele_label8=[]
ele_label6=[]
num8=0
num6=0
volume=[]
for name,instance in assembly. instances. items()：
    n=len(instance. nodes)
    numNodes=numNodes+n
    for elements in instance. elements：
        element_type=elements. type
        if element_type=="C3D8I"：
            numElements_8=numElements_8+1
else：
    numElements_6=numElements_6+1
for i in range(3 * numNodes)：
```

```python
        coord.append(0.0)
    for i in range(8 * numElements_8):
        element_connect_8.append(0)
    for i in range(6 * numElements_6):
        element_connect_6.append(0)
    for i in range(numElements_8):
        ele_label8.append(0)
    for i in range(numElements_6):
        ele_label6.append(0)
    for name,instance in assembly.instances.items():
        instance_nodes=instance.nodes
        if instance.embeddedSpace==THREE_D:
            for node in instance_nodes:
                coordinates=node.coordinates
                nodelabel=node.label
                coord[3 * (nodelabel-1)+0]=coordinates[0]
                coord[3 * (nodelabel-1)+1]=coordinates[1]
                coord[3 * (nodelabel-1)+2]=coordinates[2]
            instance_elements=instance.elements
    for element in instance.elements:
        element_type=element.type
        element_label=element.label
        if element_type=="C3D8I":
            num8=num8+1
    ele_label8[num8-1]=element_label
    for i in range(8):
        element_connect_8[8 * (num8-1)+i]=element.connectivity[i]
        else:
            num6=num6+1
    ele_label6[num6-1]=element_label
    for i in range(6):
        element_connect_6[6 * (num6-1)+i]=element.connectivity[i]
    for i in range(numElements_8+numElements_6):
        volume.append(0.0)
    all_volume=0.0
    for i in range(numElements_8):
        k=ele_label8[i]
        x=[]
        y=[]
        z=[]
        for j in range(8):
            node_number=element_connect_8[8 * i+j]
```

```
            x. append(coord[3 * node_number－3])
            y. append(coord[3 * node_number－2])
            z. append(coord[3 * node_number－1])
        element_volume1＝(x[4]－x[3]) * ((y[0]－y[3]) * (z[1]－z[3])－(y[1]－y[3]) * (z[0]－z
[3]))－(x[0]－x[3]) * ((y[4]－y[3]) * (z[1]－z[3])－(y[1]－y[3]) * (z[4]－z[3]))＋(x[1]－x[3])
* ((y[4]－y[3]) * (z[0]－z[3])－(y[0]－y[3]) * (z[4]－z[3]))
        element_volume2＝(x[4]－x[3]) * ((y[5]－y[3]) * (z[7]－z[3])－(y[7]－y[3]) * (z[5]－z
[3]))－(x[5]－x[3]) * ((y[4]－y[3]) * (z[7]－z[3])－(y[7]－y[3]) * (z[4]－z[3]))＋(x[7]－x[3])
* ((y[4]－y[3]) * (z[5]－z[3])－(y[5]－y[3]) * (z[4]－z[3]))
        element_volume3＝(x[4]－x[3]) * ((y[5]－y[3]) * (z[1]－z[3])－(y[1]－y[3]) * (z[5]－z
[3]))－(x[5]－x[3]) * ((y[4]－y[3]) * (z[1]－z[3])－(y[1]－y[3]) * (z[4]－z[3]))＋(x[1]－x[3])
* ((y[4]－y[3]) * (z[5]－z[3])－(y[5]－y[3]) * (z[4]－z[3]))
        element_volume4＝(x[5]－x[3]) * ((y[1]－y[3]) * (z[2]－z[3])－(y[2]－y[3]) * (z[1]－z
[3]))－(x[1]－x[3]) * ((y[5]－y[3]) * (z[2]－z[3])－(y[2]－y[3]) * (z[5]－z[3]))＋(x[2]－x[3])
* ((y[5]－y[3]) * (z[1]－z[3])－(y[1]－y[3]) * (z[5]－z[3]))
        element_volume5＝(x[5]－x[3]) * ((y[6]－y[3]) * (z[7]－z[3])－(y[7]－y[3]) * (z[6]－z
[3]))－(x[6]－x[3]) * ((y[5]－y[3]) * (z[7]－z[3])－(y[7]－y[3]) * (z[5]－z[3]))＋(x[7]－x[3])
* ((y[5]－y[3]) * (z[6]－z[3])－(y[6]－y[3]) * (z[5]－z[3]))
        element_volume6＝(x[5]－x[3]) * ((y[6]－y[3]) * (z[2]－z[3])－(y[2]－y[3]) * (z[6]－z
[3]))－(x[6]－x[3]) * ((y[5]－y[3]) * (z[2]－z[3])－(y[2]－y[3]) * (z[5]－z[3]))＋(x[2]－x[3])
* ((y[5]－y[3]) * (z[6]－z[3])－(y[6]－y[3]) * (z[5]－z[3]))
        element_volume＝abs(element_volume1)＋abs(element_volume2)＋abs(element_volume3)＋abs
(element_volume4)＋abs(element_volume5)＋abs(element_volume6)
        element_volume＝element_volume/6. 0
        volume[k－1]＝element_volume
        all_volume＝all_volume＋element_volume
    print all_volume
    for i in range(numElements_6):
        k＝ele_label6[i]
        x＝[]
        y＝[]
        z＝[]
        for j in range(6):
            node_number＝element_connect_6[6 * i＋j]
            x. append(coord[3 * node_number－3])
            y. append(coord[3 * node_number－2])
            z. append(coord[3 * node_number－1])
        s1＝((x[1]－x[0]) * (y[2]－y[0])－(x[2]－x[0]) * (y[1]－y[0])) * * 2＋((x[1]－x[0]) * (z[2]
－z[0])－(x[2]－x[0]) * (z[1]－z[0])) * * 2＋((y[1]－y[0]) * (z[2]－z[0])－(y[2]－y[0]) * (z[1]
－z[0])) * * 2
        s2＝((x[4]－x[3]) * (y[5]－y[3])－(x[5]－x[3]) * (y[4]－y[3])) * * 2＋((x[4]－x[3]) *
(z[5]－z[3])－(x[5]－x[3]) * (z[4]－z[3])) * * 2＋((y[4]－y[3]) * (z[5]－z[3])－(y[5]－y[3]) *
```

```
(z[4]-z[3])) * * 2
        h1=((x[3]-x[0]) * * 2+(y[3]-y[0]) * * 2+(z[3]-z[0]) * * 2) * * 0.5
        h2=((x[4]-x[1]) * * 2+(y[4]-y[1]) * * 2+(z[4]-z[1]) * * 2) * * 0.5
        h3=((x[5]-x[2]) * * 2+(y[5]-y[2]) * * 2+(z[5]-z[2]) * * 2) * * 0.5
        s1=abs(s1 * * 0.5)
        s2=abs(s2 * * 0.5)
        s=(s1+s2)/4
        h=(abs(h1)+abs(h2)+abs(h3))/3
        element_volume=s * h
        volume[k-1]=element_volume
        all_volume=all_volume+element_volume
    print all_volume
    for name,step in odb. steps. items():
        s11=[]
        s22=[]
        s33=[]
        s12=[]
        s13=[]
        s23=[]
        for i in range(8 * (numElements_6+numElements_8)):
            s11. append(0.0)
            s22. append(0.0)
            s33. append(0.0)
            s12. append(0.0)
            s13. append(0.0)
            s23. append(0.0)
        stress_field=step. frames[-1]. fieldOutputs['S']
        stress_value=stress_field. values
        Ts11=Ts22=Ts33=Ts12=Ts13=Ts23=0.0
        for name,instance in assembly. instances. items():
            instance_elements=instance. elements
            for stress in stress_value:
                i=stress. elementLabel
                j=stress. integrationPoint
                s11[8 * (i-1)+j-1]=stress. data[0]
                s22[8 * (i-1)+j-1]=stress. data[1]
                s33[8 * (i-1)+j-1]=stress. data[2]
                s12[8 * (i-1)+j-1]=stress. data[3]
                s13[8 * (i-1)+j-1]=stress. data[4]
                s23[8 * (i-1)+j-1]=stress. data[5]
        for i in range(numElements_8):
            ss11=ss22=ss33=ss12=ss13=ss23=0.0
```

```
            j＝ele_label8[i]
            for k in range(8)：
                ss11＝ss11＋s11[8 * (j－1)＋k]
                ss22＝ss22＋s22[8 * (j－1)＋k]
                ss33＝ss33＋s33[8 * (j－1)＋k]
                ss12＝ss12＋s12[8 * (j－1)＋k]
                ss13＝ss13＋s13[8 * (j－1)＋k]
                ss23＝ss23＋s23[8 * (j－1)＋k]
            Ts11＝Ts11＋ss11 * volume[j－1]/8.0
            Ts22＝Ts22＋ss22 * volume[j－1]/8.0
            Ts33＝Ts33＋ss33 * volume[j－1]/8.0
            Ts12＝Ts12＋ss12 * volume[j－1]/8.0
            Ts13＝Ts13＋ss13 * volume[j－1]/8.0
            Ts23＝Ts23＋ss23 * volume[j－1]/8.0
        for i in range(numElements_6)：
            ss11＝ss22＝ss33＝ss12＝ss13＝ss23＝0.0
            j＝ele_label6[i]
            for k in range(8)：
    ss11＝ss11＋s11[8 * (j－1)＋k]
                ss22＝ss22＋s22[8 * (j－1)＋k]
                ss33＝ss33＋s33[8 * (j－1)＋k]
                ss12＝ss12＋s12[8 * (j－1)＋k]
                ss13＝ss13＋s13[8 * (j－1)＋k]
                ss23＝ss23＋s23[8 * (j－1)＋k]
            Ts11＝Ts11＋ss11 * volume[j－1]/2.0
            Ts22＝Ts22＋ss22 * volume[j－1]/2.0
            Ts33＝Ts33＋ss33 * volume[j－1]/2.0
            Ts12＝Ts12＋ss12 * volume[j－1]/2.0
            Ts13＝Ts13＋ss13 * volume[j－1]/2.0
            Ts23＝Ts23＋ss23 * volume[j－1]/2.0
        Ts11＝Ts11/all_volume
        Ts22＝Ts22/all_volume
        Ts33＝Ts33/all_volume
        Ts12＝Ts12/all_volume
        Ts13＝Ts13/all_volume
        Ts23＝Ts23/all_volume
        print'%14.6e %14.6e %14.6e %14.6e %14.6e %14.6e'%(Ts11,Ts22,Ts33,Ts12,Ts13,
Ts23)
```

附录 B 纤维丝/基体同心圆柱解析模型程序

```
PROGRAM MAIN
REAL * 8 EF1,EF2,GF12,GF23,MUF12,MUF23,EM,MUM,VF,b,a,SIGM,r,THETA
REAL * 8 A1,B1,A2,B2,C2,D2,C3,D3,N1,M2,N2,M3,TERM0,TERM1,TERM2
REAL * 8 KF23,GM,KM23,EC1,MUC12,KC23,GC23,GC12,EC2,MUC23,fa
REAL * 8 AA,BB,CC,aa0,aa1,aa2,aa3,aa4,bb0,bb1,bb2,bb3,bb4
REAL * 8 cc0,cc1,cc2,cc3,cc4
INTEGER I,J,K,L
DIMENSION  STRANT(6),F(6,6),EMLOCAL(6)
OPEN(15,FILE='D:\xx. DAT',STATUS='OLD',FORM='FORMATTED')
C    GET THE FIBER ELASTIC PROPS
     EF1=350000000000.0! YONG'S MODULS IN DIRECTION 1(L)
     EF2=40000000000.0  !              IN DIRECTION 2(T)
     GF12=24000000000.0! SHEAR MODULS IN 12 PLANE (LT)
     GF23=14300000000.0!              IN 23 PLANE (TT)
     MUF12=0.12! POISON'S RATION V12,V13=V12
MUF23=0.2
KF23=EF2/3.0/(1.0-2 * MUF23)
C    GET MATRIX ELASTIC
     EM=12300000000.0     ! MATRIX MODULUS
     MUM=0.3              ! MATRIX MODULUS
DO I=1,6
        STRANT(I)=0
ENDDO
     STRANT(6)=0.001
C
     GM=EM/2/(1+MUM)
     KM23=EM/3/(1-2 * MUM)
C
aa0=-2 * GM * * 2 * (2 * GM+KM23) * (2 * GF23 * GM+KF23 * (GF23+GM))
1    * (2 * GF23 * GM+KM23 * (GF23+GM))
aa1=8 * GM * * 2 * (GF23-GM) * (2 * GF23 * GM+KF23 * (GF23+GM))
1    * (GM * * 2+GM * KM23+KM23 * * 2)
```

```
aa2=-12*GM**2*KM23**2*(GF23-GM)*(2*GF23*GM+KF23*(GF23+GM))
aa3=8*GM**2*(GF23**2*GM**2*KF23+GF23**2*GM*KM23*(KF23-GM)
1   +KM23**2*(GF23*GM*(GF23-2*GM)+KF23*(GF23-GM)*(GF23+GM)))
aa4=2*GM**2*(GF23-GM)*(2*GM+KM23)*(KF23*GM*KM23
1   -GF23*(2*GM*(KF23-KM23)+KF23*KM23))
bb0=4*GM**3*(2*GF23*GM+KF23*(GF23+GM))*(2*GF23*GM+KM23*(GF23+
GM))
bb1=8*GM**2*KM23*(GF23-GM)*(2*GF23*GM+KF23*(GF23+GM))*(GM-
KM23)
bb2=-2*aa2
bb3=-2*aa3
bb4=-4*GM**3*(GF23-GM)*(KF23*GM*KM23
1   -GF23*(2*GM*(KF23-KM23)+KF23*KM23))
cc0=2*GM**2*KM23*(2*GF23*GM+KF23*(GF23+GM))
1   *(2*GF23*GM+KM23*(GF23+GM))
cc1=8*GM**2*KM23**2*(GF23-GM)*(2*GF23*GM+KF23*(GF23+GM))
cc2=aa2
cc3=aa3
cc4=-2*GM**2*KM23*(GF23-GM)*(KF23*GM*KM23-GF23
1   *(2*GM*(KF23-KM23)+KF23*KM23))
C
AA=aa0+aa1*VF+aa2*VF**2+aa3*VF**3+aa4*VF**4
BB=bb0+bb1*VF+bb2*VF**2+bb3*VF**3+bb4*VF**4
CC=cc0+cc1*VF+cc2*VF**2+cc3*VF**3+cc4*VF**4
C
      TERM0=(1-VF)*GM/KF23+VF*GM/KM23+1
      EC1=EF1*VF+(1-VF)*EM
1        +4*VF*(1-VF)*(MUF12-MUM)**2*GM/TERM0        ! E1c
      MUC12=MUF12*VF+MUM*(1-VF)
1        +VF*(1-VF)*(MUF12-MUM)*(GM/KM23-GM/KF23)/TERM0  ! MIU12c
      KC23=KM23+VF/(1/(KF23-KM23)+(1-VF)/(KM23+GM))! K23c
      GC23=GM*(-BB-SQRT(BB**2-4*AA*CC))/2/AA     ! G23c
      GC12=GM*(GF12*(1+VF)+GM*(1-VF))
1        /(GF12*(1-VF)+GM*(1+VF))               ! G12c
fa=1+4*KC23*MUC12**2/EC1
EC2=4*GC23*KC23/(KC23+fa*GC23)! E2c
MUC23=(KC23-fa*GC23)/(KC23+fa*GC23)! MIU23C
WRITE(15,*) EC1,EC2,MUC12,MUC23,GC12,GC23
DO I=1,5
          r=0.7746+(I-1)*0.05635
DO K=1,80
          THETA=3.1415926*(K-1)*4.5/180.0
```

TERM1＝VF＊(MUF12/KM23－MUM/KF23)/(VF/KF23

1   ＋(1－2＊MUM)/KF23＋(1－VF)/KM23)

TERM2＝GF12＋GM－VF＊(GF12－GM)

F(1,1)＝1

F(1,2)＝0

F(1,3)＝0

F(1,4)＝0

F(1,5)＝0

F(1,6)＝0

F(2,1)＝TERM1＊(1＋(b/r)＊＊2＊COS(2＊THETA))

F(2,2)＝((2＊KC23＊GM/KM23＊N2－GC23＊(2＊A2＋6＊B2＊(r/b)＊＊2))

1 ＋(KC23＊M2＊(b/r)＊＊2＋2＊GC23＊GM/KM23＊(3＊B2＊(r/b)＊＊2－D2＊(b/r)＊＊2))

1 ＊COS(2＊THETA)－(GC23＊(3＊C2＊(b/r)＊＊4＋2＊D2＊(b/r)＊＊2))＊COS(4＊THE-
TA))

1 /4/GM

F(2,3)＝((2＊KC23＊GM/KM23＊N2＋GC23＊(2＊A2＋6＊B2＊(r/b)＊＊2))

1 ＋(KC23＊M2＊(b/r)＊＊2－2＊GC23＊GM/KM23＊(3＊B2＊(r/b)＊＊2－D2＊(b/r)＊＊2))

1 ＊COS(2＊THETA)＋(GC23＊(3＊C2＊(b/r)＊＊4＋2＊D2＊(b/r)＊＊2))＊COS(4＊THE-
TA))

1 /4/GM

F(2,4)＝0

F(2,5)＝0

F(2,6)＝GC23＊((3＊C2＊(b/r)＊＊4＋2＊D2＊(b/r)＊＊2)＊SIN(4＊THETA)

1 ＋2＊GM/KM23＊(3＊B2＊(r/b)＊＊2－D2＊(b/r)＊＊2)＊SIN(2＊THETA))/4/GM

F(3,1)＝TERM1＊(1－(b/r)＊＊2＊COS(2＊THETA))

F(3,2)＝((2＊KC23＊GM/KM23＊N2＋GC23

1 ＊(2＊A2＋6＊B2＊(r/b)＊＊2))－(KC23＊M2＊(b/r)＊＊2－2＊GC23＊GM/KM23

1 ＊(3＊B2＊(r/b)＊＊2－D2＊(b/r)＊＊2)＊COS(2＊THETA)

1 ＋(GC23＊(3＊C2＊(b/r)＊＊4＋2＊D2＊(b/r)＊＊2))＊COS(4＊THETA))/4/GM

F(3,3)＝((2＊KC23＊GM/KM23＊N2－GC23

1 ＊(2＊A2＋6＊B2＊(r/b)＊＊2))－(KC23＊M2＊(b/r)＊＊2＋2＊GC23＊GM/KM23

1 ＊(3＊B2＊(r/b)＊＊2－D2＊(b/r)＊＊2)＊COS(2＊THETA)

1 －(GC23＊(3＊C2＊(b/r)＊＊4＋2＊D2＊(b/r)＊＊2))＊COS(4＊THETA))/4/GM

F(3,4)＝0

F(3,5)＝0

F(3,6)＝GC23＊(－1＊(3＊C2＊(b/r)＊＊4＋2＊D2＊(b/r)＊＊2)＊SIN(4＊
THETA)

1 ＋2＊GM/KM23＊(3＊B2＊(r/b)＊＊2－D2＊(b/r)＊＊2)＊SIN(2＊THETA))/4/GM

F(4,1)＝0

F(4,2)＝0

F(4,3)＝0

F(4,4)＝(GF12＋GM)/TERM2

```
1            +VF * (GC12-GM)/TERM2 * (b/r) * * 2 * COS(2 * THETA)
             F(4,5)=(GF12-GM) * VF/TERM2 * (b/r) * * 2 * SIN(2 * THETA)
             F(4,6)=0
             F(5,1)=0
             F(5,2)=0
             F(5,3)=0
             F(5,4)=VF * (GF12-GM)/TERM2 * (b/r) * * 2 * SIN(2 * THETA)
             F(5,5)=(GF12+GM)/TERM2-VF * (GC12-GM)/TERM2 * (b/r) * * 2
1    * COS(2 * THETA)
             F(5,6)=0
             F(6,1)=2 * TERM1 * (b/r) * * 2 * SIN(2 * THETA)
             F(6,2)=(KC23 * M2 * (b/r) * * 2 * SIN(2 * THETA)
1    -GC23 * (3 * C2 * (b/r) * * 4+2 * D2 * (b/r) * * 2) * SIN(4 * THETA))/2/GM
             F(6,3)=(KC23 * M2 * (b/r) * * 2 * SIN(2 * THETA)
1    +GC23 * (3 * C2 * (b/r) * * 4+2 * D2 * (b/r) * * 2) * SIN(4 * THETA))/2/GM
             F(6,4)=0
             F(6,5)=0
             F(6,6)=GC23 * (-1 * (2 * A2+6 * B2 * (r/b) * * 2)
1    +(3 * C2 * (b/r) * * 4+2 * D2 * (b/r) * * 2) * COS(4 * THETA))/2/GM
        DO L=1,6
          EMLOCAL(L)=0.0
            DO J=1,6
              EMLOCAL(L)=EMLOCAL(L)+F(L,J) * STRANT(J)
        ENDDO
            ENDDO
      ENDDO
ENDDO
END
```

附录 C 三维编织复合材料损伤分析 ABAQUS UMAT 子程序

```
 SUBROUTINE UMAT(STRESS,STATEV,DDSDDE,SSE,SPD,SCD,
1 RPL,DDSDDT,DRPLDE,DRPLDT,
2 STRAN,DSTRAN,TIME,DTIME,TEMP,DTEMP,PREDEF,DPRED,CMNAME,
3 NDI,NSHR,NTENS,NSTATEV,PROPS,NPROPS,COORDS,DROT,PNEWDT,
4 CELENT,DFGRD0,DFGRD1,NOEL,NPT,LAYER,KSPT,KSTEP,KINC)
C
INCLUDE 'ABA_PARAM. INC'
C
CHARACTER * 80 CMNAME
DIMENSION STRESS(NTENS),STATEV(NSTATEV),
1 DDSDDE(NTENS,NTENS),DDSDDT(NTENS),DRPLDE(NTENS),
3 STRAN(NTENS),DSTRAN(NTENS),TIME(2),PREDEF(1),DPRED(1),
4 PROPS(NPROPS),COORDS(3),DROT(3,3),DFGRD0(3,3),DFGRD1(3,3)
C       OPEN(15,FILE='D:\ CDF. DAT',STATUS='OLD',FORM='FORMATTED')       !
C       OPEN(16,FILE='D:\ DSE. DAT',STATUS='OLD',FORM='FORMATTED')       !
IF(CMNAME(1:4). EQ. 'FIBER1') THEN
CALL UMATF(STRESS,STATEV,DDSDDE,SSE,SPD,SCD,
1       RPL,DDSDDT,DRPLDE,DRPLDT,
2       STRAN,DSTRAN,TIME,DTIME,TEMP,DTEMP,PREDEF,DPRED,CMNAME,
3       NDI,NSHR,NTENS,NSTATEV,PROPS,NPROPS,COORDS,DROT,PNEWDT,
4       CELENT,DFGRD0,DFGRD1,NOEL,NPT,LAYER,KSPT,KSTEP,KINC)
ELSE
IF(CMNAME(1:4). EQ. FIBER2') THEN
CALL UMATF(STRESS,STATEV,DDSDDE,SSE,SPD,SCD,
1       RPL,DDSDDT,DRPLDE,DRPLDT,
2       STRAN,DSTRAN,TIME,DTIME,TEMP,DTEMP,PREDEF,DPRED,CMNAME,
3       NDI,NSHR,NTENS,NSTATEV,PROPS,NPROPS,COORDS,DROT,PNEWDT,
4       CELENT,DFGRD0,DFGRD1,NOEL,NPT,LAYER,KSPT,KSTEP,KINC)
ELSE
    IF(CMNAME(1:4). EQ. 'MATRIX') THEN
CALL UMATM(STRESS,STATEV,DDSDDE,SSE,SPD,SCD,
1               RPL,DDSDDT,DRPLDE,DRPLDT,
```

```
2       STRAN,DSTRAN,TIME,DTIME,TEMP,DTEMP,PREDEF,DPRED,CMNAME,
3       NDI,NSHR,NTENS,NSTATEV,PROPS,NPROPS,COORDS,DROT,PNEWDT,
4       CELENT,DFGRD0,DFGRD1,NOEL,NPT,LAYER,KSPT,KSTEP,KINC)
      ENDIF
     ENDIF
    ENDIF
    END
* * * * * * * * * * * * * * END OF MAIN PROGRAM * * * * * * * * * * * * * * *
* * * * * * * * * * * * * * * FIBER PROGRAMS * * * * * * * * * * * * * * * *
SUBROUTINE UMATF(STRESS,STATEV,DDSDDE,SSE,SPD,SCD,
1 RPL,DDSDDT,DRPLDE,DRPLDT,
2 STRAN,DSTRAN,TIME,DTIME,TEMP,DTEMP,PREDEF,DPRED,CMNAME,
3 NDI,NSHR,NTENS,NSTATEV,PROPS,NPROPS,COORDS,DROT,PNEWDT,
4 CELENT,DFGRD0,DFGRD1,NOEL,NPT,LAYER,KSPT,KSTEP,KINC)
C
INCLUDE 'ABA_PARAM.INC'
CHARACTER * 80 CMNAME
DIMENSION STRESS(NTENS),STATEV(NSTATEV),
1      DDSDDE(NTENS,NTENS),
2      DDSDDT(NTENS),DRPLDE(NTENS),
3      STRAN(NTENS),DSTRAN(NTENS),TIME(2),PREDEF(1),DPRED(1),
4      PROPS(NPROPS),COORDS(3),DROT(3,3),DFGRD0(3,3),DFGRD1(3,3)
DIMENSION STRANT(6)
DIMENSION CFULL(6,6),CDFULL(6,6)
DIMENSION DDLDE(6),DDZDE(6),DDTDE(6)
DIMENSION DCDDL(6,6),DCDDZ(6,6),DCDDT(6,6)
DIMENSION ATEMP1(6),ATEMP2(6),ATEMP3(6)
DIMENSION OLD_STRESS(6)
DIMENSION DOLD_STRESS(6),D_STRESS(6)
PARAMETER (ZERO=0.D0,ONE=1.D0,TWO=2.D0,HALF=0.5D0)
REAL * 8 TERM,TENL,TENT,SHRLT,SHRTT,EMULT,EMUTT,EMUTL,SIGTL,SIGCL
REAL * 8 SIGTT,SIGCT,SIGSLT,SIGSTZ,GFMAT,GFFIB,ETA
REAL * 8 EPITL,EPICL,EPITT,EPICT,EPISLT
REAL * 8 DLOLD,DTOLD,DZOLD,DL,DT,DZ,DLV,DTV,DZV,SSE,SCD
C      OPEN(15,FILE='D:\ CDFULL.DAT',STATUS='OLD',FORM='FORMATTED')
!
C      OPEN(16,FILE='D:\ DDSDDE.DAT',STATUS='OLD',FORM='FORMATTED')
!
C   STRANT..... STRAIN AT THE END OF THE INCREMENT
C   CFULL...... FULL 6X6 ELASTICITY MATRIX
C   CDFULL...... FULL 6X6 DAMAGED ELASTICITY MATRIX
C   DDLDE....... D DL/D E
```

```
C      DDZDE....... D DZ/D E
C      DDTDE....... D DT/D E
C      DCDDL....... D C/D DL THE DERIVATIVE OF THE FULL MATRIX OVER DL
C      DCDDZ....... D C/D DZ THE DERIVATIVE OF THE FULL MATRIX OVER DZ
C      DCDDT........D C/D DT THE DERIVATIVE OF THE FULL MATRIX OVER DT
C      ATEMP1,ATEMP2,ATEMP3...TEMPORARY ARRAY USED IN JACOBIAN CALCULA-
TION
C      OLD_STRESS... STRESS AT THE BEGINNING OF THE INCREMENT, SAVED FOR
THE ENERGY   COMPUTATION
C      DOLD_STRESS... STRESS AT THE BEGINNING OF THE INCREMENT,IF THERE'S NO
VISCOUS REGULARIZATION
C      D_STRESS... STRESS IF THERE'S NO VISCOUS REGULARIZATION, THE ABOVE IS
CALCULATED TO CALCULATE THE SCD, ENERGY CAUSED BY VISCOUS REGULARIZATION
C      STATEV(1)    damage variable dl
C      STATEV(2)    damage variable dz
C      STATEV(3)    regularized damage variable dlv
C      STATEV(4)    regularizaed damage variable dzv
C      STATEV(5)    regularized damage variable dt
C      STATEV(6)    regularizaed damage variable dtv
C      STATEV(7:12) TEMPORARY ARRAYS TO SAVE DOLD_STRESS
C* * * * * * * * * * * * * * * * * * * * * * * * * * * * * * * * * * * * *
C      GET THE MATERIAL PROPS
       TENL=PROPS(1)! YONG'S MODULS IN DIRECTION 1(L)
       TENT=PROPS(2)!              IN DIRECTION 2(T)
       SHRLT=PROPS(3)! SHEAR MODULS IN 12 PLANE (LT)
       SHRTT=PROPS(4)!              IN 23 PLANE (TT)
       EMULT=PROPS(5)! POISON'S RATION V12,V13=V12
       EMUTT=PROPS(6)!              V23,V32=V23
       EMUTL=TENT * EMULT/TENL!              V21,V23=V21
C      GET THE FAILURE PROPERTIES
       SIGTL=PROPS(7)! FAILURE STRESS IN 1 DIRECTION IN TENSION
       SIGCL=PROPS(8)! FAILURE STRESS IN 1 DIRECTION IN COMPRESSION
       SIGTT=PROPS(9)! FAILURE STRESS IN 2 DIRECTION IN TENSION
       SIGCT=PROPS(10)! FAILURE STRESS IN 2 DIRECTION IN COMPRESSION
       SIGSLT=PROPS(11)! FAILURE STRESS IN SHEAR IN 1-2 PLANE
       SIGSTZ=PROPS(12)! FAILURE STRESS IN SHEAR IN 2-3 PLANE
       GFMAT=PROPS(13)! FRACTURE ENERGY IN MATRIX
       GFFIB=PROPS(14)! FRACTURE ENERGY IN FIBER
       ETA=PROPS(15)! VISCOSITY FOR REGULARIZATION
C      CACULATE THE STRAIN AT THE END OF THE CURRENT INCREMENT
DO I=1,NTENS
   STRANT(I)=STRAN(I)+DSTRAN(I)
```

```
C   WRITE(16,*) STRANT(I)
ENDDO
C      FORM THE ELASTIC STIFFNESS MATRIX
DO I=1,NTENS
DO J=1,NTENS
     CFULL(I,J)=ZERO
ENDDO
ENDDO
        TERM=1-2*EMULT*EMUTL-EMUTT**2
1      -2*EMULT*EMUTL*EMUTT
C    WRITE(15,*) TERM,TENL,SIGTL,PROPS(1)
        CFULL(1,1)=TENL*(1-EMUTT**2)/TERM
        CFULL(2,2)=TENT*(1-EMULT*EMUTL)/TERM
        CFULL(3,3)=CFULL(2,2)
        CFULL(1,2)=TENT*(EMULT+EMULT*EMUTT)/TERM
        CFULL(1,3)=CFULL(1,2)
        CFULL(2,3)=TENT*(EMUTT+EMULT*EMUTL)/TERM
        CFULL(4,4)=SHRLT
        CFULL(5,5)=SHRLT
        CFULL(6,6)=SHRTT
C        MAKE THE MATRIX SYMMETRY
DO I=2,6
DO J=1,I-1
    CFULL(I,J)=CFULL(J,I)
ENDDO
ENDDO
C    CALCULATE THE FAILURE STRAIN BY FAILURE STRESS
        EPITL=SIGTL/CFULL(1,1)! FAILURE STRAIN 1 DIRECTION IN TENSION
        EPICL=SIGCL/CFULL(1,1)! FAILURE STRAIN 1 DIRECTION IN COMPRESSION
        EPITT=SIGTT/CFULL(2,2)! TENSILE FAILURE STRAIN 2 DIRECTION
        EPICT=SIGCT/CFULL(2,2)! COMPRESSIVE FAILURE STRAIN 2 DIRECTION
        EPISLT=SIGSLT/CFULL(4,4)! FAILURE SHEAR STRAIN ENGINEERING STRAIN
C    SAVE OLD DAMAGE VARIABLES
        DLOLD=STATEV(1)
        DTOLD=STATEV(2)
        DZOLD=STATEV(3)
        DLVOLD=STATEV(4)
        DTVOLD=STATEV(5)
        DZVOLD=STATEV(6)
C      CHECK  THE FAILURE INITIATION CONDITION
CALL CheckFailureIni(EPITL,EPICL,EPITT,EPICT,EPISLT,STRANT,
1     GFMAT,GFFIB,CELENT,CFULL,DL,DT,DZ,DDLDE,DDTDE,DDZDE,NTENS,
```

```
2        DLOLD,DTOLD,DZOLD,NDI)
C      ! USE VISCOUS REGULARIZATION
         DLV=ETA/(ETA+DTIME)*DLVOLD+DTIME/(ETA+DTIME)*DL
         DTV=ETA/(ETA+DTIME)*DTVOLD+DTIME/(ETA+DTIME)*DT
         DZV=ETA/(ETA+DTIME)*DZVOLD+DTIME/(ETA+DTIME)*DZ
C      SAVE THE OLD STRESS TO OLD_STRESS
DO I=1,NTENS
         OLD_STRESS(I)=STRESS(I)
ENDDO
C      CALL ROUTINE TO CALCULATE THE STRESS
C      CALCULATE THE STRESS IF THERE'S NO VISCOUS REGULARIZATION
CALL GetStress(CFULL,CDFULL,DL,DT,DZ,D_STRESS,STRANT,NDI,NTENS)
C      CALCULATE THE STRESS IF THERE'S VISCOUS REGULARIZATION
CALL GetStress(CFULL,CDFULL,DLV,DTV,DZV,STRESS,STRANT,NDI,NTENS)
C      GET THE OLD STRESS IF THERE'S NO VISCOUS REGULARIZATION
DO I=1,NTENS
         DOLD_STRESS(I)=STATEV(I+6)
ENDDO
C      SAVE THE CURRENT STRESS IF THERE'S NO VISCOUS REGULARIZATION
DO I=1,NTENS
         STATEV(I+6)=D_STRESS(I)
ENDDO
C      CALCULATE THE DERIVATIVE MATRIX DC/DDT,DC/DDZ,DC/DDL OF THE DAM-
AGED MATRIX
CALL ElasticDerivative(CFULL,DLV,DTV,DZV,DCDDL,DCDDT,DCDDZ)
C      UPDATE THE JACOBIAN
DO I=1,NTENS
         ATEMP1(I)=ZERO
DO J=1,NTENS
         ATEMP1(I)=ATEMP1(I)+DCDDL(I,J)*STRANT(J)
ENDDO
ENDDO
DO I=1,NTENS
         ATEMP2(I)=ZERO
DO J=1,NTENS
         ATEMP2(I)=ATEMP2(I)+DCDDT(I,J)*STRANT(J)
ENDDO
ENDDO
DO I=1,NTENS
         ATEMP3(I)=ZERO
DO J=1,NTENS
         ATEMP3(I)=ATEMP3(I)+DCDDZ(I,J)*STRANT(J)
```

```
            ENDDO
            ENDDO
            DO I=1,NTENS
            DO J=1,NTENS
                     DDSDDE(I,J)=CDFULL(I,J)+(ATEMP1(I)*DDLDE(J)
        1       +ATEMP2(I)*DDTDE(J)+ATEMP3(I)*DDZDE(J))*DTIME/(DTIME+ETA)
            ENDDO
            ENDDO
    C       TO UPDATE THE STATE VARIABLE
            STATEV(1)=DL
            STATEV(2)=DT
            STATEV(3)=DZ
            STATEV(4)=DLV
            STATEV(5)=DTV
            STATEV(6)=DZV
    C       TO COMPUTE THE ENERGY
            DO I=1,NDI
                     SSE=SSE+HALF*(STRESS(I)+OLD_STRESS(I))*DSTRAN(I)
            ENDDO
            DO I=NDI+1,NTENS
                     SSE=SSE+(STRESS(I)+OLD_STRESS(I))*DSTRAN(I)
            ENDDO
    C       TO COMPUTE THE INTERNAL ENERGY WITHOUT VISCOUS REGULARIZATION
            DO I=1,NDI
                     SCD=SCD+HALF*(STRESS(I)+OLD_STRESS(I)
        1            -D_STRESS(I)-DOLD_STRESS(I))*DSTRAN(I)
            ENDDO
            DO I=NDI+1,NTENS
                     SCD=SCD+(STRESS(I)+OLD_STRESS(I)
        1            -D_STRESS(I)-DOLD_STRESS(I))*DSTRAN(I)
            ENDDO
            RETURN
            END
    C CALCULATE THE STRESS BASED ON THE DAMAGEVARAIBLES * * * * * * * * * *
            SUBROUTINE GetStress(CFULL,CDFULL,DLV,DTV,DZV,STRESS,
        1                        STRANT,NDI,NTENS)
            INCLUDE 'ABA_PARAM. INC'
            DIMENSION CFULL(6,6),CDFULL(6,6),STRESS(NTENS),STRANT(6)
            PARAMETER (ZERO=0. D0,ONE=1. D0)
            DO I=1,6
            DO J=1,6
                     CDFULL(I,J)=CFULL(I,J)
```

```
ENDDO
ENDDO
IF((DLV. NE. ZERO). OR. (DTV. NE. ZERO). OR. (DZV. NE. ZERO)) THEN
        CDFULL(1,1)=(ONE-DLV) * CFULL(1,1)
        CDFULL(1,2)=(ONE-DLV) * (ONE-DTV) * CFULL(1,2)
        CDFULL(1,3)=(ONE-DLV) * (ONE-DZV) * CFULL(1,3)
        CDFULL(2,1)=CDFULL(1,2)
        CDFULL(2,2)=(ONE-DTV) * CFULL(2,2)
        CDFULL(2,3)=(ONE-DTV) * (ONE-DZV) * CFULL(2,3)
        CDFULL(3,1)=CDFULL(1,3)
        CDFULL(3,2)=CDFULL(2,3)
        CDFULL(3,3)=(ONE-DZV) * CFULL(3,3)
        CDFULL(4,4)=(ONE-DLV) * (ONE-DTV) * CFULL(4,4)
        CDFULL(5,5)=(ONE-DLV) * (ONE-DZV) * CFULL(5,5)
        CDFULL(6,6)=(ONE-DTV) * (ONE-DZV) * CFULL(6,6)
ENDIF
C   UPDATE THE STRESS STATE IF 3D CASE
DO I=1,NTENS
        STRESS(I)=ZERO
DO J=1,NTENS
            STRESS(I)=STRESS(I)+CDFULL(I,J) * STRANT(J)
ENDDO
ENDDO
RETURN
END
C * * * * * * * * * * * * * * * CHECK FAILURE INITIATION * * * * * * * * * * * *
SUBROUTINE CheckFailureIni(EPITL,EPICL,EPITT,EPICT,EPISLT,STRANT,
1        GFMAT,GFFIB,CELENT,CFULL,DL,DT,DZ,DDLDE,DDTDE,DDZDE,NTENS,
2        DLOLD,DTOLD,DZOLD,NDI)
C
INCLUDE 'ABA_PARAM. INC'
DIMENSION DDLDE(6),DDZDE(6),DDTDE(6),STRANT(6),CFULL(6,6)
DIMENSION DFLDE(6),DFTDE(6),DFZDE(6)
PARAMETER (ZERO-0. D0,ONE=1. D0,TWO=2. D0,HALF=0.5D0)
REAL * 8 L1,L2,T1,T2,T3,TERM1,TERM2,TERM3
REAL * 8 FL,FT,FZ
C
        L1=EPITL/EPICL
        L2=EPITL-EPITL * * 2/EPICL
        T1=EPITT/EPICT
        T2=EPITT-EPITT * * 2/EPICT
        T3=(EPITT/EPISLT) * * 2
```

```
            TERM1=L1 * STRANT(1) * * 2+L2 * STRANT(1)
            TERM2=T1 * STRANT(2) * * 2+T2 * STRANT(2)+T3 * STRANT(4) * * 2
            TERM3=T1 * STRANT(3) * * 2+T2 * STRANT(3)+T3 * STRANT(5) * * 2
C
      IF (TERM1. GT. ZERO) THEN
            FL=SQRT(TERM1)/EPITL
      ELSE
            FL=ZERO
      ENDIF
      IF (TERM2. GT. ZERO) THEN
            FT=SQRT(TERM2)/EPITT
      ELSE
            FT=ZERO
      ENDIF
      IF (TERM3. GT. ZERO) THEN
            FZ=SQRT(TERM3)/EPITT
      ELSE
            FZ=ZERO
      ENDIF
C     INITIALIZE THE ARRAY AND VARIABLE
      DT=ZERO
      DDTDFT=ZERO
      DO I=1,6
            DFTDE(I)=ZERO
            DDTDE(I)=ZERO
      ENDDO
C     CHECK THE INITIATION CONDITION FOR EVALUATE THE DAMAGE VARIABLE
AND DERIVATIVE
      IF (FT. GT. ONE) THEN
C     CALCULATE DZ, DDZDFZ
      CALL DamageEvaluation(CFULL(2,2),FT,GFMAT,CELENT,
     1      EPITT,DT,DDTDFT)
C     CALCULATE DFMZDE
      IF (DT. GT. DTOLD) THEN
            DFTDE(2)=HALF/FT * (TWO * STRANT(2)+EPICT-EPITT)
     1      /EPICT/EPITT
            DFTDE(4)=ONE/FT * STRANT(4)/EPISLT * * TWO
      ENDIF
      DO I=1,6
            DDTDE(I)=DFTDE(I) * DDTDFT
      ENDDO
      ENDIF
```

```
          DT=MAX(DT,DTOLD)
C     CHECK THE INITIATION CONDITION FOR FIBER Z   CALCULATE THE DAMAGE
VARIABLE AND DERIVATIVE
          DZ=ZERO
          DDZDFZ=ZERO
      DO I=1,6
              DFZDE(I)=ZERO
              DDZDE(I)=ZERO
      ENDDO
      IF (FZ.GT.ONE) THEN
C     CALCULATE DT, DDTDFT
      CALL DamageEvaluation(CFULL(3,3),FZ,GFMAT,CELENT,
     1        EPITT,DZ,DDZDFZ)
C     CALCULATE DFMTDE
      IF (DZ.GT.DZOLD) THEN
                  DFZDE(3)=HALF/FZ*(TWO*STRANT(3)+EPICT−EPITT)
     1             /EPICT/EPITT
                  DFZDE(5)=ONE/FZ*STRANT(5)/EPISLT**TWO
                  DO I=1,6
                     DDZDE(I)=DFZDE(I)*DDZDFZ
              ENDDO
          ENDIF
      ENDIF
          DZ=MAX(DZ,DZOLD)
C     CHECK THE INITIATION CONDITION FOR FIBER L 方㐅? 向··° FL=FF/EPITL>1
THEN CALCULATE THE DAMAGE VARIABLE AND DERIVATIVE
          DL=ZERO
          DDLDFL=ZERO
      DO I=1,6
              DFLDE(I)=ZERO
              DDLDE(I)=ZERO
      ENDDO
      IF (FL.GT.ONE) THEN
C     CALCULATE DF, DDFDFFL
      CALL DamageEvaluation(CFULL(1,1),FL,GFFIB,CELENT,
     1        EPITL,DL,DDLDFL)
C     CALCULATE DFFLDE
      IF (DL.GT.DLOLD) THEN
                  DFLDE(1)=HALF/FL*(TWO*STRANT(1)+EPICL−EPITL)
     1             /EPICL/EPITL
                  DDLDE(1)=DFLDE(1)*DDLDFL
      DO I=1,6
```

```
            DDLDE(I)=DFLDE(I) * DDLDFL
        ENDDO
      ENDIF
      ENDIF
        DL=MAX(DL,DLOLD)
    RETURN
    END
C    SUBROUTINE TO EVALUATE THE DAMAGE AND THEDERIVATIVE
    SUBROUTINE DamageEvaluation(STIFF,FN,GF,CELENT,EPIT,D,DDDFN)
C    CALCULATE DAMAGE VARIABLE
    INCLUDE 'ABA_PARAM.INC'
    PARAMETER (ONE=1.D0,tol=1d-3,zero=0.d0)
    REAL * 8 TERM11,TERM22,STIFF,FN,GF,CELENT,EPIT,D,DDDFN
        TERM11=STIFF * EPIT * * 2 * CELENT/GF
        TERM22=(ONE-FN) * TERM11
        D=ONE-EXP(TERM22)/FN
    IF(D.GE.0.98) THEN
            D=0.98
    ENDIF
C    CALCULATE THE DERIVATIVE OF DAMAGE VARIABLE WITH RESPECT TO FAIL-
URE
C    RITERION
        DDDFN=(ONE/FN+TERM11) * (ONE-D)
    RETURN
    END
C * * * * * * * * * * * * * * * * * * * * * * * * * * * * * * * * * * * * * * * *
C    SUBROUTINE TO GET THE DERIVATIVE MATRIX OF CONDENSE DAMAGED MA-
TRIX OVER THE DAMAGE VARIABLE
    SUBROUTINE ElasticDerivative(CFULL,DLV,DTV,DZV,DCDDL,DCDDT,DCDDZ)
    INCLUDE 'ABA_PARAM.INC'
    DIMENSION CFULL(6,6),DCDDZ(6,6),DCDDT(6,6),DCDDL(6,6)
    PARAMETER (ZERO=0.D0,ONE=1.D0,HALF=0.5D0)
C    INITIALIZE THE DATA TO ZERO
    DO I=1,6
      DO J=1,6
          DCDDZ(I,J)=ZERO
          DCDDT(I,J)=ZERO
          DCDDL(I,J)=ZERO
        ENDDO
      ENDDO
C    CALCULATE DC/DDL
        DCDDL(1,1)=-CFULL(1,1)
```

```
        DCDDL(1,2)=-(ONE-DZV)*CFULL(1,2)
        DCDDL(1,3)=-(ONE-DTV)*CFULL(1,3)
        DCDDL(2,1)=DCDDL(1,2)
        DCDDL(3,1)=DCDDL(1,3)
        DCDDL(4,4)=-(ONE-DZV)*CFULL(4,4)
        DCDDL(5,5)=-(ONE-DTV)*CFULL(5,5)
C     CALCULATE DC/DDM
        DCDDZ(1,2)=-(ONE-DLV)*CFULL(1,2)
        DCDDZ(2,1)=DCDDZ(1,2)
        DCDDZ(2,2)=-CFULL(2,2)
        DCDDZ(2,3)=-(ONE-DTV)*CFULL(2,3)
        DCDDZ(3,2)=DCDDZ(2,3)
        DCDDZ(4,4)=-(ONE-DLV)*CFULL(4,4)
        DCDDZ(6,6)=-(ONE-DTV)*CFULL(6,6)
C     CALCULATE DC/DDT
        DCDDT(1,3)=-(ONE-DLV)*CFULL(1,3)
        DCDDT(2,3)=-(ONE-DZV)*CFULL(2,3)
        DCDDT(3,1)=DCDDT(1,3)
        DCDDT(3,2)=DCDDT(2,3)
        DCDDT(3,3)=-CFULL(3,3)
        DCDDT(5,5)=-(ONE-DLV)*CFULL(5,5)
        DCDDT(6,6)=-(ONE-DZV)*CFULL(6,6)
RETURN
END

* * * * * * * * * * * * * * MATRIX FROGRAMS * * * * * * * * * * * * * * * * *
  SUBROUTINE UMATM(STRESS,STATEV,DDSDDE,SSE,SPD,SCD,
1 RPL,DDSDDT,DRPLDE,DRPLDT,
2 STRAN,DSTRAN,TIME,DTIME,TEMP,DTEMP,PREDEF,DPRED,CMNAME,
3 NDI,NSHR,NTENS,NSTATEV,PROPS,NPROPS,COORDS,DROT,PNEWDT,
4 CELENT,DFGRD0,DFGRD1,NOEL,NPT,LAYER,KSPT,KSTEP,KINC)
C
INCLUDE 'ABA_PARAM.INC'
CHARACTER*80 CMNAME
DIMENSION STRESS(NTENS),STATEV(NSTATEV),
1      DDSDDE(NTENS,NTENS),
2      DDSDDT(NTENS),DRPLDE(NTENS),
3      STRAN(NTENS),DSTRAN(NTENS),TIME(2),PREDEF(1),DPRED(1),
4      PROPS(NPROPS),COORDS(3),DROT(3,3),DFGRD0(3,3),DFGRD1(3,3)
DIMENSION STRANT(6),PS1(3)
DIMENSION CFULL(6,6),CDFULL(6,6)
PARAMETER (ZERO=0.D0,ONE=1.D0,TWO=2.D0,HALF=0.5D0)
REAL*8 TERM,EM,EMIU,EBULK,EG,EG2,EG3,ELAM
```

```
      REAL * 8 SIGT,SIGC,SIGS,GFMAT,ETA,DLOLD,DL,DLV,EPST,EPSC
C        STRANT..... STRAIN AT THE END OF THE INCREMENT
C        CFULL....... FULL 6X6 ELASTICITY MATRIX
C        CDFULL...... FULL 6X6 DAMAGED ELASTICITY MATRIX
C        DDLDE....... D DL/D E
C        DDZDE....... D DZ/D E
C        DDTDE....... D DT/D E
C        DCDDL....... D C/D DL THE DERIVATIVE OF THE FULL MATRIX OVER DL
C        DCDDZ....... D C/D DZ THE DERIVATIVE OF THE FULL MATRIX OVER DZ
C        DCDDT....... D C/D DT THE DERIVATIVE OF THE FULL MATRIX OVER DT
C        ATEMP1,ATEMP2,ATEMP3... TEMPORARY ARRAY USED IN JACOBIAN CALCULA-
TION
C        OLD_STRESS... STRESS AT THE BEGINNING OF THE INCREMENT, SAVED FOR
THE ENERGY   COMPUTATION
C        DOLD_STRESS... STRESS AT THE BEGINNING OF THE INCREMENT,IF THERE'S NO
VISCOUS REGULARIZATION
C        D_STRESS... STRESS IF THERE'S NO VISCOUS REGULARIZATION, THE ABOVE IS
CALCULATED TO CALCULATE THE SCD, ENERGY CAUSED BY VISCOUS REGULARIZATION
C        STATEV(1)   DAMAGE VARIABLE DL
C        STATEV(2)   DAMAGE VARIABLE DZ
C        STATEV(3)   REGULARIZED DAMAGE VARIABLE DLV
C        STATEV(4)   REGULARIZAED DAMAGE VARIABLE DZV
C        STATEV(5)   REGULARIZED DAMAGE VARIABLE DT
C        STATEV(6)   REGULARIZAED DAMAGE VARIABLE DTV
C        STATEV(7:12) TEMPORARY ARRAYS TO SAVE DOLD_STRESS
C        GET THE MATERIAL PROPS
          EM=PROPS(1)! YONG'S MODULS
          EMIU=PROPS(2)! POSSI
          SIGT=PROPS(3)! FAILURE STRESS IN TENSION
          SIGC=PROPS(4)! FAILURE STRESS IN COMPRESSION
          SIGS=PROPS(5)
          GFMAT=PROPS(6)! FRACTURE ENERGY IN MATRIX
          ETA=PROPS(7)! VISCOSITY FOR REGULARIZATION
C        GET THE FAILURE PROPERTIES
C        CACULATE THE STRAIN AT THE END OF THE CURRENT INCREMENT
      DO I=1,NTENS
        STRANT(I)=STRAN(I)+DSTRAN(I)
C    WRITE(16,*) STRANT(I)
      ENDDO
C        FORM THE ELASTIC STIFFNESS MATRIX
      DO I=1,NTENS
      DO J=1,NTENS
```

```
            CFULL(I,J)=ZERO
ENDDO
ENDDO
        EBULK=EM/(ONE-TWO*EMIU)
EG2=EM/(ONE+EMIU)
EG=EG2/TWO
EG3=3.0*EG
ELAM=(EBULK-EG2)/3.0
CFULL(1,1)=EG2+ELAM
CFULL(1,2)=ELAM
CFULL(1,3)=ELAM
CFULL(2,1)=CFULL(1,2)
CFULL(2,2)=EG2+ELAM
CFULL(2,3)=ELAM
CFULL(3,1)=CFULL(1,3)
CFULL(3,2)=CFULL(2,3)
CFULL(3,3)=EG2+ELAM
CFULL(4,4)=EG
CFULL(5,5)=EG
CFULL(6,6)=EG
EPST=SIGT/CFULL(1,1)
EPSC=SIGC/CFULL(1,1)
C     SAVE OLD DAMAGE VARIABLES
        DLOLD=STATEV(1)
        DLVOLD=STATEV(2)
C       CHECK   THE FAILURE INITIATION CONDITION
CALL SPRINC(STRAN,PS1,2,NDI,NSHR)   ! CACULATE PRINCIPALE STRESS
        DL=0
IF((ABS(PS1(1)).GE.ABS(PS1(3))).AND.(PS1(1).GT.EPST)) THEN
            DL=1-EPST/PS1(1)*EXP(-CFULL(1,1)*EPST*(PS1(1)-EPST)
1       *CELENT/GFMAT)
ENDIF
IF((ABS(PS1(1)).LT.ABS(PS1(3))).AND.(ABS(PS1(3)).GT.EPSC)) THEN
            DL=1-EPSC/ABS(PS1(3))*EXP(-CFULL(1,1)*EPSC*(ABS(PS1(3))-EPSC)
1       *CELENT/GFMAT)
ENDIF
        DL=MIN(MAX(DL,DLOLD),0.98)
C    ! USE VISCOUS REGULARIZATION
        DLV=ETA/(ETA+DTIME)*DLVOLD+DTIME/(ETA+DTIME)*DL
DO I=1,6
DO J=1,6
            CDFULL(I,J)=CFULL(I,J)
```

```
ENDDO
ENDDO
IF(DLV. NE. ZERO) THEN
        CDFULL(1,1)=(ONE-DLV) * CFULL(1,1)
        CDFULL(1,2)=(ONE-DLV) * CFULL(1,2)
        CDFULL(1,3)=(ONE-DLV) * CFULL(1,3)
        CDFULL(2,1)=CDFULL(1,2)
        CDFULL(2,2)=(ONE-DLV) * CFULL(2,2)
        CDFULL(2,3)=(ONE-DLV) * CFULL(2,3)
        CDFULL(3,1)=CDFULL(1,3)
        CDFULL(3,2)=CDFULL(2,3)
        CDFULL(3,3)=(ONE-DLV) * CFULL(3,3)
        CDFULL(4,4)=(ONE-DLV) * CFULL(4,4)
        CDFULL(5,5)=(ONE-DLV) * CFULL(5,5)
        CDFULL(6,6)=(ONE-DLV) * CFULL(6,6)
ENDIF
DO I=1,NTENS
        STRESS(I)=ZERO
DO J=1,NTENS
        STRESS(I)=STRESS(I)+CDFULL(I,J) * STRANT(J)
ENDDO
ENDDO
C    UPDATE THE JACOBIAN
    DO I=1,NTENS
      DO J=1,NTENS
          DDSDDE(I,J)=CDFULL(I,J)
    ENDDO
    ENDDO
    STATEV(1)=DL
    STATEV(2)=DLV
    RETURN
    END
```